机器视觉算法原理与编程实战

杨青◎著

北京大学出版社
PEKING UNIVERSITY PRESS

内 容 提 要

随着机器视觉技术的飞速发展，大量需要使用机器视觉代替人工检测的需求应运而生。Halcon在开发机器视觉项目中表现出的高效性和稳定性，使其应用范围非常广泛。本书将针对机器视觉的原理和算法，以及如何应用算法解决问题进行探讨和说明，并利用Halcon对各种机器视觉算法进行举例，让读者全面、深入、透彻地理解Halcon机器视觉开发过程中的各种常用算法的原理及其应用方法，提高实际开发水平和项目实战能力。同时，也为机器视觉项目的管理者提供项目管理和技术参考。

本书适合需要全面学习机器视觉算法的初学者，希望掌握Halcon进行机器视觉项目开发的程序员，需要了解机器视觉项目开发方法的工业客户、机器视觉软件开发项目经理、专业培训机构的学员，以及对机器视觉算法兴趣浓厚的人员阅读。

图书在版编目(CIP)数据

Halcon机器视觉算法原理与编程实战 / 杨青著. —北京 : 北京大学出版社, 2019.12
ISBN 978-7-301-30904-9

Ⅰ. ① H… Ⅱ. ①杨… Ⅲ. ①计算机视觉 – 计算方法 Ⅳ. ① TP302.7

中国版本图书馆CIP数据核字(2019)第235934号

书　　名 Halcon机器视觉算法原理与编程实战
Halcon JIQI SHIJUE SUANFA YUANLI YU BIANCHENG SHIZHAN
著作责任者 杨　青　著
责任编辑 吴晓月
标准书号 ISBN 978-7-301-30904-9
出版发行 北京大学出版社
地　　址 北京市海淀区成府路205 号　100871
网　　址 http://www.pup.cn　　新浪微博: @ 北京大学出版社
电子信箱 pup7@ pup.cn
电　　话 邮购部 010-62752015　发行部 010-62750672　编辑部 010-62570390
印 刷 者 北京宏伟双华印刷有限公司
经 销 者 新华书店
787毫米×1092毫米　16开本　17.25印张　392千字
2019年12月第1版　2021年4月第4次印刷
印　　数 8001–11000册
定　　价 89.00元

为什么要写这本书？

随着机器视觉技术的飞速发展，大量需要使用机器视觉代替人工检测的需求应运而生。Halcon 在开发机器视觉项目中表现出的高效性和稳定性，使其应用范围非常广泛。程序员要想进入机器视觉开发行业，除了需要有基础的图像处理知识、理论知识，融会贯通各种图像处理算法外，最好还要熟悉有典型意义和实际价值的各类开发实例。这样才能在开发机器视觉项目的过程中游刃有余地解决各种图像处理问题，使开发结果达到理想的效果。

目前图书市场上关于图像处理的图书不少，但是结合 Halcon 进行算法分析和实际项目应用的图书却非常少。本书便是以实战为主旨，通过 Halcon 开发机器视觉项目中常见的 10 种典型算法模块，并列举了应用实例，让读者全面、深入、透彻地理解 Halcon 机器视觉开发过程中的各种常用算法的原理及其应用方法，提高读者的实际开发水平和项目实战能力。

本书有何特色？

1. 涵盖各种机器视觉图像处理技术及常用检测技术

本书涵盖图像预处理、图像的形态学处理、颜色与纹理、图像分割与分类、立体视觉、深度学习、表面检测、完整性检测、模板匹配、三维定位等常用机器视觉图像处理技术和检测技术。

2. 对机器视觉图像处理的各种技术做了原理上的介绍和编程代码举例

本书从一开始便对机器视觉项目开发和软硬件环境配置做了基本介绍，并对各种机器视觉图像处理技术和常用检测技术进行了原理分析和代码举例，便于读者理解书中的项目开发实例。

3. 模块驱动，应用性强

本书提供了 10 个机器视觉项目中的算法模块，这些算法模块都是机器视觉图像处理中经常用到的，具有超强的实用性，开发人员可以随时查阅和参考。

4. 项目案例典型，实战性强，有很高的应用价值

本书在第 2 篇介绍了多个案例，并对各种算法进行了代码举例。第 3 篇提供了 4 个项目实战案例。这些案例来源于作者所开发的实际项目，具有很高的应用价值和参考性。而且这些案例将不同的图像处理算法组合使用，便于读者理解本书中所介绍的技术。将这些案例稍加修改，便可用于实际项目开发。

5. 提供完善的技术支持和售后服务

本书提供了专门的技术支持邮箱：ginnyyang@qq.com。读者在阅读本书的过程中有任何疑问都可以通过该邮箱获得帮助。

本书内容及知识体系

第 1 篇　基础篇（第 1 ~ 4 章）

本篇介绍了机器视觉概述、如何做机器视觉项目、硬件环境搭建和软件图像采集等基础知识，主要包括机器视觉项目开发流程、机器视觉项目的硬件环境搭建方法、软件图像采集方法等。

第 2 篇　算法篇（第 5 ~ 14 章）

本篇介绍了机器视觉图像处理中常用的 10 个典型算法模块及其代码实现，主要包括图像预处理、图像分割、颜色与纹理、图像的形态学处理、特征提取、边缘检测、模板匹配、图像分类、相机标定与三维重建、机器视觉中的深度学习等。

第 3 篇　应用案例篇（第 15 ~ 18 章）

本篇主要介绍了 4 个项目案例的开发过程，主要包括印刷完整性检测、布料表面缺陷检测、仪表数值智能识别、双目立体视觉与定位。在具体剖析这 4 个案例时，涉及系统功能、检测算法、具体实现的详细过程。

适合阅读本书的读者

- 想要全面学习机器视觉算法的初学者。
- 希望使用 Halcon 进行机器视觉项目开发的程序员。
- 想要了解机器视觉项目开发方法的工业客户。
- 机器视觉软件开发项目经理。
- 希望提高图像处理水平的人员。
- 对机器视觉算法兴趣浓厚的人员。
- 需要一本关于机器视觉算法的案头必备查询手册的人员。

阅读本书的建议

- 没有机器视觉算法基础的读者，建议从第 1 章顺次阅读，并演练每一个实例。
- 有一定机器视觉算法基础的读者，可以根据实际情况，有重点地选择阅读各个章节和编程实例。
- 对于每一个章节和编程实例，先自己思考一下实现的思路，然后再阅读，学习效果会更好。
- 阅读完书中的章节和编程实例后，可以结合学习资源中提供的代码实际演练一遍，这样理解起来会更加容易，印象也会更加深刻。可扫描以下二维码关注“博雅读书社”微信公众号，找到“资源下载”栏目，根据提示获取本书资源。

资源下载

目录
CONTENTS

基础篇

本篇将介绍机器视觉的基础知识，如什么是机器视觉、如何开发机器视觉项目、硬件环境和软件模块等基础知识。具体内容包括机器视觉的工作原理与应用领域、机器视觉项目的开发流程、机器视觉项目的硬件环境搭建及软件图像采集方法等。

第1章 机器视觉概述

近年来，人工智能渐渐成为一个热点话题。作为人工智能领域的一个分支，图像处理技术也随之发展到了一个新的高度，各种新的软件工具、算法库、开源资料不断涌现，各行各业也渐渐开始进行技术变革。比较典型的例子是，一些传统的需要人工检测的行业，开始逐步采用自动化的智能检测方式。比如，使用相机代替人眼去观察检测的对象；采用软件算法代替人的主观判断，针对图像信息进行分析推理，得到客观的结果。

这种技术目前已经在传统行业逐渐被应用起来，大量的需求应运而生。本章就针对机器视觉的算法原理以及如何应用的问题进行详细的解释和说明。

本章主要涉及的知识点如下。

- 什么是机器视觉。
- 机器视觉与计算机视觉的区别。
- 机器视觉的工作原理。
- 机器视觉的常用领域。

1.1 什么是机器视觉

什么是机器视觉 (Machine Vision)？笔者个人的理解，它是一种使用计算机来模拟人类视觉，并使用软件算法对相机采集到的图像进行分析和理解，以进行自动识别和判断的过程。更具体的解释需要从“机器”和“视觉”两方面来谈。

1. 机器

与“机器”相反的一个词是“人工”。人工固然有灵活、智能等优点，但是也存在着一个无法忽视的缺点 —— 不稳定。依赖人工检查的任务，无论如何加强质量监管，都难免出现失误和遗漏。人会疲劳和疏忽，并且某些工作场景并不合适人工作业。

这时机器的优点就体现出来了。机器视觉依靠工业相机和光学设备采集真实物体的图像，使用软件分析和测量各种特性以获得所需信息或帮助制定决策。因此，使用机器代替人工，不仅能在危险场景中作业，排除人力的不稳定因素，还能提高检测的速度和准确率。概括来说，就是作业过程能够“受控”了。

在应用方面，机器视觉也与“机器”联系紧密。当视觉软件完成图像检测后，紧接着就要和外部单元进行通信，以完成对机器设备的运动控制。实际项目中，机器视觉在许多工业和非工业领域都有应用，许多传统的用人眼进行判断的工作都有被机器视觉代替的可能。

例如，在零件缺陷检测中，利用人眼来判断，显然是效率低下的。人工完成这些任务，可能会由于个体差异和疲劳等因素产生判断误差和遗漏，而且相当耗费体力。但是使用机器视觉来进行检测则可以使效率大大提高，机器会连续无休地、持续稳定地运行下去。只要算法、光照、硬件等条件配置得当，机器检测的准确率甚至可以超过人眼。

2. 视觉

机器视觉是机器的“眼睛”，通俗地说，机器视觉就是用机器模拟人类视觉，但其功能又不仅仅局限于模拟视觉对图像信息的接收，还包括模拟大脑对图像信息的处理与判断。机器视觉也是人工智能的“眼睛”，无人机、自动驾驶、智能机器人等的发展也都是以机器视觉为第一步的。可以预见，未来的机器视觉发展一定有非常广阔的前景。

1.2 机器视觉与计算机视觉的区别

说起机器视觉，很容易想到与它类似的一个名称 —— 计算机视觉。二者本质上是相似的，但是又各有不同。从名称上来看，计算机视觉翻译成英文是 Computer Vision，关键词是计算机（Computer）；机器视觉翻译成英文是 Machine Vision，关键词是机器（Machine），而这间接表达了二者的侧重领域不同。通俗地说，计算机视觉比较侧重于对图像的分析，回答“是什么”的问题；而机器视觉则更关注图像的处理结果，目的是控制接下来的行为，回答“怎么样”的问题。

计算机视觉一般使用相机设备，这里的设备可以是工业相机、高速摄像机，也可以是简易摄像头等，主要是对人眼的生物视觉进行模拟。如同人眼把看到的图像转化为脑海中的画面一样，计算机视觉的任务就是把数字图像转化成生动、有意义、有语境的场景，输出的内容是计算机模拟人类对图像的观察和理解，如图 1.1 所示。

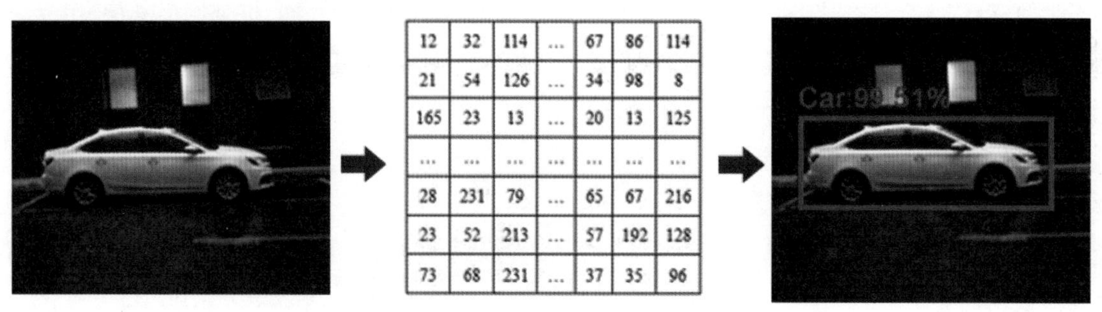

图 1.1　计算机视觉中的图像处理

相机拍摄所得的画面（图 1.1 左图）存储在计算机中只是一个数字的集合。计算机视觉所做的就是从这个数字的集合中提取出需要的信息，如图中有什么物体，分别在什么位置，处于何种状态等，目的是实现对客观世界中场景的感知、识别和理解。简言之，计算机视觉主要强调给计算机“赋能”，使其能看到并理解这个世界中的各个物体。

而机器视觉更像是一套包括了硬件和软件的设备。它由照明系统、相机、采集卡和图像处理系统等模块组成，涉及光学成像、传感器、视频传输、机械控制、相机控制、图像处理等多种技术。每一个环节都会影响到最终的检测结果。

从功能上看，机器视觉可能并不像计算机视觉那样关注对象“是什么”，而是重点观测目标的特征、尺寸、形态等信息，其目的在于根据判断的结果来控制现场的设备动作。举个例子，同样是检测一个包装贴纸画面，计算机视觉可能更关注包装上的文字内容，识别目标，解释图像含义等。而机器视觉可能更关注画面形状是否与标准参考图像完全匹配，是否有缺损或错字等异常，然后将关于异常的判断结果传送给硬件设备，以做出下一步机械操作。

图 1.2 是机器视觉应用于表面检测的例子，通过使用图像处理算法，如傅里叶变换、纹理滤波器以及阈值处理等，分析局部灰度的差异，以此判断是否存在印染缺陷，并提取出发生缺陷的图像区域。

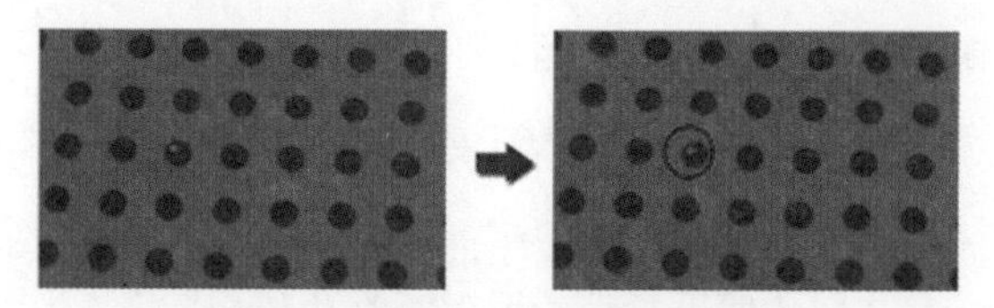

图 1.2　机器视觉中的图像处理

从本质上说，二者都属于视觉技术，共用同一套理论系统。但计算机视觉更侧重于对理论算法的研究，如深度学习在计算机视觉领域已经有了许多前沿的算法，但是这些算法在实际应用中仍有各种局限，离在实际工程中应用还有很长的路要走。因此，计算机视觉的理论研究虽然超前，但暂时没有完全用于实际工程中。而机器视觉是落地的技术，它更侧重于实际应用，强调算法的实时性、高效率和高精度。

机器视觉的优势还在于，在一些不方便使用人工或人工无法满足要求的场合，机器视觉可以很好地代替人眼，在各种恶劣环境下进行高速实时检测，同时还能够在长时间内不间断地进行工作。此外，机器视觉还广泛应用于机器人研究，是机器人的“眼睛”，能指引机器人的移动和操作行为。因此，机器视觉和计算机视觉的发展方向和应用领域是各不相同的。

1.3 机器视觉的工作原理

如上文所述，机器视觉的工作原理就是使用光学系统和图像处理设备来模拟人类视觉功能，从采集到的目标图像中提取信息并进行处理，获得所需的检测对象信息，并加以分析和判断，将最终结果传输给硬件设备，以指引设备的下一步动作。

一个完整的机器视觉系统由多个模块组成，一般包括光学系统（光源、镜头、相机）、图像采集模块、图像处理系统、交互界面等，如图 1.3 所示。

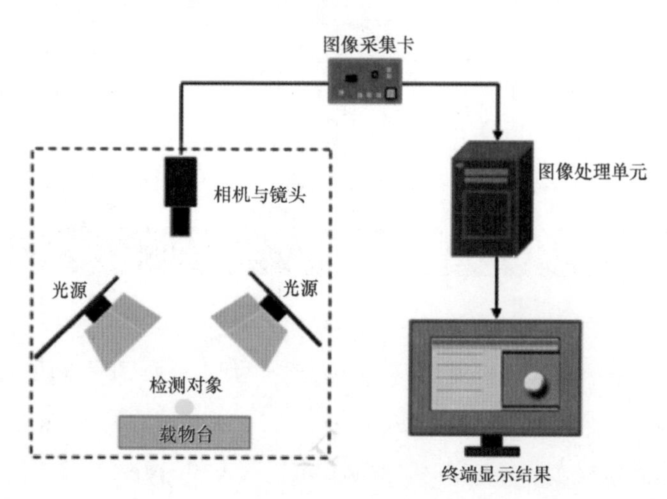

图 1.3　机器视觉系统的组成

（1）光学系统：指成像器件，通常包括光源、工业相机与工业镜头。这部分主要完成图像采集环境的搭建。选择合适的光源和镜头，突出检测对象的特征，有利于提高后期图像处理算法的检测效率。

（2）图像采集模块：通常是用图像采集卡的形式，将相机采集到的图像传输给图像处理单元。它将来自相机的模拟信号或数字信号转换成所需的图像数据流，同时也可以控制相机的一些参数，如分辨率、曝光时间等。

（3）图像处理系统：主要通过计算机主机及视觉处理软件对图像进行多种运算，并对得到的特征进行检测、定位及测量等。

（4）交互界面：将最终的处理结果显示出来，进而根据结果信息控制现场的设备动作。

从实际工作角度来说，机器视觉系统的工作流程如图 1.4 所示。

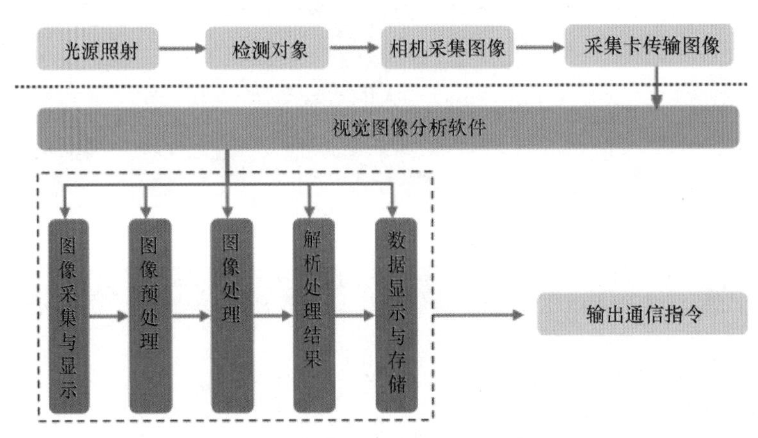

图 1.4　机器视觉系统的工作流程

当检测对象进入相机拍摄区域后，图像采集卡开始工作。此时准备好光照环境，相机开始扫描并输出。然后图像采集卡将图像模拟信号或数字信号转化成数据流并传输到图像处理单元，视觉软件中的图像采集部分将图像存储到计算机内存中，并对图像进行分析、识别、处理，以完成检测、定位、测量等任务。最后将处理结果进行显示，并将结果或控制信号发送给外部单元，以完成对机器设备的运动控制。

1.4 机器视觉的应用领域

机器视觉赋予了机器一双“眼睛”，使其拥有了类似人一样的视觉功能，因此各行各业都逐渐开始应用机器视觉进行大量信息的自动处理。在国外，“工业 4.0”战略提出以后，传统制造业纷纷开始采用自动化设备代替人工，推崇以“智能智造”为主题的新式工业生产方式。而智能智造的第一个环节正是机器视觉。再看国内，目前机器视觉产品仍处于起步阶段，但发展迅速，传统制造业依赖人工进行产品质量检测的方式已不再适用。随着人工智能和制造业的快速发展，对于检测需求的精确度和准确率的要求也不断提升，各行各业对机器视觉技术的需求将越来越大，因此机器视觉在未来将会有非常广阔的应用领域。特别是在工业领域，机器视觉能更好地发挥优势，实现各种检测、测量、识别和判断功能，尤其是在以下方面应用较广。

（1）缺陷检测：产品表面的信息的正确性，有无破损划痕等检测。

（2）工业测量：主要检测产品的外观尺寸，实现非接触性测量。

（3）视觉定位：判断检测对象的位置坐标，引导与控制机器的抓取等动作。

（4）模式识别：识别不同的目标和对象，如字符、二维码、颜色、形状等。

机器视觉的应用正逐渐扩展到各个领域，机器代替部分人力已成为一种趋势。在其他非工业行业，机器视觉也逐渐被广泛应用，如航天、农产品、医疗、科教、汽车、包装、食品饮料等行业。

总而言之，机器视觉能提高生产自动化程度，使人工操作变成机器的智能操作。未来机器视觉将为人工智能在各个行业的普及提供一双智能的“眼睛”。

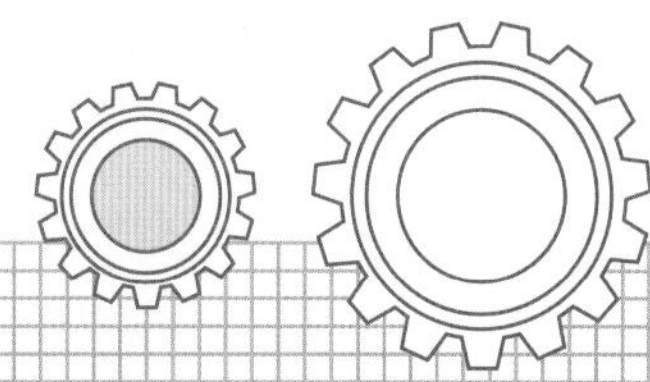

第2章 如何做机器视觉项目

机器视觉一般都要求与现有生产线或测试控制系统配合使用，因此机器视觉项目不仅要提供视觉产品，而且要提供能够与客户的自动化系统集成的完整的解决方案。由于项目的复杂性和协同性，机器视觉项目的顺利完成离不开好的规划和细致的执行，本章将对如何完成机器视觉项目进行过程详述。

本章主要涉及的知识点如下。

- 项目的前期准备：包括客户的初步需求分析、项目可行性评估等前期工作。
- 项目规划：包括确认客户需求、制订开发计划、确定软硬件方案等。
- 详细设计：从技术的角度介绍如何开始做机器视觉项目，以及机器视觉系统的基本框架。
- 项目交付：为项目验收所做的准备，主要分为软件功能测试和现场调试两部分。

注意

本章内容不包含具体的硬件选型，这部分内容将在第3章介绍。

2.1 项目的前期准备

好的开始是成功的一半。在机器视觉项目开始之前，应详细了解客户的需求，以进行项目可行性评估和验证。这既是收集信息的过程，也是增强客户信任的一种方式。本节将详细介绍做机器视觉项目之前所需要的准备工作。

2.1.1 从 5 个方面初步分析客户需求

在立项之前，首先应与客户沟通，明确项目的基本需求，以便评估项目的可行性。初步沟通主要包括以下 5 个方面。

（1）项目来源：主要是指项目的意义、前景、市场价值等高层级的内容。

（2）开发内容：包括视觉系统要完成的任务、待实现的主要功能，明白大致要“做什么”。

（3）使用环境：明确客户的使用环境很重要，包括硬件、软件与结构等方面的使用需求。对于机器视觉项目而言，使用环境往往会影响设计方案的选择。例如，客户可能会对设备的结构尺寸等有特别的要求，因此需要根据使用环境选择合适的图像采集设备；又如，有时客户工作的计算机操作系统比较特殊且无法更换，这就需要对软硬件的兼容程度和运行效率进行评估。

（4）开发方式：需要了解客户希望以何种形式完成开发，如共同开发或完全承揽，是否接受外包等；还有项目中双方的工作和责任如何分配，如哪一方负责采购相机等。

（5）交付成果与形式：明确交付产品的内容与形式，如软件、硬件设备和文档等。

明确了基本需求之后，如果条件允许，还应当到客户的工作现场了解被检测样品与设备的工作环境。此外，还需向客户询问了解机器视觉产品的安装空间和安装要求，尽可能地收集关于项目的需求信息，以便进行项目可行性评估和后续开发。

注意

初步的需求收集应尽量引导客户提出需求，这有利于后续的方案设计和可行性评估。

2.1.2 方案评估与验证

得到初步需求以后，根据被检测样品和检测环境，可以进行方案可行性评估，一般包括以下 6 个方面。

（1）技术可行性：通俗地说，就是指项目是否能做。承接方应了解自己的技术实力是否能完成该视觉项目的开发任务，同时还要确认能否满足客户对性能指标的要求，包括精度、准确率、速度等。

（2）时间要求：根据客户对项目交付时间的期望，大概评估软件开发和硬件设计所需的时间，同时还要考虑设备采购与运输的时长，评估时间上是否能够满足客户的期望，进度上能否达到要求。

（3）空间要求：了解设备的使用环境，这对于机器视觉项目而言非常重要。考虑到相机焦距，有限的使用空间有时会影响到相机的成像质量。此外，设备的使用空间还可能影响到结构夹具的设计，因此这些都需要在评估时进行确认。

（4）光照环境：确认现场的光照环境是否会影响采集图像的质量，如果光线变化难以控制，就要考虑是否需要设计一些结构来屏蔽光线变化的干扰。

（5）通信接口：需要确认视觉系统与硬件系统的通信方式，如输出的内容及接口类型等。

（6）成本与费用：根据上述信息，还需考虑项目的成本与费用，这些属于商务方面的问题，在此不做展开。

可以通过设计实验来验证评估的结论，这一方面是为了保证项目评估结论的准确性，另一方面也是为了增强客户对项目的信心。确认了客户基本需求以后，即可开始采集样本图像并设计实验，进行关键部分的验证。例如，这一阶段可以利用客户提供的拍摄样图或被检测对象样品，开发检测算法演示程序，模拟客户使用场景中的视觉检测，以证明算法的可用性和有效性。

验证结果应向客户演示，以获得客户的认可和反馈。在客户认可验证结果之后，双方可以在相互协商的基础上制定《技术协议书》。

2.1.3 签订合同

签订合同时，除了要关注商务部分，还要关注以下技术部分的内容。

1. 项目的范围

项目的范围包括功能点，如待检测的对象、应完成的工作等。该范围可以包含在《技术协议书》中，与合同配套生效。项目范围应尽可能详细，以明确后续的工作。

2. 明确验收标准

验收标准包括两方面，一方面是视觉系统的功能的完整度，如哪些功能点需要满足；另一方面是性能的实现标准，如检测的速度和精度等。

3. 其他确认

其他确认是指与项目验收相关的其他重要信息，例如以下信息。

（1）视觉检测的判定标准，如 OK 品与 NG 品的判定标准，能达到的检测准确率与速度等，同时还应包含质量上的一些验收标准。

（2）系统最终交付时间及阶段性安排。

（3）相机、镜头、采集卡等设备由何方采购，以及采购时间与待选择的厂家信息。

（4）其他，如机械结构设计的要求，以及培训和售后的要求等。

注意

相机镜头等设备如果由客户采购，应给客户提出选型方面的建议，同时密切跟进采购进度。

2.2 项目规划

机器视觉项目在合同签订以后即开始进行项目规划，规划阶段的主要工作包括定义客户的详细需求、制订项目管理计划、方案评审等。

2.2.1 定义客户的详细需求

签订项目合同后，根据项目的目标和范围要求，进行进一步的需求调研。根据经验，《技术协议书》中往往只是指明了需求的基本层面，而对细节问题并未详述，因此，在开始开发前，需要与客户进一步沟通软件的详细需求。

前期制定一份详细的需求说明，能有效地减少后期项目出现偏差的风险。在实际操作中，许多后期的延误、返工、质量缺陷，常常都是源于初期需求的不明确。有些需求是客户认为显而易见的，但对于开发方来说却容易忽略或遗漏；有些实际使用场景只有客户比较了解，而开发方会因为对操作设备和现场环境的不熟悉而遗漏某些关键需求。因此，需要经常和客户进行沟通，沟通的过程中要和客户针对具体问题进行深入探讨与现场模拟，以挖掘客户的深度需求及其细节。

当客户需求确定以后，应以文档形式记录下来。这样一方面是为了便于进行项目管理，如模块划分、人员安排、制订进度计划等；另一方面是为了防止在开发过程中出现需求随意变更的情况。需求文档（如《产品需求规格说明书》）将成为制订开发计划的依据与项目验收的参考。

2.2.2 制订项目管理计划

以《产品需求规格说明书》和项目合同为依据，可以制订项目管理计划。机器视觉项目的管理计划一般包括范围、时间、成本、人力资源、沟通计划等。

1. 范围、时间与成本

（1）范围：包括开发机器视觉系统的全部工作的详细范围，可以根据《产品需求规格说明书》进行估算。

（2）时间：根据全部工作的范围划分具体的活动，根据每个活动所需的时间估算开发时间表，制订进度管理计划。

（3）成本：根据具体的工作估算所需的人力和物力，进而管理项目的成本。

2. 规划人力资源

在进行项目可行性评估的时候，就应对人力资源进行规划。项目开始之后，应根据开发工作的具体内容和成本预算确定团队成员。一般来说，机器视觉项目至少需要配置项目经理、图像算法工程师和软件工程师（可能与图像算法工程师是同一人）。根据项目需求的不同，还可能需要光学工程师、机械设计工程师、电路工程师、测试工程师、采购工程师、质量保证专员等角色。当人力不足的时候，可以考虑从公司内部借调，或者从外部招聘。

3. 制订沟通计划

与客户保持良好的沟通是保证项目顺利进行的关键之一，尤其是机器视觉项目，需要经常与客户交流信息，汇报项目进度，获取客户对检测效果的反馈。沟通需要注意方式，也要注意频率。

可以在评审会议上与客户商量出一种双方都接受的沟通方式。例如，可以利用即时通信软件进行沟通，或使用邮件进行文件的传输，又或定期举办例会以便客户了解项目的进展和存在的问题。面对面的沟通是最有效的沟通方式，因此在关键问题上，要尽可能地选择当面沟通。此外，还应与客户确认沟通的联系人，应有一个专门跟客户对接的角色（一般是项目经理），使客户与开发人员都能找到信息传输的“接口”。

除了沟通方式，还需要确定沟通频率。例如，项目进度需要多久汇报一次、召开例会的频率等，应征求客户的意见做好日程安排。

2.2.3 方案评审

方案评审是就软硬件的技术方案及项目管理计划，与客户进行沟通并收集反馈的过程。在项目初期，需要对软硬件开发方案做一个概要设计，包括系统的结构、开发框架与流程、使用的技术、设计方案，并对项目管理计划做一个详细的报告。然后召开项目的评审会议，邀请客户及相关专家到场对方案进行评审。

方案评审一方面是为了确保开发方案的可行性，使开发结果能够满足客户要求；另一方面也是为了与客户沟通，在评审会上收集客户的反馈意见，及时解答客户的疑问，将增强客户对项目的信心。

2.3 详细设计

方案评审完成后，就可以开始进行机器视觉系统的详细设计了。下面将从技术角度介绍如何开始做机器视觉项目，以及机器视觉系统的基本框架，包括软硬件环境的选择与创建、机器视觉系统的基本开发过程等。

2.3.1 硬件设备的选择与环境搭建

在对项目进行初步评估时，就应考虑硬件环境的搭建了。硬件设备主要包括如下几个。

（1）相机：一般选择工业相机。相机主要用于图像采集与成像。

（2）镜头：镜头关系到成像的质量，应根据实际项目的需要选择合适的镜头。

（3）采集卡：采集卡的功能是将数字信号或模拟信号转换后传送给计算机主机。

（4）连接方式：指相机的连接方式。

（5）光源：根据拍摄的需求选择光源或布置光照环境。

（6）结构件：指机器视觉设备所需的机械组件，如夹具、支架、固定装置等。

注意

硬件设备的选型应注意系统的兼容性，如相机和采集卡之间的匹配程度。

2.3.2 软件开发平台与开发工具的选择

机器视觉项目的软件开发工具一般包括所用到的图像库、算法和开发平台，可根据项目需要和开发者的偏好进行选择。

（1）图像库：指图像处理算法包，目前比较主流的适用于机器视觉的算法包有 OpenCV、Halcon、Labview 等。其中 OpenCV 的应用最为广泛，但是其在机器视觉中的应用还有很多局限性。而在工业应用中，Halcon 以其功能强大、算法集成度高而占有相当大的优势。本书将主要介绍 Halcon 的应用。

（2）算法：主要指为了检测项目中的具体内容而设计的软件解决方法，如边缘检测、特征匹配、文字识别等，都是为了完成检测步骤中的特定检测任务而设计的。

（3）开发平台：指开发软件的工具，常见的有 Visual Studio、Qt 等。

2.3.3 机器视觉系统的整体框架与开发流程

机器视觉系统主要采用工业相机采集显示器的工作画面图像，通过由 Halcon 和 C++ 混合编程开发的智能检测软件对图像进行处理，根据图像处理结果进行数据分析，在得出分析结果后进行判断和输出。机器视觉系统主要由两大部分组成，一部分是算法实现，另一部分是交互实现。

算法实现分为图像输入、中间处理、输出 3 部分。将用工业相机设备获取的图像作为图像输入，这一步也是图像处理的第一步。Halcon 图像处理包括图像预处理、图像增强、图像分割、特征提取、图像理解等，这些是中间处理部分，这部分主要作为算法实现。算法实现以后，将其导出为 C++ 代码，供界面编程调用。

交互实现部分主要是为了方便用户操作与使用软件，这部分不涉及图像处理算法，采用合适的开发工具开发相应的界面即可。例如，用 Qt 框架开发用户界面就是一种比较高效的方式。图 2.1 是机器视觉系统的基本框架。

机器视觉系统的开发流程主要包括以下 4 个步骤。

（1）采集图像：包括从触发相机到捕获图像的整个过程。

（2）图像处理：对获取到的图像进行形态处理等，为后续的分析做好准备。

（3）图像分析：依据一定规则对图像处理的结果进行理解和判断。

（4）结果输出：图像分析结束后，必须将识别的结果和相应的数据发送到软件前端主界面的相应区域进行显示，并且将识别的结果发送给硬件电路或机械控制系统。

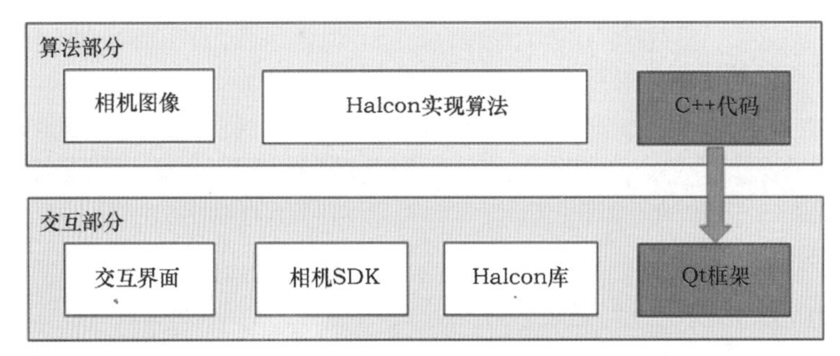

图 2.1　机器视觉系统的基本框架

2.3.4 交互界面设计

软件的交互界面是用户直接看到的内容，也是使用软件进行操作的平台。因此，交互界面的设计水平将直接影响到检测流程的效率，关系到客户对项目的满意度。

交互界面的设计准则为简洁易用，可操作性强，操作流程应尽可能精简。实际工作中的一些并非技术人员的最终用户，他们对软件操作最大的要求是输入简单、方便易用及输出标准化。

2.3.5 Halcon 与开发工具

本书介绍的机器视觉算法与案例主要基于 Halcon 视觉算法包。因此，重要的图像处理算法会在 Halcon 中进行开发。Halcon 的应用界面如图 2.2 所示。

图 2.2　Halcon 的应用界面

开发平台的选择范围比较广，笔者比较熟悉的如 Visual Studio 或 Qt，在编写软件界面方面的功能都十分强大。因此，开发者可以根据项目需要或自己擅长的开发平台进行选择。

2.4 项目交付

由于机器视觉项目涉及软硬件的开发和搭建等多个环节，因此在交付前需要进行多个环节的测试，以保证能顺利交付。本节提到的测试主要分为软件功能测试和现场调试两部分。在现场调试通过及文档交接完成后，项目交付就基本完成了。

2.4.1 软件功能测试

软件功能测试主要是在到达客户现场之前对软件进行调试，是在交付前进行的内部测试，测试目的是检查机器视觉系统的基本功能是否符合《产品需求规格说明书》的要求。软件功能测试的主要内容如下。

（1）采集图像功能：这是极为重要的功能之一，主要是测试采集的图像是否正常。

（2）功能模块测试：逐条核对应有的功能是否完全实现。

（3）交互界面测试：主要是测试用户在与系统进行交互的过程中是否有异常。

（4）通信测试：测试机器视觉系统与外部通信接口的数据传输是否正常。

2.4.2 现场调试

现场调试（试运行）的目的是检查机器视觉系统在实际工作场景中是否能够正常运转，这一步也是客户对机器视觉系统的验收，将针对合同查看系统是否满足验收标准。这部分工作主要有以下 3 个部分。

（1）设备安装：将机器视觉设备在现场进行连接搭建，布置好视觉检测的软硬件环境。

（2）系统连调：调试完整的程序，按实际应用场景中的正常使用流程进行检测调试。由于现场调试时的不确定因素比较多，如环境光、机械振动、系统兼容性等都可能导致异常的出现，因此应当在交付之前提前做好充足的准备，对可能出现的异常情况进行模拟和预防，并预留好解决异常的时间与人员。

（3）文档交接：包括合同中指定的文档资料，如用户使用手册、常见问题及解决方法、开发总结报告、验收报告、装箱单、软件光盘等。这些文档应在交付之前准备好。

注意

采集图像的设备应在相机到位之后、项目验收之前就进行现场调试，以保证系统的正常输入。

2.4.3 系统维护

交付结束后的工作主要有人员培训和设备维护等。

人员培训主要是对客户方的实际使用者和测试者等相关人员进行操作培训。结合用户使用手册进行实际操作的讲解，同时对注意事项和可能出现的异常情况的处理方法进行说明。

设备维护主要是对交付的软硬件设备的后期技术支持。良好的技术支持不仅是专业精神的体现，也能维持与客户的良好关系，为未来的合作建立基础。

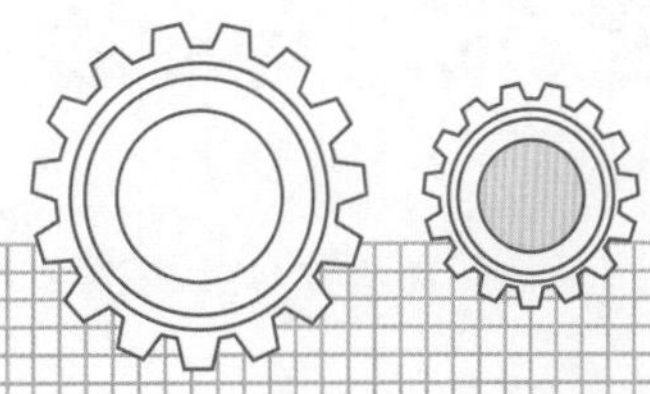

第3章 硬件环境搭建

制订完项目计划之后，开始进行机器视觉项目的第一步，即图像输入。完整的图像采集系统一般包括相机、镜头、图像采集卡、光源等。硬件的选型将关系到图像的质量和传输的速率，也会间接影响视觉软件算法的工作效率。硬件和软件需要配合得当，彼此互补。本章将介绍机器视觉的 4 个主要硬件的选型。

本章主要涉及的知识点如下。

- 相机：介绍相机的主要参数及如何选型。
- 镜头：介绍镜头的主要参数和选择方法。
- 图像采集卡：包括图像采集卡的种类和选型时要关注的重点等。
- 光源：说明光线对机器视觉项目的意义并介绍光源的种类。
- 硬件选型实例：将以一个实际场景中的例子说明如何选择图像采集设备的类型。

注意

本章主要介绍机器视觉中的常见硬件与搭配，关于光学器件的原理或型号对比还应咨询销售人员或专业人士。

3.1 相机

做机器视觉项目的第一步就是图像输入，而图像输入离不开相机。相机是一种将现场的影像转化成数字信号或模拟信号的工具，是采集图像的重要设备。

3.1.1 相机的主要参数

在开始选择相机之前，首先应对相机有基本的了解，这些基本信息在各厂商提供的产品页面上应该都有详细的介绍。接下来介绍与机器视觉相关的相机的主要参数。

（1）分辨率：一般用 $W \times H$ 的形式表示，W 为图像水平方向上每一行的像素数，N 为垂直方向上每一列的像素数。

（2）像素尺寸：指每一个像素的实际大小，即传感器中像元的大小，单位一般是 mm。在分辨率一样的情况下，像素尺寸越小，得到的图像越大。

（3）帧率：指相机每一秒钟拍摄的帧数。帧率越大，每秒捕捉到的图像越多，图像显示就越流畅。对于高速运转的机器，帧率应与物体的运动速度相匹配，这样才能保证捕捉到物体及其关键细节。

（4）像素深度：指色彩的丰富程度。一般来说，8bits 表示黑白图像，24bits 表示彩色 RGB 图像，其中 RGB 图像有 3 个颜色通道，每一个颜色用 8bits 表示。这样一张图片能表示的颜色信息大概是 $2^8 \times 2^8 \times 2^8$=16777216 种，图像色彩非常丰富。如果还有 32bits 的选项，那么除了 RGB 各占用的 8 位外，还有一个 8 位是预留给透明通道 α 的，透明通道可以用来表现颜色的深浅强度和遮挡、透视等关系。总之，像素的深度值越大，图像的颜色信息越丰富，但相应的图像文件也越大。

（5）数字接口：相机的接口是用来输出相机数据的，一般有 GigE、USB 2.0/3.0、CarmeraLink、FireWare 等类型，3.1.3 节将详细对比。

图 3.1 是 Uniforce Sales 网站上的 IMPERX 相机，在相机图像的右边列举了该相机的一些主要参数。

从图 3.1 中可以看到，该相机的类型（Camera Type）是面阵（Area）；传感器类型（Sensor Type）是 CCD；芯片尺寸（Sensor Size）是 43.3mm；镜头接口（Mount）有 C、EOS、F、M42 几种类型；分辨率（Resolution）非常高，大概能达到 29MP；数据接口（Interface）是 Camera Link，因为高分辨的图像只能用功能最强的传输方式；色彩模式（Color/Mono）是单色（Monochrome）；帧率（Frame Rate）小于 10fps，最大帧率（Max Frame Rate）为 4.7fps，这也与高分辨率有关。该相机适用于需要超高清图像，对图像细节有高要求，同时还需要高灵敏度的应用场景。

Product Family	Bobcat 2.0
Part Number	CLM-B6640M-TF000
Camera Type	Area
Sensor Type	CCD
Sensor Size	43.3mm
Mount	C, EOS, F, M42 x 1
Resolution	29 MP
Interface	Camera Link
Color/Mono	Monochrome
Frame Rate	<10 fps
Max Frame Rate	4.7 fps

图 3.1 Uniforce Sales 网站上的 IMPERX 相机及参数

3.1.2 相机的种类

相机按传感器的像素排列方式分，可以分为面阵相机和线阵相机。

面阵相机是将图像以整幅画面的形式输出。一般需要直观地表达整个场景画面时可以选择面阵相机，如需要识别物体、进行空间测量及静态物体特征检测的场合。常用的应用领域如交通运输、安全监控、医疗检测等。

线阵相机是将图像逐行输出，图像宽度与面阵相机无异，但高度只有 1 像素。这样的图像输入到图像处理模块之后，由软件端根据需要的画面宽度进行截取，并重新拼接出整幅画面的内容。线阵相机非常适合检测图像区域是条形或者高速运动的物体，可用于检测工业高速传送带上的对象。

相机按感光芯片的技术分，可以分为 CMOS 和 CCD。关于 CMOS 与 CCD 的区别与技术细节的参考资料已经非常多，这里不再赘述，在选购相机时可以向专业人士咨询更详细的解释。笔者的看法是，根据项目的应用需求进行选择。例如，在弱光低速的检测环境下可以选择 CCD，有助于获得更丰富的图像细节；若追求高性价比、高成像速度和成像质量，可以选择新式的 CMOS。

相机按色彩分，又可以分为黑白相机和彩色相机。机器视觉使用的相机，除了需要检测颜色的情况外，一般选黑白相机更高效。因为图像处理多数是在黑白图像上进行的，即使采集了彩色图像，输入到软件处理模块后也要先转为黑白，再进行后续处理。因此，可以直接选择黑白相机。

3.1.3 相机的接口

在选择相机时，还有一个重要的考虑因素是相机的数据传输接口。接口是相机将图像数据输出的一种方式，一般使用如下几种接口。

（1）GigE 接口：俗称“网口”，利用网络传输图像数据，适合远距离的传输。这类接口要与千兆网卡搭配使用。

（2）USB 3.0：USB 3.0 已经逐渐开始普及并有取代 USB 2.0 的趋势，利用 USB 3.0 接口可以高效率地传输数据。与 USB 2.0 相比，USB 3.0 的传输速度大大提高，此外还有 USB 口固有的即插即用、支持热插拔等优点。USB 3.0 也有局限性，由于有 CPU 的参与，会占用一些系统资源，而且传输线长度有限，因此使用距离需要比较近。不过目前 USB 3.0 的性能正在不断提高，在一些对速度和分辨率要求不是很高的情况下，USB 3.0 接口是一个不错的选择。

（3）Camera Link 接口：指图像采集卡接口。采集卡是一种独立的信号控制设备，具有传输速度快、支持高分辨率等优点。如果传输的图像比较大，速度要求比较高，或者是要触发和控制多部相机时，可以选用这种接口。

（4）Fireware 接口：主要用于连接嵌入式系统。

在选择数据接口时，可以综合考虑以下几个要点。

（1）传输带宽。根据图像分辨率可以算出单帧图像的大小，然后用图像尺寸乘以帧率可以推算出每秒需要传输的带宽。例如，一张 5MB 的图像，帧率为 30fps，因此每帧的传输带宽应当不低于 150MB/s。由于 Fireware 的最大带宽能达到 100MB/s，USB3.0 最大能达到 350MB/s，最快的是 Camera Link，传输速率最高可达到 850MB/s（数据来自 Basler 官网），因此可以选择 USB 3.0 接口或者 Camera Link 接口。

（2）传输距离。一般近距离的传输选择范围会比较大，而如果传输距离比较远，如大于 10m，就可以选择网口。

（3）即插即用要求。从使用方便的角度来看，可以选择网口或者 USB 3.0，这二者都比较便于移动。

（4）实时性要求。如果系统对实时性要求比较高，可以选择 Camera Link、USB 3.0 或 Fireware。

（5）成本。在上面介绍的这几种接口中，Camera Link 接口需要独立的板卡，成本是最高的。

3.1.4 相机的选型

选择相机之前，应明确系统对相机的需求、拍摄对象是什么，以及如何拍才能满足图像处理系统的输入要求。有了明确的需求之后，选型就会有清晰的方向。相机的选型主要看两点，一是类型，二是参数。

首先确定相机的类型，如选择面阵还是线阵，选择 CCD 还是 CMOS，选择黑白还是彩色，这些完全取决于检测环境和物体的特性。前文在介绍相机分类时已有推荐，可以根据实际需要进行选择。

1. 面阵相机的选型

面阵相机的选型可考虑以下几个因素。

（1）帧率：单位是 fps，指每秒钟采集的图像帧数。值得注意的是，相机的理论帧率与实际帧率仍有差别，这个数值会受到图像分辨率、曝光时长等多个因素的影响。因此，选择帧率的时候，也要考虑到其他因素的影响。

（2）分辨率：指单幅画面包含的像素数，一般用水平像素数乘以垂直像素数来表示。像素越高，画面越精细，但文件也越大。

（3）接口：指数据传输接口。接口的选择在上文已有介绍，应结合实际传输距离、速率要求、系统类型、成本等多个因素综合考虑，可选择 Camera Link、GigE、USB 3.0 或硬件接口。

（4）靶面尺寸：指图像传感器的尺寸，如 1/2"、1/3"、2/3" 等。在分辨率固定的情况下，靶面尺寸越大，传感器的面积越大，图像的质量越好。靶面尺寸应与镜头匹配。

（5）黑白 / 彩色：根据图像处理的需求和传输需求选择是否需要用彩色。

（6）感光芯片类型：CMOS 或 CCD，根据需要选择。

（7）像元尺寸：指每个像素的实际大小。靶面尺寸固定的情况下，像元尺寸越小，水平或垂直方向的像素就越多，分辨率越大，画质越清晰。

（8）快门：指曝光的方式，可选的如全局快门（Global Shutter）和滚动快门（Rolling Shutter）。前者是全局曝光，后者是逐行曝光。如果拍摄高速运动的物体，可以选全局快门，因为逐行曝光的滚动快门会产生畸变；如果拍摄静态的或低速的物体，可以选择滚动快门。

2. 线阵相机的选型

评估线阵相机的参数时也要以实际需求出发，应确定以下信息。

（1）幅宽：成像区域的实际宽度。

（2）对精度的要求：对最小的可分辨单元的尺寸的要求。

（3）运动速度：待检测物体的移动速度。

确定了需求信息后，可以从以下几个方面进行选型。

（1）行频：行频的单位为 kHz，可选范围一般为 10～140kHz。行频为 10kHz，表示 1s 扫描 10000 行图像数据。行频的选择取决于待检测物体的运动速度，速度越快，选择的行频应当越高。其具体计算公式应咨询相关专业人员。

（2）分辨率：可选范围一般为 2～12k。分辨率的值可以根据幅宽和精度进行推算。

（3）像素尺寸：一个像素的实际大小，可以由幅宽除以单行的像素数量得到。

（4）数据接口：可选的接口有 Camera Link 或 GigE。

（5）黑白 / 彩色：根据实际需求选择是否需要用彩色。如果检测中不需要 RGB 信息，则选择黑白相机更方便。

（6）感光芯片类型：CMOS 或 CCD，根据需要选择。

（7）镜头接口：镜头接口有标准 C 口、F 口、V 口等。接口的尺寸与靶面尺寸或者图像分辨率相关，应与镜头接口匹配。一般 2k 或 2k 以下的图像选择标准 C 口即可。

最后就是将符合条件的相机进行价格和服务的比较，选出适合的产品。

3.2 图像采集卡

图像采集卡的功能主要是将来自相机的模拟信号或数字信号转化为所需的图像数据流并发送到计算机端，是相机和计算机之间的重要连接组件。它同时还包含了相机采集控制的一些功能，可以对图像属性、采集控制等参数进行设置。图像采集卡的外观类似于一块板卡，安装在计算机的 PCI（Pedpherd Component Interconnection，周边元件扩展接口）插槽中，如图 3.2 所示。

图 3.2　德国 Silicon Software 公司的 microEnable 5 marathon 型号的 Camera Link 采集卡

对一些传输速率比较高的需求，图像采集卡是标准的选择，同时也适合高分辨率、高帧率的相机。对一些没有外触发功能的相机，使用采集卡可以方便地对相机进行控制。如果要搭载多个相机，如双目或多目的情况，也需要使用图像采集卡进行同步或异步控制。

3.2.1 图像采集卡的种类

图像采集卡按接收信号的种类可以分为模拟信号图像采集卡和数字信号采集卡；按接口的适用性可以分为专用接口（如 Camera Link、模拟视频接口等）采集卡和通用接口（如 GigE、USB 3.0 等）采集卡；按支持的颜色可以分为彩色图像采集卡和黑白图像采集卡。

3.2.2 图像采集卡的选型

选择图像采集卡之前，要明确项目的功能需求，如分辨率、传输速率等要求，以及相机的详细参数。

图像采集卡的选型应当与相机匹配，主要指以下几个方面的匹配。

（1）支持的接口模式：如 Camera Link 接口的相机支持的模式有 Base 模式、Medium 模式、Full 模式，那么图像采集卡在选择时也应当与相机的模式匹配。在实际项目中曾发现，如果相机选择 Base 模式，而图像采集卡选用 Full 模式，会造成图像数据的丢失或缺色。

（2）支持的分辨率：在选择时应考虑图像采集卡的分辨率是否能满足输入图像的要求。

（3）其他：还应当考虑硬件的可靠性，如有没有过电压保护、散热性能如何等。除了硬件外，还要考虑配套软件的易用性。图像采集卡一般都有配套的开发包，如 SDK、开发平台等，可根据开发者的经验和偏好进行选择。

3.3 镜头

镜头是与相机配套使用的一种成像设备。选择相机之后，就可以考虑选择合适的镜头了。为了使相机与镜头相匹配，还需要了解镜头的一些参数。

镜头的参数有很多，机器视觉项目选型要关注的镜头参数主要包括以下几种。

1. 接口

接口是镜头与相机的机械连接方式。镜头的接口应与相机的物理接口相匹配。例如，相机的接口是 C 口，镜头也应选择 C 口。还有 F 口、CS 口、S 口等接口，不同的接口是为了适应不同的相机芯片尺寸。

2. 最大靶面尺寸

最大靶面尺寸也称芯片尺寸。镜头使用的芯片尺寸应与相机的传感器靶面尺寸相匹配，简单来说，就是镜头投射的图像面积应不小于相机的芯片尺寸，这样通过镜头捕捉到的图像就能够刚好覆盖相机传感器的区域。镜头的供应厂商一般会提供匹配的芯片尺寸。

3. 物距与焦距

物距是目标对象距离相机的距离。焦距表示相机到焦点的距离，镜头的焦距分为固定的和可变的两种。如果物距很大，可以选择焦距比较长的镜头，这样拍得更清晰，但是视野范围也会变小。因此，可以根据物距和视场的范围来确定焦距。当视觉项目中的设备需要固定时，应尽可能选择定焦镜头，成像会比较稳定。

4. 光圈

光圈的值关系到光线进入相机的量。光圈越大，进入相机的光线也越多。对于光线比较暗的场合，可选用大一点的光圈。光圈与光线的关系如图 3.3 所示。

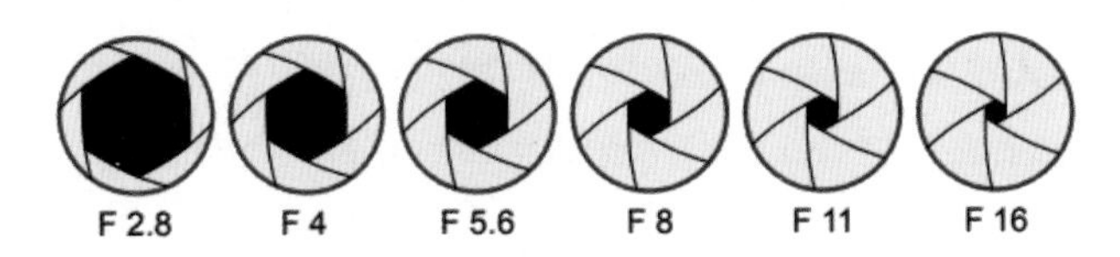

图 3.3 光圈与光线的关系（图片来自 Basler 官网）

5. 分辨率与成像质量

镜头的分辨率越高，成像越清晰。分辨率的选择，关键看对图像细节的要求。同时，镜头的分辨率应当不小于相机的分辨率。

6. 镜头倍率与视场范围

镜头倍率即放大倍数，这个值与被测物体的工作距离有关，要根据放大需求决定。选择镜头时，可以参考以下步骤。

（1）确定相机连接镜头的接口类型，如 C 口或 F 口等，这个接口决定了镜头的接口。

（2）确定镜头的最大靶面尺寸与相机相匹配。

（3）确定焦距。首先测量工作距离和目标物体的大小，得到图像的宽或高；然后确定相机的安装位置，从相机的拍摄角度推测视角，最后根据二者的几何关系计算相机的焦距。

（4）根据现场的拍摄要求，考虑光圈、价格等其他因素。

3.4 光源

光线对机器视觉至关重要，光线的变化不但会影响到硬件设备的选型，也会影响到图像处理算法的选择。因此，有时需要屏蔽一些光线变化，有时需要增加照明或调整打光方式。如果工作环境光线不充足，则需要补充光源。

光源的种类很多，市面上常见的有 LED 光源、红外光源、激光光源、卤素灯等。按形状分，光源有环形光源、背光源、点光源等。选择光源时，应根据检测的目标物体和检测要求决定如何打光以及选择何种光源。例如，如果要突出被测物体的结构细节，可以使用正面或者正侧面光源；如果要凸显物体的轮廓，可以使用背面光源。在选择和布置光源时，应根据检测的对象和希望呈现出的画面效果进行设计。

除了可见光外，某些情况下也需要使用红外光源。例如，某眼球追踪项目需要捕捉瞳孔位置，这时就应该选择红外光源，这样光线不可见，不会对测试者造成干扰。

在选择光源时，应尽可能地到客户现场进行测试，感受实际应用场景中的光线需求。结合图像处理的算法需求，选择合适的光源产品。

3.5 实例：硬件选型

下面以一个例子说明相机的选择方式。例如，需要在一个城市的路口安装交通监控相机，用于捕捉超速车辆并提取车牌等车辆信息，那么选择相机时可以按下面的思路进行分析。

（1）选择面阵相机还是线阵相机？因为要拍到全局图像进行分析，所以选择面阵相机。

（2）选择彩色相机还是黑白相机？由于需要识别车型和拍照，因此可以选择两个相机，一个黑白相机用于抓拍，一个彩色相机用于识别车型车貌。

（3）选择 CCD 相机还是 CMOS 相机？在这种应用场景下，车辆速度极快，因此相机也需要极高的成像速度、高清分辨率，功耗也要尽可能低，因此可以选择新式 CMOS 相机。

（4）分辨率：根据实际图像幅宽与精度要求推算，一般 1920 像素 ×1080 像素的图像就可以满足需求了。

（5）帧率：由于城市车辆超速的判断标准比较低，因此 30fps 的帧率就足够拍到超速车辆了。

（6）数据接口：根据分辨率和帧率计算出传输带宽，再结合传输距离、安装条件、成本预算等因素选择合适的数据接口，如 USB 3.0 接口、Camera Link 接口或 GigE 接口等。

（7）镜头与光圈：镜头的接口应与相机相匹配。由于白天与黑夜的光照变化大，因此可以考虑选择自动光圈。

（8）快门：拍摄高速运动的物体应选择全局快门，滚动快门可能会产生图像的畸变。

（9）其他需求：如灵敏度、背光补偿、自动曝光，以及是否可以平衡周围环境光线对拍摄的影响等需求。

综合以上选择，再结合成本、品牌偏好等因素，就可以在各厂商的产品页上筛选出合适的设备了。

第4章 软件图像采集

当硬件环境搭配好了以后，接下来要考虑如何将图像输入到软件模块。软件中的图像采集即可实现这一功能。图像采集是机器视觉的输入项，也是图像处理的基础。采集图像的速度和质量会直接影响后续图像处理的效率。本章主要介绍如何获取输入图像。

本章主要涉及的知识点如下。

- 获取非实时图像：用测试图像进行算法的设计与测试。
- 获取实时图像：介绍如何通过硬件设备采集图像。
- 多相机采集图像：讨论多相机的采集方法。
- Halcon 图像的基本结构：介绍关于图像的一些基本数据结构。
- 实例：演示如何采集 Halcon 图像并进行简单处理。

4.1 获取非实时图像

在机器视觉项目初期，由于种种原因，开发方不一定能一直在检测现场进行实时调试。因此，可以先拍摄好一些图像或视频作为测试素材，在编写视觉图像处理软件时，用测试图像进行算法的设计与测试。测试通过之后，再连接相机进行实时采集，这样有利于提高开发效率。

4.1.1 读取图像文件

获取非实时图像的方法比较简单，即从指定路径中读取图片或序列。在 Halcon 中，可以用 read_image 算子来读取图像文件。例如：

```
read_image (Image, 'C: /test.png')
```

以上是读取单张图像。如果要读取整个文件夹的图像，可以通过循环来实现，代码如下：

```
*列出指定路径下的文件
list_files ('C: /Picture', ['files','follow_links'], ImageFiles)
*选择符合条件的文件
tuple_regexp_select (ImageFiles,['\\.(tif|tiff|gif|bmp|jpg|jpeg|jp2|png|pcx|
pgm|ppm|pbm|xwd|ima|hobj)$','ignore_case'], ImageFiles)
*循环读取文件夹中的图像
for Index := 0 to |ImageFiles| - 1 by 1
   read_image (Image, ImageFiles[Index])
endfor
```

在 Halcon 也可以使用图像采集助手来读取图像文件。选择菜单栏中的“助手”→“打开新的 Image Acquisition”选项，将出现 Halcon 图像采集助手窗口，如图 4.1 所示。

在“资源”选项卡中选择“图像文件”的路径。如果采集单张图，则单击“选择文件”按钮，如果采集多张图，可以事先将图放在一个指定的文件夹里，然后单击“选择路径”按钮。如果需要查看代码，可以单击该窗口菜单栏里的“插入代码”按钮，代码将显示在程序编辑器中。单击“运行”按钮，查看读取图像的效果，非实时图像采集完成。

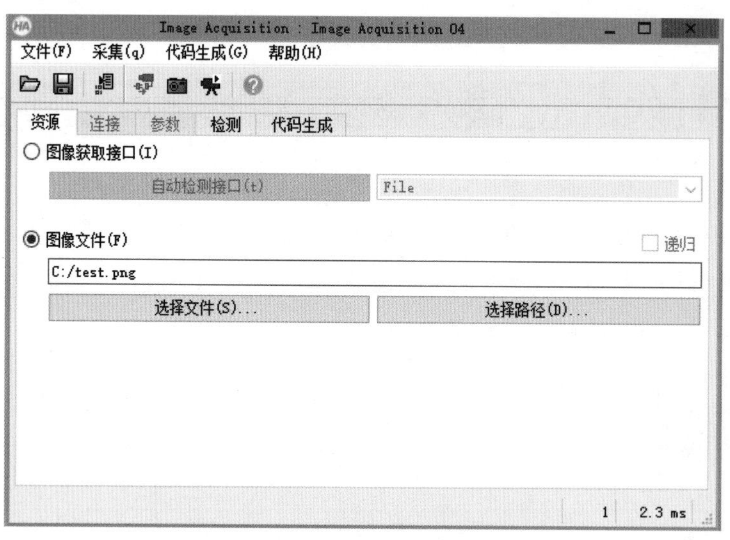

图 4.1　Halcon 图像采集助手窗口

4.1.2 读取视频文件

读取视频文件的方式与读取图像文件类似，还以 Halcon 图像采集助手为例。打开 Halcon 图像采集助手窗口，在“资源”选项卡中的“图像获取接口”选项区域选择“DirectFile”选项，这是 Halcon 读取视频文件的接口，如图 4.2 所示。

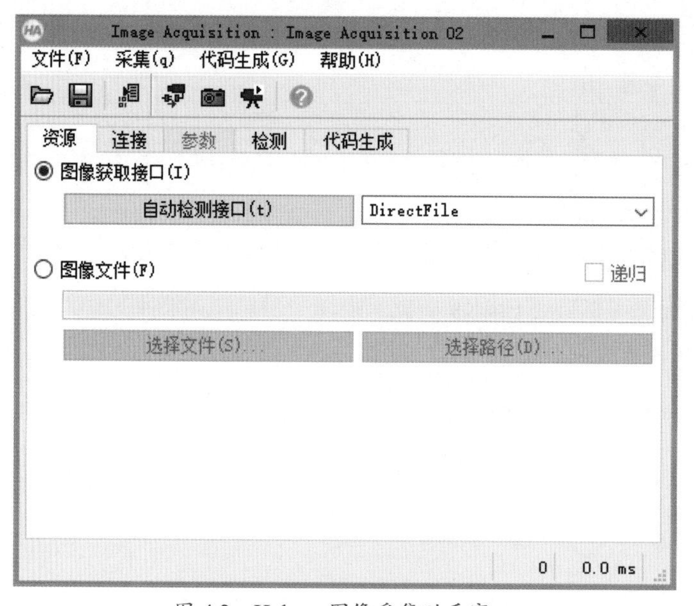

图 4.2　Halcon 图像采集助手窗口

注意

选择 DirectFile 时，文件路径应当用英文。

然后连接视频文件，选择“连接”选项卡，在其中设置读取视频的参数，在“媒体文件”中选择视频文件所在的路径，这样即可实现视频的输入，如图 4.3 所示。

图 4.3　使用 Halcon 图像采集助手设置读取视频的参数

实现代码参考如下：

```
* 开启图像采集接口
open_framegrabber('DirectFile',1,1,0,0,0,0,'default',-1,'default',-1,
'false','test.avi','default',1,-1,AcqHandle)
* 开始异步采集
grab_image_start (AcqHandle, -1)
while (true)
    * 获取采集的图像
    grab_image_async (Image, AcqHandle, -1)
Endwhile
* 关闭采集接口
close_framegrabber (AcqHandle)
```

Halcon 支持的视频格式并不多，文件中可选的只有“.avi”格式的视频，而且并非所有“.avi”格式的文件都能读取。有时可能会出现读取不了的情况，这与视频本身的编解码方式有关。因此还是建议使用图像或图像序列的方式来代替非实时视频输入。

4.2 获取实时图像

本节将介绍如何通过硬件设备采集图像，获得检测场景中的实时图像。获取实时图像有两种主要的方式：一是通过 Halcon 自带的采集接口获取，二是通过相机配套的 SDK 获取。下面将分别介绍这两种方式。

4.2.1 Halcon 的图像采集步骤

Halcon 的图像采集主要分为 3 个步骤，如图 4.4 所示。

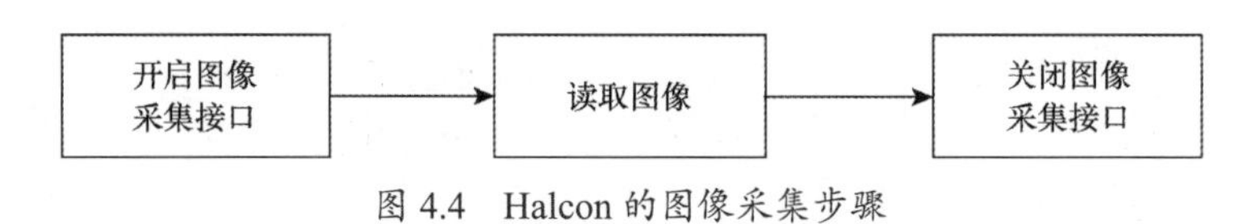

图 4.4　Halcon 的图像采集步骤

图 4.4 说明了实时采集图像的 3 个基本步骤。

（1）开启图像采集接口：连接相机并返回一个图像采集句柄。

（2）读取图像：设置采集参数并读取图像。

（3）关闭图像采集接口：在图像采集结束后断开与图像采集设备的连接以释放资源。

注意

并非相机的所有功能都可以使用 Halcon 进行操控，完整的功能控制还需查看 SDK 或者采集卡软件。

4.2.2 使用 Halcon 接口连接相机

Halcon 的采集功能非常强大，它支持的相机种类非常丰富，为市面上常见的多种机型提供了统一的公用接口。如果系统选择的相机支持 Halcon，就可以直接使用 Halcon 自带的接口库实现连接。

1. 接口文件

如果想要查看 Halcon 支持哪些相机接口，可以在 Halcon 的安装路径下找到 Bin 文件夹，打开对应的操作系统文件夹，即可看到以“hAcqxxx.dll”方式命名的 dll 文件。例如，“hAcqDahengCAM.dll”或“hAcqDahengCAMxl.dll”对应大恒相机的采集接口，“hAcqpylon.dll”或“hAcqpylonxl.dll”对应 Basker 相机的采集接口。

在 Halcon 主界面中选择“文件”→“浏览 HDevelop 示例程序”选项，在打开的窗口中选择“分类”→“图像采集设备”选项，即可在右侧看到相应的采集设备的示例程序。

2. 连接相机

对于所有的接口来说，采集图像的第一步都是连接相机。在 Halcon 中，连接相机是通过调用

open_framegrabber 算子实现的，其作用是连接相机并设置一些基本的采集参数，如选择相机类型和指定采集设备。也可以设置和图像相关的参数，如以下参数。

（1）HorizontalResolution（水平相对分辨率）：如果是 1，表示采集的图宽度和原图一样大；如果是 2，表示采集图的宽度为原图的两倍。默认为 1。

（2）VerticalResolution（垂直相对分辨率）：与水平相对分辨率类似。默认为 1，表示采集的图宽度和原图一样大。

（3）ImageWidth：表示图像的宽，即每行的像素数。默认为 0，表示原始图的宽度。

（4）ImageHeight：表示图像的高，即每列的像素数。默认为 0，表示原始图的高度。

（5）StartRow、StartColumn：表示采集的图在原始图像上的起始坐标，这两个值都默认为 0。

（6）Field：相机的类型，默认为 default。

（7）BitsPerChannel：表示像素的位数，默认为 -1。

（8）ColorSpace：表示颜色空间，默认为 default。也可以选择 Gray，表示灰度；或选择 RGB，表示彩色。

（9）Generic：表示特定设备，默认为 -1。

（10）CameraType：表示相机的类型，默认为 default，也可以根据相机的类型选择 ntsc、pal 或 auto。

（11）Device：表示所连接的采集设备的编号，默认为 default。如果不确定相机的编号，可使用 info_framegrabber 算子进行查询。

（12）Port：表示连接的端口，默认为 -1。

这个算子执行完后会返回一个图像采集的连接句柄 AcqHandle，该句柄就如同 Halcon 和硬件进行交互的一个接口。使用该句柄可以实现图像捕获、设置采集参数等。

3. 设置采集参数

由于连接相机的接口 open_framegrabber 是针对大部分相机的公用接口，而相机的种类繁多，功能各异，因此公用接口中只包含了通用的几种简单操作的参数。如果想要充分地利用相机的全部功能，设置其他的特殊参数，可以使用 set_framegrabber_param 进行设置。

具体的参数种类或值的含义可参考 Halcon 的算子文档，如果想要查看 Halcon 具体支持哪些可修改的参数，可以使用 info_framegrabber 算子。例如：

```
info_framegrabber ('USB3Vision', 'parameters', ParametersInfo,
ParametersValue)
```

特殊参数将在“变量监视”窗口列出，如图 4.5 所示。

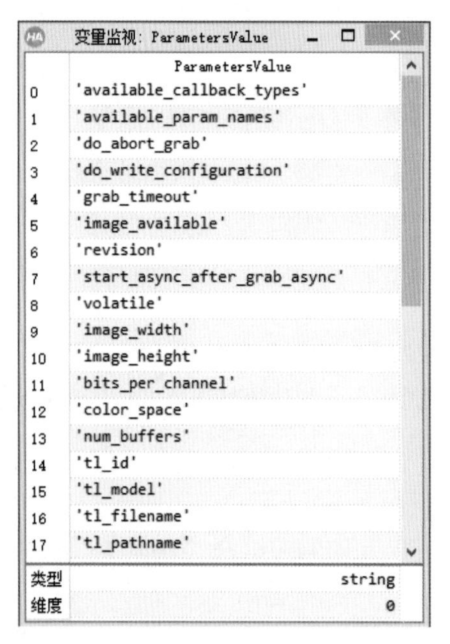

变量监视：ParametersValue

	ParametersValue
0	'available_callback_types'
1	'available_param_names'
2	'do_abort_grab'
3	'do_write_configuration'
4	'grab_timeout'
5	'image_available'
6	'revision'
7	'start_async_after_grab_async'
8	'volatile'
9	'image_width'
10	'image_height'
11	'bits_per_channel'
12	'color_space'
13	'num_buffers'
14	'tl_id'
15	'tl_model'
16	'tl_filename'
17	'tl_pathname'
类型	string
维度	0

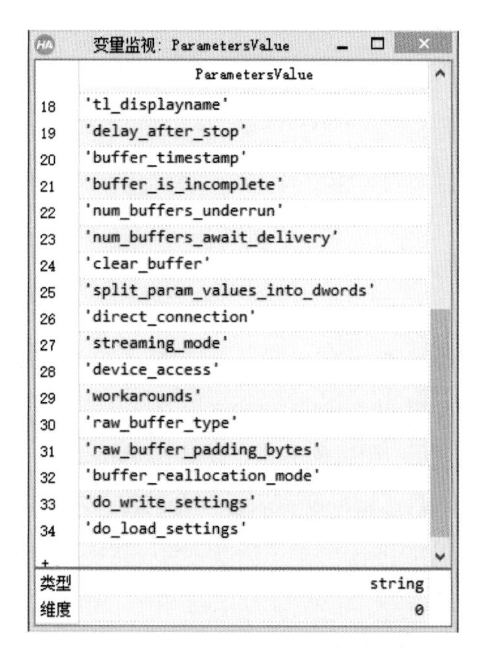

变量监视：ParametersValue

	ParametersValue
18	'tl_displayname'
19	'delay_after_stop'
20	'buffer_timestamp'
21	'buffer_is_incomplete'
22	'num_buffers_underrun'
23	'num_buffers_await_delivery'
24	'clear_buffer'
25	'split_param_values_into_dwords'
26	'direct_connection'
27	'streaming_mode'
28	'device_access'
29	'workarounds'
30	'raw_buffer_type'
31	'raw_buffer_padding_bytes'
32	'buffer_reallocation_mode'
33	'do_write_settings'
34	'do_load_settings'
类型	string
维度	0

图 4.5　特殊参数列表

如要修改其中的某项参数，使用 set_framegrabber_param 算子。例如：

```
set_framegrabber_param(AcqHandle,'color_space','gray')
```

其中 AcqHandle 为图像采集的句柄，后面两个参数为参数名称和要修改的值。

如果要查询某一个参数的值，可以用 get_framegrabber_param 算子。例如：

```
get_framegrabber_param(AcqHandle, 'name', Value)
```

注意

如果某个参数在 open_framegrabber 中设定过，那么该参数将不可在相机工作过程中被修改。

4. 实时采集图像

与相机建立联系后，实时地读取图像是在 grab_image 或 grab_image_async 算子中实现的，二者有如下区别。

grab_image 用于相机的同步采集。其工作流程是先获取图像，然后等图像转换等处理流程完成之后再获取下一帧图像。图像的获取和处理是两个顺序执行的环节。因此，下一帧图像的获取要等待上一帧图像的处理完成才开始，这样相机的实际帧率可能会低于标定的值，还可能会有采集过程耗时太长的情况。

grab_image_async 用于相机的异步采集。异步采集不需要等到上一帧图片处理完成再开始捕获下一帧，图像的获取和处理是两个独立的环节。异步采集可以在当前图像捕获完成后立即捕获下一帧，也可以根据设定的时间间隔获取图像。该算子的最后一个参数可用于设置延时，达到延时时间即可开始捕获下一帧图像。在实际使用中，常常使用多线程同步机制配合异步采集。

在图像采集结束后应使用 close_framegrabber 算子断开接口与图像采集设备的连接。一个简单的采集图像的代码举例如下：

```
*开启图像采集接口
open_framegrabber ('USB3Vision', 0, 0, 0, 0, 0, 0, 'progressive', -1,
'default', -1, 'false, default'、'2676014B7826_Basler_acA1920155um', 0, -1,
AcqHandle)
while (true)
   grab_image (Image, AcqHandle)
Endwhile
*关闭图像采集接口
close_framegrabber (AcqHandle)
```

运行后即可在图像窗口中看到实时采集的图像。

4.2.3 使用相机的 SDK 采集图像

也可以使用相机的 SDK 采集图像，原因如下。

（1）并非所有的相机都能支持 Halcon，对于不支持 Halcon 的相机，无法使用 Halcon 自带的采集接口采集图像。

（2）即使有些相机支持 Halcon，也并非所有的相机功能参数都能通过 Halcon 进行配置，这样可能会限制某些功能的使用，而相机自带的 SDK 的功能则强大得多。

（3）有些项目不完全是使用 Halcon 进行图像处理的，可能会和其他的库（如 OpenCV）结合使用。例如，在采集图像之后，需要用 OpenCV 做一些转化，再给 Halcon 使用，在这种情况下，直接使用相机的 SDK 实现采集也是一种有效的方式。

相机厂商一般会配备软件开发包，其中包括操作软件、SDK 开发包、各种语言的示例程序等。这种图像采集方式更加稳定可靠，但采集后的图像在传给 Halcon 之前，需要先转换成 Halcon 的图像格式。

4.2.4 外部触发采集图像

上文提到的都是使用软件触发相机拍照，然而在有些工业应用中，相机是由外部硬件的信号触发的，因此大多数图像采集设备都装配了至少一条输入信号的线，也就是外触发的输入线。因此，在软件中要做的就是在 open_framegrabber 算子中把 ExternalTrigger 参数修改一下，变成 Ture，表示支持外触发的模式。

在使用外触发的情况下，相机使用 grab_image 算子采集图像，然后等待触发信号。如果收到触发信号，就进入下面的流程：相机等待下一帧图像送达，将其数字化，并进入计算机内存，然后 Halcon 采集接口将图像变成 Halcon 图像格式 HImage，并返回连接句柄 AcqHandle。这些执行完以后，再次调用 grab_image 算子，等待下一个触发信号，如此循环。

仅这样设置会有潜在的问题，一是如果触发信号与曝光时间不同步，有可能采集到的图像是没有内容的；二是触发信号如果在循环中的图像处理流程结束前到达，那么下一个循环等待触发信号的时间可能会超时。

为了解决这些问题，需要在 set_framegrabber_param 算子中进一步设置 grab_timeout 参数，该参数用来指定图像采集的延时。如果没有这个参数，则延时默认为 -1，grab_image 算子会一直等待外触发的信号到达。

设置该参数后，如果因为某种原因，触发信号没有到达，则超过设定的时间后，程序就会返回一个错误代码，以提示存在异常。某些相机的 Halcon 接口会提供 Trigger_timeout 参数，作用与之类似，可通过相关文档了解其具体设置方法。Halcon 中的外触发模式代码举例如下：

```
*开启图像采集接口，外触发参数设为true
open_framegrabber ('USB3Vision', 0, 0, 0, 0, 0, 0, 'progressive', 8, 'default',
-1, 'true', 'default', 'camera_name', 0, -1, AcqHandle)
*设置超时时间
set_framegrabber_param (AcqHandle, 'grab_timeout', 50000)
while (true)
    grab_image (Image, AcqHandle)
Endwhile
close_framegrabber (AcqHandle)
```

如果使用相机的 SDK 来获取图像，一般会有关于外触发的函数，直接调用即可。

4.3 多相机采集图像

上文提到的是单个相机的采集方法，在实际应用中经常会遇到不止一个相机的情况，如双目视觉应用等。接下来讨论多相机的采集方法。

1. 连接多个采集设备

多相机的情况下可能有多个输入端口（Port），这时需要让多个采集接口分别对应不同的数据端口。可以根据上文所述的采集图像的 3 个步骤，分别通过每个端口实现图像采集。这个原理类似于多线程，每个采集任务独立进行。

2. 多相机异步采集图像

多相机的情况还有可能是多个相机连接在同一种采集卡上。使用 grab_image_async 算子进行异步采集时，默认会从连接的第一个相机中连续采集，如果需要切换到另一台相机，可以在 set_framegrabber_param 算子中设置一个 start_async_after_grab_async 参数。

注意

这一功能只有在多个相机的型号和采集方式类似的情况下才有效，如双目立体相机。

3. 多相机同步采集图像

用多个相机同步采集图像，有时需要多个相机能同步工作，如双目视觉系统需要两路信号实时采集以计算视差信息，这需要对采集进行同步控制。有些采集接口支持从多个相机同步采集图像，如一个采集卡连接多个相机，或者多个采集卡连接多个相机。但是即使采集接口支持同步采集，也需要配备相应的采集单元才能生效。

即使对应的 Halcon 采集接口不支持多相机同步采集，也可以通过外部触发实现同步。例如，可以用每一个采集卡连接一个相机，然后将同一个触发信号发送给多个采集卡的方式来实现同步。

还有一种方式，即用软件控制的方式程实现同步采集。可以在 Halcon 代码导出以后，在 C/C# 等开发环境中使用相机 SDK 中的相关接口或多线程等方法实现同步采集。

4.4 Halcon 图像的基本结构

接下来介绍关于图像的一些基本数据结构。

（1）Image：指 Halcon 的图像类型，由矩阵数据组成，矩阵中的每个值表示一个像素。Image 中含有单通道或者多通道的颜色信息。

（2）Region：指图像中的一块区域。该区域数据由点的坐标组成，表达的意义类似于一个范围。可以用 Region 来创建一个感兴趣区域（Region of Interest，ROI），该区域可以是任意形状，可以包含孔洞，甚至可以是不连续的点。

（3）XLD：指图像中某一块区域的轮廓，由 Region 边缘的连续的点组成。

（4）Tuple：类似于数组，可以用于存储一幅或多幅图像。如果要对一些图像进行批处理，可以将这些图像存入 Tuple 进行一次性处理。

4.5 实例：采集 Halcon 图像并进行简单处理

下面介绍一个简单的采集图像的例子。在 Halcon 中利用图像采集接口，使用 USB 3.0 相机实时拍摄图像。采集到图像后对图像进行简单的阈值分割处理，将有物体的区域标记出来。

（1）创建一个图像窗口，并连接相机。首先使用 dev_close_window 清理显示区域，并用 dev_open_window 创建一个显示图像的窗口，然后连接采集设备。使用 open_framegrabber 连接相机，并简单地设置一些参数。由于使用的是 USB3Vision 接口的相机，因此在第一个参数中填入接口名称。在 Device 参数中选择相机的型号，开始准备采集。

（2）采集图像。由于要连续地采集图像，因此要建立图像采集循环。在循环中使用 grab_image 获取图像，并使用 dev_display 将其显示出来。

（3）简单的图像处理。获取到图像后将其保存在 Image 变量中，接下来可以根据需要对图像做进一步的处理，如阈值分割、图像平滑，以及其他形态学处理等。本例中首先使用 rgb1_to_gray 将采集到的原始图像转化为单通道的灰度图像，然后使用阈值处理将灰度较深的区域存入一个名为 DarkArea 的变量中。

接着使用 fill_up 对 Dark 区域进行填充，并用 connection 算子进行区域分割。然后通过 select_shape 将面积大的区域提取出来，排除无意义的杂点，并用 dev_display 将填充区域绘制出来。

同时，通过 count_obj 统计出零件区域的数量，并用字符串的形式显示在窗口中。这是一个简单的关于图像采集与阈值处理的例子，后续可以根据需要进行更复杂的处理。

（4）关闭图像采集接口。图像采集完成后可以结束循环，并使用 close_framegrabber 关闭采集接口，释放设备资源。其运行结果如图 4.6 所示。

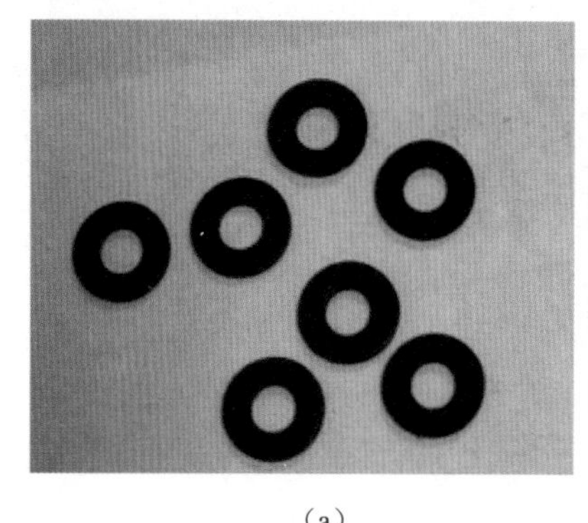

（a）

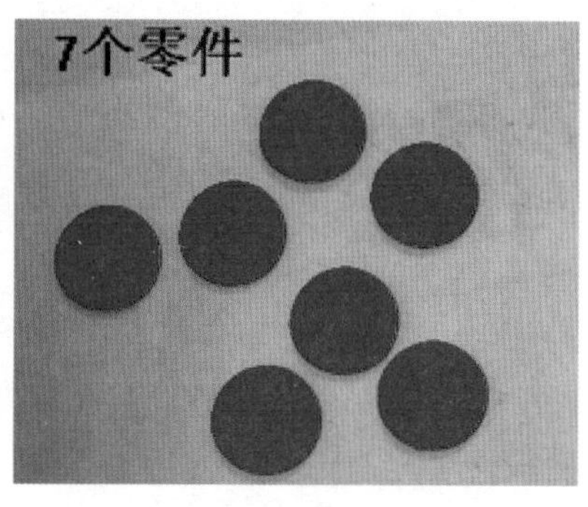

（b）

图 4.6　运行结果

实现代码参考如下：

```
*关闭当前窗口，清空屏幕
dev_close_window ()
*打开图像采集接口，接口类型为USB3Vision，其他参数都是默认
open_framegrabber ('USB3Vision', 0, 0, 0, 0, 0, 0, 'progressive', -1,
'default', -1, 'false', 'default', '2676014B7826_Basler_acA1920155um', 0,
-1, AcqHandle)
*抓取一幅图像，这幅图是为了获取图像的大小以建立合适尺寸的窗口
grab_image (ImageBase, AcqHandle)
*获取图像的大小，以建立合适尺寸的窗口
get_image_size (ImageBase, Width, Height)
*创建新的显示窗口
dev_open_window (0, 0, Width/2, Height/2, 'black', WindowHandle)
*开始进入采集图像的循环
while (true)
    *利用此采集接口的句柄获取图像
    grab_image (Image, AcqHandle)
    *显示采集画面
    dev_display (Image)
    **
    *此处可根据需要对图像做进一步处理。这里举一个简单的阈值处理并计数的例子
    **
    *将图像转换为单通道灰度图像
    rgb1_to_gray (Image, GrayImage)
    dev_display (GrayImage)
    *使用阈值处理提取较暗部分
    threshold (GrayImage, DarkArea, 0, 80)
    *填充区域
    fill_up (DarkArea, RegionFillUp)
    *将不相连的区域整体分割成独立的区域
    connection (RegionFillUp, ConnectedRegions)
    *排除杂点，将面积较大的目标选择出来
    select_shape(ConnectedRegions, SelectedRegions, 'area', 'and', 150, 99999)
    *目标计数
    count_obj (SelectedRegions, Number)
    *即将显示文字，文字颜色设置为黑色
    dev_set_color ('black')
    *确定文字的显示位置
    set_tposition (WindowHandle, 50, 50)
    *设置字体
    set_font (WindowHandle, '-System-24-*-0-0-0-1-GB2312_CHARSET-')
    *窗口输出文字
    write_string (WindowHandle, '有'+Number+'个零件')
    *显示零件形状区域，设置颜色为红色
    dev_set_color ('red')
    *显示模式为填充
```

```
    dev_set_draw ('fill')
    * 显示提取出的区域
    dev_display (DarkFilled)
endwhile
* 采集结束，关闭采集接口，释放相机资源
close_framegrabber (AcqHandle)
```

2

第 2 篇

算法篇

本篇将介绍机器视觉图像处理中常用的 10 个典型算法模块及其代码实现，主要包括图像预处理、图像分割、颜色与纹理、图像的形态学处理、特征提取、边缘检测、模板匹配、图像分类、相机标定与三维重建、机器视觉中的深度学习等。

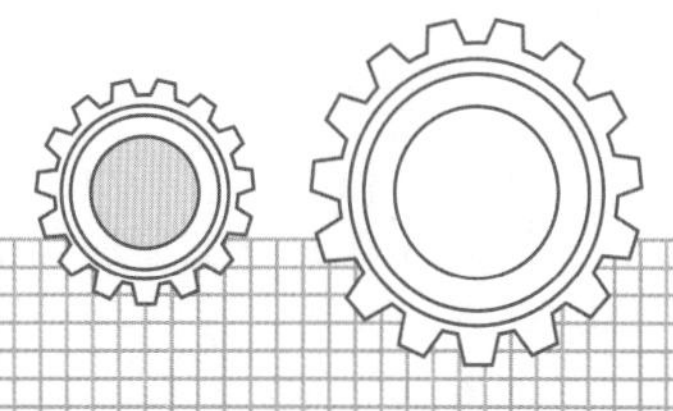

第5章 图像预处理

获得了相机采集的图像之后，图像质量往往会与预想的有所差异，如出现形状失真、亮度低、图像噪声大等问题，因此需要对图像进行即时校正和图像增强等预处理，方便后续的检测和识别。图像预处理是非常关键的一个环节，输出的图像质量关系到识别的准确率和速度。本章将深入介绍图像预处理的几种常用算法。

本章主要涉及的知识点如下。

- 图像的仿射变换与梯形校正：讨论如何解决图像形状失真的问题。
- 感兴趣区域（Region of Interest，ROI）：学习如何将图像处理的范围缩小到关键的 ROI。
- 图像增强：讨论如何增强图像质量、增加对比度、处理失焦图像。
- 图像平滑与去噪：用软件的算法消除图像噪声，主要方法有均值滤波、中值滤波和高斯滤波。
- 光照不均匀：探讨解决光照不均匀问题的方法。

注意

本章内容不涉及三维图像校正，这部分内容将在第 13 章详细介绍。

5.1 图像的变换与校正

由于相机拍摄的时候可能存在角度偏差，因此实际获得的画面可能会与想象中有所差异。例如，采集连续目标时，可能每幅图中目标区域的位置和角度都不一样；又或者目标对象是一块矩形区域，而在采集到的图像中，这一块可能变成了梯形或扭曲的四边形。

因此，接下来要做的第一件事，就是把这块区域进行一些调整，使之恢复成原本的矩形区域。本节就以解决图像形状失真问题为目的，介绍 Halcon 中的图像二维变换方法。

5.1.1 二维图像的平移、旋转和缩放

为了校正图像在拍摄中的失真问题，可以对图像进行一些简单的几何变换，如平移、缩放和旋转等，这些是图形学中的基本几何变换。

一个点 p_0 的位置可以用 3 个坐标表示（x_p, y_p, z_p），这 3 个坐标也可以看成一个 3D 向量。

1. 图像的平移

如果将这个点移动（x_t，y_t）个向量，相当于在 p 坐标的左边乘以一个平移矩阵 $\boldsymbol{T}$。设平移后的点为 $\boldsymbol{p}_t$，如公式（5.1）所示。

$$\boldsymbol{p}_t=\boldsymbol{T}\cdot p_0=\begin{bmatrix}1 & 0 & x_t\\0 & 1 & y_t\\0 & 0 & 1\end{bmatrix}\cdot p_0 \tag{5.1}$$

2. 图像的旋转

如果将这个点在二维平面上绕坐标原点旋转角度 γ，相当于在 p_0 坐标的左边乘以一个旋转矩阵 $\boldsymbol{R}$。设旋转后的点为 $\boldsymbol{p}_r$，如公式（5.2）所示。

$$\boldsymbol{p}_r=\boldsymbol{R}\cdot \boldsymbol{p}_0=\begin{bmatrix}\cos\gamma & -\sin\gamma & 0\\\sin\gamma & \cos\gamma & 0\\0 & 0 & 1\end{bmatrix}\cdot p_0 \tag{5.2}$$

注意

如果是绕 x 轴和 y 轴旋转，将涉及关于三维坐标系变换的知识，该部分内容将在第 13 章详细介绍。

3. 图像的缩放

假设这个点在二维平面上，沿 x 轴方向放大 s_x 倍，沿 y 轴方向放大 s_y 倍，那么变化后的该点的坐标记为 $\boldsymbol{p}_s$，如公式（5.3）所示。

$$p_s = S \cdot p_0 = \begin{bmatrix} s_x & 0 & 0 \\ 0 & s_y & 0 \\ 0 & 0 & 1 \end{bmatrix} \cdot p_0 \tag{5.3}$$

注意

平移、缩放和旋转都需要有一个参考点，围绕该点进行仿射变换操作。

5.1.2 图像的仿射变换

把平移、旋转和缩放结合起来，可以在 Halcon 中使用仿射变换的相关算子。一个仿射变换矩阵包括平移向量和旋转向量。

1. 仿射变换矩阵

在仿射变换前，先确定仿射变换矩阵，步骤如下。

（1）使用 hom_mat2d_identity (HomMat2DIdentity) 创建一个空的仿射变换矩阵。

（2）指定变换的参数，这里可以指定平移、缩放、旋转参数，举例如下。

- 设置平移矩阵，向 x 轴正方向平移 30 个像素，向 y 轴正方向平移 30 个像素：hom_mat2d_translate (HomMat2DIdentity, 30, 30, HomMat2DTranslate)。
- 设置旋转矩阵，以点（P_x, P_y）为参考点，旋转角度 phi：hom_mat2d_rotate (HomMat2DIdentity, rad(phi), Px,Py, HomMat2DRotate)。
- 设置缩放矩阵，以点（P_x, P_y）为参考点，放大 2 倍：hom_mat2d_scale (HomMat2DRotate, 2, 2, Px, Py, HomMat2DScale)。

2. 应用仿射变换矩阵

仿射变换矩阵可以应用于像素点（Pixel）、二维点（Point）、图像（Image）、区域（Region）及 XLD 轮廓等对象。下面分别举例。

（1）应用于像素点：使用 affine_trans_pixel 算子。

（2）应用于二维点：使用 affine_trans_point_2d 算子。

（3）应用于图像：使用 affine_trans_image 算子。

（4）应用于区域：使用 affine_trans_region 算子。

（5）应用于 XLD 轮廓：使用 affine_trans_contour_xld 算子。

5.1.3 投影变换

上文介绍的仿射变换其实是投影变换的一个特殊例子，其特殊性在于变换后图像的形状仍然维持原状。投影变换包括的情况很多，有可能变换前后图像的形状发生了很大的改变，如对边不再平行，或者发生了透视畸变等，这时可以使用投影变换使其恢复原状。其步骤与仿射变换类似，首先计算投影变换矩阵，然后计算投影变换参数，最后将投影变换矩阵映射到对象上。

要计算投影变换矩阵，应找出投影区域的特征点的位置及其投影后的位置，通过 hom_vector_to_proj_hom_mat2d 算子进行换算，就可以根据已知的投影对应的点的值计算投影变换矩阵。然后使用 projective_trans_image 对图像进行投射变换，就能得到投影后的图像了。下面用一个实例进行介绍。

5.1.4 实例：透视形变图像校正

透视形变图像校正步骤如下。

（1）读取图像，并对图像进行简单的处理，分割出目标形变区域。

（2）获取形变区域的轮廓，并计算出顶点坐标信息。

（3）利用上一步得出的坐标信息，计算投影变换矩阵。

（4）进行投影变换。

透视形变图像校正结果如图 5.1 所示。

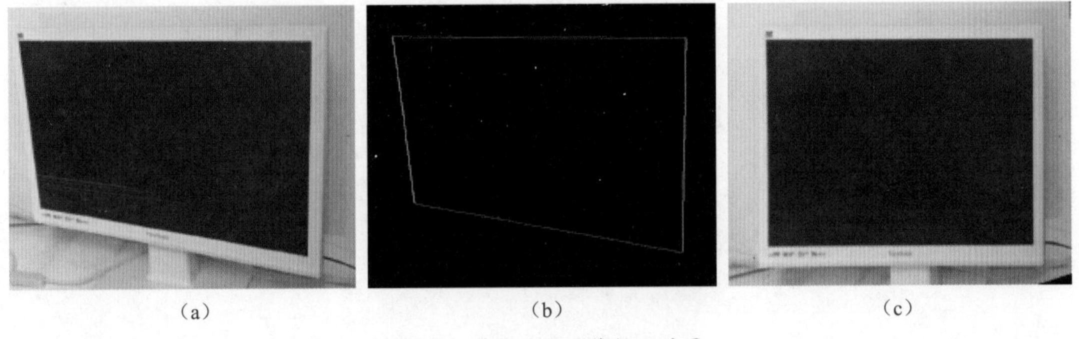

（a）　　（b）　　（c）

图 5.1　透视形变图像校正结果

实现代码参考如下：

```
*关闭当前显示窗口，清空屏幕
dev_close_window ()
*读取测试图像
read_image (Image_display, 'data/display.jpg')
*将图像转化为灰度图像
rgb1_to_gray (Image_display, GrayImage)
*获取图像的尺寸
get_image_size(Image_display,imageWidth, imageHeight)
*新建显示窗口，适应图像尺寸
dev_open_window (0, 0, imageWidth, imageHeight, 'black', WindowHandle1)
dev_display (GrayImage)
*初始化角点坐标
XCoordCorners := []
```

```
YCoordCorners := []
*阈值处理，提取较暗的区域
threshold(GrayImage,DarkRegion,0, 80)
*分离不相连的区域
connection (DarkRegion, ConnectedRegions)
*选择面积最大的暗色区域，即屏幕区域
select_shape_std (ConnectedRegions, displayRegion, 'max_area', 70)
*裁剪屏幕区域
reduce_domain (GrayImage, displayRegion, displayImage)
*创建边缘轮廓
gen_contour_region_xld (displayRegion, Contours, 'border')
*将轮廓分割为边
segment_contours_xld (Contours, ContoursSplit, 'lines', 5, 4, 2)
*获取边的数量
count_obj (ContoursSplit, Number)
*存储每条边的起点位置
for index:=1 to Number by 1
   select_obj(ContoursSplit, ObjectCurrent, index)
   *拟合每条边
    fit_line_contour_xld (ObjectCurrent, 'tukey', -1, 0, 5, 2, RowBegin,
ColBegin, RowEnd, ColEnd, Nr, Nc, Dist)
   *存储每条边的顶点x坐标
   tuple_concat (XCoordCorners, RowBegin, XCoordCorners)
   *存储每条边的顶点y坐标
   tuple_concat (YCoordCorners, ColBegin, YCoordCorners)
endfor

* 投影变换，为4个特征点与校正后的坐标建立关联
XOff:= 100
YOff:= 100*imageHeight/imageWidth
hom_vector_to_proj_hom_mat2d (XCoordCorners, YCoordCorners, [1,1,1,1],
[YOff,YOff,imageHeight-YOff,imageHeight-YOff], [XOff,imageWidth-XOff,imageWidth-
XOff,XOff], [1,1,1,1], 'normalized_dlt', HomMat2D)
*投影变换
projective_trans_image (Image_display, Image_rectified, HomMat2D, 'bilinear',
'false', 'false')
*显示校正结果
dev_display (Image_rectified)
```

上述代码中用了较多篇幅来提取显示器区域的4个角的特征点，并以这几个特征点为依据提取了显示器的边界。提取特征点的方法将在第9章详细讲述，如果读者觉得这部分理解有困难，也可以直接指定目标区域的顶点坐标，以及投影后的矩形顶点坐标，然后通过使用程序换算二者的对应关系得到投影矩阵，进而得到校正后的目标形状。

5.2 感兴趣区域（ROI）

ROI 是 Halcon 中的一个很重要的概念，为了减少计算量，只关注待检测物体或该物体周围的一片区域即可，ROI 就是图像处理所关注的区域。

5.2.1 ROI 的意义

创建 ROI 主要是出于以下两个方面的原因。

（1）因为将要处理的图像缩减到了 ROI 区域，需要处理的像素数减少了，对于 ROI 外的像素可以不处理，因此可以加快图像处理的速度。如果原图是 1920 像素 ×1280 像素，那么对整幅图像进行处理的计算量是非常大的，而需要关注的区域可能只是图像中的某一部分，因此将这部分区域裁剪出来进行处理，可以减少计算量，提高效率。

（2）由于 ROI 可以作为形状模板，因此在模板匹配时，ROI 即为匹配搜索的参考图像。

5.2.2 创建 ROI

在采集到原始图像后，即可选择关注的区域作为 ROI。ROI 可以是任何形状，常规的有矩形、圆形、椭圆，可以是自定义的或者是通过图像处理得出的特定区域。此时，选择的区域还不能称为 ROI，它还只是形状或者说是像素范围。如果要将这部分区域变成独立的图像，还需要将其从原图上裁剪出来。

ROI 的范围明确后，在 Halcon 中可以通过 reduce_domain 算子将其截取出来成为单独的一幅图片。

这里以 5.1.4 节的图 5.1 为例，介绍 ROI 的生成过程，如图 5.2 所示。

（a）

（b）

图 5.2 ROI 的生成过程

这里在原图上使用矩形 ROI 绘制工具指定了一个矩形的 4 个顶点。使用 gen_rectangle1 算子生成矩形 ROI_0 的形状，然后通过 reduce_domain 从原图中截取出矩形覆盖的这一部分的图像，即为 ROI，命名为 ImageReduced。在窗口中显示 ImageReduced 的内容，即为所关注的 ROI 图像。实现代码参考如下：

```
dev_close_window ()
*读取测试图像
read_image (Image_display, 'data/display')
*获取图像的尺寸
get_image_size(Image_display,imageWidth, imageHeight)
*新建显示窗口，适应图像尺寸
dev_open_window (0, 0, imageWidth, imageHeight, 'black', WindowHandle)
dev_display (Image_display)
*选择 ROI，指定矩形顶点坐标
gen_rectangle1 (ROI_0, 52, 46, 456, 574)
*从原图中分割出 ROI
reduce_domain (Image_display, ROI_0, reducedImage)
*在新窗口中显示分割后的 ROI 图像
dev_open_window (0, 400, imageWidth, imageHeight, 'black', WindowHandle1)
dev_display (reducedImage)
```

5.3 图像增强

图像增强主要是为了突出图像中的细节，为后续的特征识别或者检测做准备。图像增强可以有多种方式，本节介绍直方图均衡、增强对比度、处理失焦图像这 3 种方式。

5.3.1 直方图均衡

直方图均衡就是从图像的灰度图入手，建立一个 0 ~ 255 灰度值的直方图，统计每个灰度值在直方图中出现的次数，将灰度图中对应点的灰度值记录在直方图中。接着对该直方图进行均衡化操作，使像素的灰度值分布得更加均匀，从而增强图像的亮度。在 Halcon 中可以使用 equ_histo_image 算子进行直方图均衡，举例如下：

```
*读取图像，如果是彩色图像，需要转化为单通道黑白图像
read_image (board, 'data/boardEqu')
rgb1_to_gray (board, GrayImage)

equ_histo_image (GrayImage, ImageEquHisto)
```

```
*显示直方图
gray_histo (board, board, AbsoluteHisto1, RelativeHisto1)
gray_histo (ImageEquHisto, ImageEquHisto, AbsoluteHisto2, RelativeHisto2)
dev_open_window (0, 0, 512, 512, 'black', WindowHandle)
dev_set_color ('red')
gen_region_histo (Histo1, AbsoluteHisto1, 255, 5, 1)
dev_set_color ('green')
gen_region_histo (Histo2, AbsoluteHisto2, 255, 450, 1)
```

在这个例子中，使用了 equ_histo_image 算子对图像的灰度直方图进行了均衡。图 5.3 所示为直方图均衡结果。图 5.3（a）为原始图像，图 5.3（b）为均衡后的图像，可见亮度有明显提升。

（a）

（b）

图 5.3　直方图均衡结果（1）

图 5.4（a）为原始图像的灰度直方图，图 5.4（b）为均衡后的灰度直方图。通过均衡直方图，能增加图像的亮度。

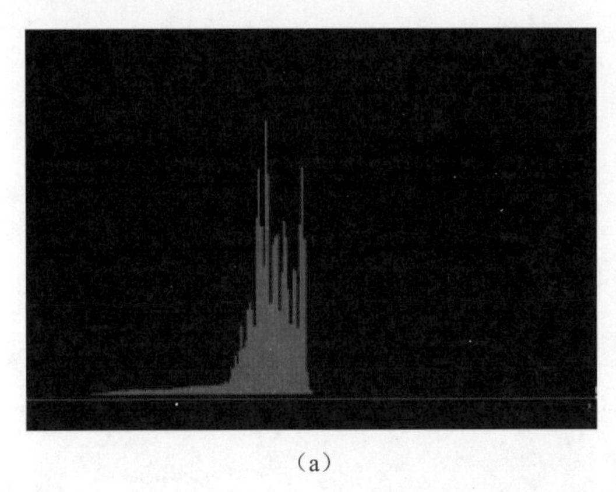

（a）

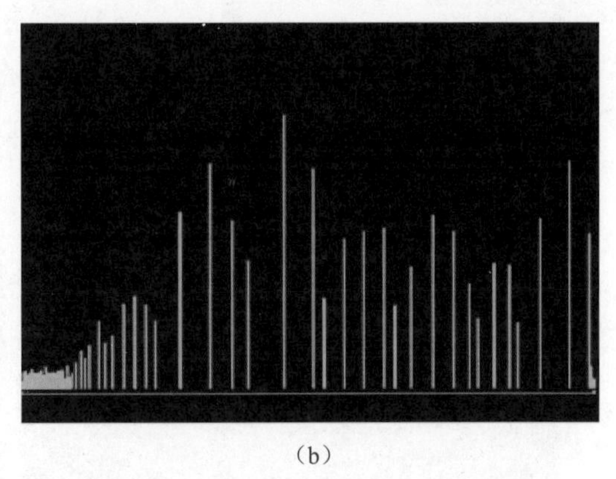

（b）

图 5.4　直方图均衡结果（2）

5.3.2 增强对比度

除了可以使用均衡直方图增加亮度外，还可以增强图像的对比度，对图像的边缘和细节进行增强，使其更加明显。在 Halcon 图像处理中，可以使用 emphasize 算子实现这一操作。代码举例如下：

```
read_image (text, 'data/text')
emphasize (text, ImageEmphasize, 10, 10, 1.5)
dev_display(ImageEmphasize)
```

在这个例子中，使用了 emphasize 算子对图像的对比度进行了增强。图 5.5 所示为增强对比度的结果。图 5.5（a）为原始图像，图 5.5（b）为增强对比度后的图像，可见对比度有明显提升。

（a）（b）

图 5.5 使用 emphasize 算子增强图像的对比度

除了使用 emphasize 算子外，还可以使用 scale_image_max 算子进行图像对比度增强，使其明暗变化更加明显。代码举例如下：

```
read_image (text, 'data/text')
scale_image_max (text, ImageScaleMax)
dev_display(ImageScaleMax)
```

在这个例子中，使用了 scale_image_max 对图像的对比度进行了增强。图 5.6 所示为增强对比度的结果。图 5.6（a）为原始图像，图 5.6（b）为使用 scale_image_max 算子增强对比度后的图像，可见对比度有明显提升。

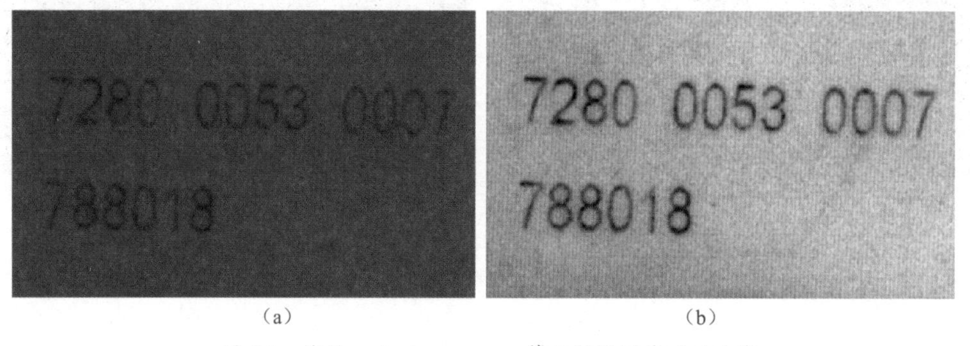

（a）（b）

图 5.6 使用 scale_image_max 算子增强图像的对比度

5.3.3 处理失焦图像

一些对焦不准的图像可能存在模糊不清的问题，这时需要考虑锐化操作。锐化的算子有很多，常见的如 Sobel 算子、Canny 算子、Laplace 算子等，这些将在第 10 章具体介绍。本小节介绍一种常用的冲击滤波器，其也可以进行边缘的增强，原理是在图像的边缘形成一些冲击，以对边缘进行增强。Halcon 中使用 shock_filter 算子实现这一功能。代码举例如下：

```
read_image (test, 'data/defocusComponnet')
shock_filter (test, SharpenedImage, 0.5, 20, 'canny', 2.5)
dev_display(SharpenedImage)
```

shock_filter 算子的第 5 个参数是 canny，也可以选择 laplace，分别对应两种不同的边缘检测算子。锐化效果如图 5.7 所示。

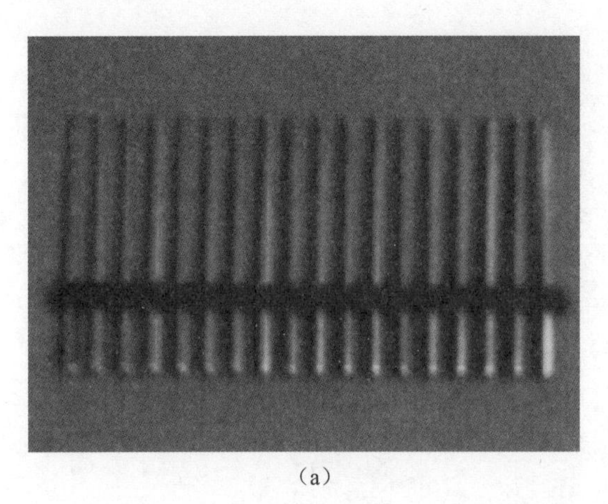

（a）

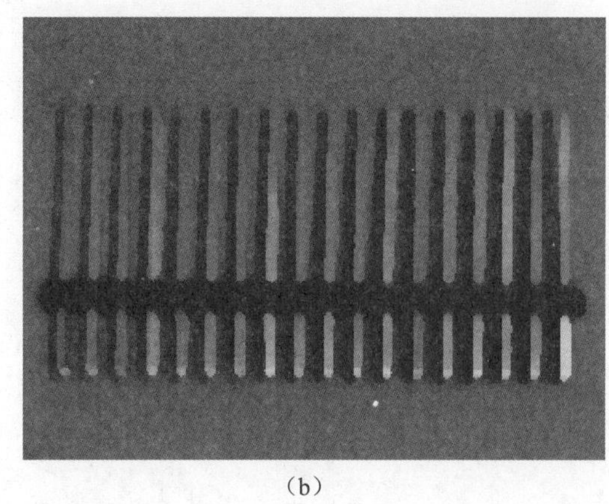

（b）

图 5.7 锐化效果

由图 5.7 可以看出，模糊的边缘变得清晰，但边缘仍有毛刺等不平滑现象，可以进一步调节锐化参数，直至得到比较理想的效果。

5.4 图像平滑与去噪

有时拍摄的图像中会存在很多杂点和噪声，对于比较均匀的噪声，可以考虑用软件的算法进行消除。例如，可以用图像平滑的方法进行去噪，主要的方法有均值滤波、中值滤波、高斯滤波等。

5.4.1 均值滤波

均值滤波的原理就是将像素灰度值与其邻域内的像素灰度值相加取平均值。该滤波器区域就如同一个小的“窗口”，在图像上从左上角开始滑动，将该“窗口”内的像素灰度值相加并取平均值，然后将该灰度值赋值给“窗口”中的每一个像素。在 Halcon 中使用 mean_image 算子进行均值滤波，代码举例如下：

```
read_image (ImageNoise, 'data/marker')
mean_image (ImageNoise, ImageMean, 9,9)
dev_display(ImageMean)
```

在这个例子中，mean_imag 算子的第一个参数 ImageNoise 是输入的带噪声的图像；第二个参数 ImageMean 是输出的均值滤波后的图像；9 是卷积核的尺寸，即“窗口”中包含的像素的横纵坐标方向的尺寸。注意，这里滤波器的“窗口”尺寸一般都是奇数像素尺寸的正方形，如 3、5、7、9、11、15 等，因为奇数可以保证中心像素处于滤波器正中间。该尺寸默认取 9。均值滤波效果如图 5.8 所示。

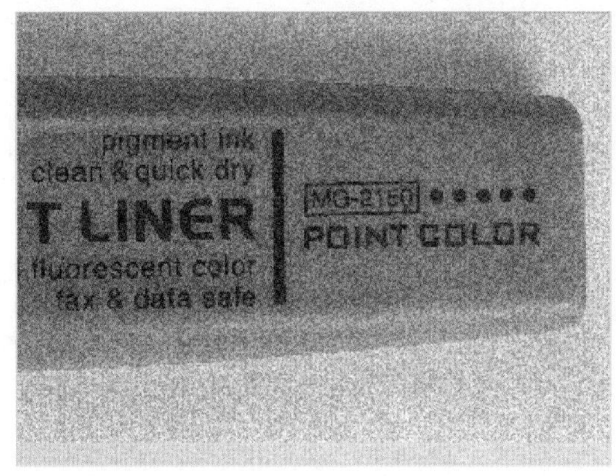

（a）

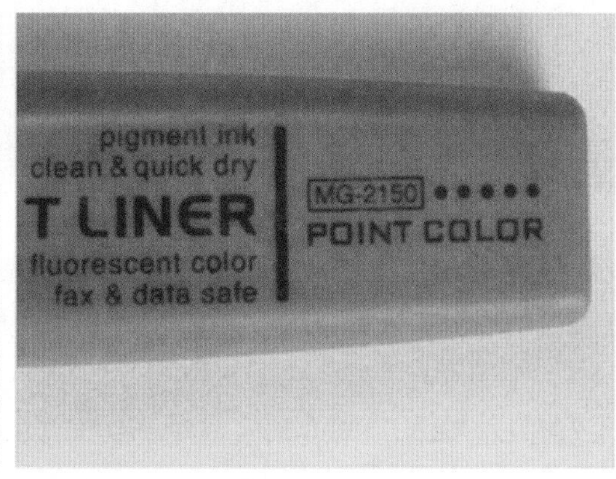

（b）

图 5.8　均值滤波效果

图 5.8（a）为输入的带噪声的图像，图 5.8（b）为均值滤波后的图像。可见，该方法能有效地消除一些高斯噪声，但也容易导致图像变得模糊。因此，对一些图像边界或是需要准确分割的区域，需要考虑使用边界处理的算法或者其他更好的方法。

5.4.2 中值滤波

中值滤波的原理与均值滤波相似，不同的是，它以像素为中心，取一个指定形状的邻域作为滤波器，该形状可以是正方形，也可以是圆形。然后将该区域内的像素灰度值进行排序，以排序结果的中间值作为灰度计算结果赋值给该区域内的像素。在 Halcon 中使用 median_image 算子进行均值滤波，代码举例如下：

```
read_image (ImageNoise, 'data/marker')
median_image (ImageNoise, ImageMedian, 'circle', 3, 'continued')
```

```
dev_display(ImageMedian)
```

在这个例子中，median_image 算子的参数解释如下。

第 1 个参数 ImageNoise 是输入的带噪声的图像。

第 2 个参数 ImageMedian 是输出的中值滤波后的图像。

第 3 个参数是邻域的形状，这里选择 circle，也可以选择 square。

第 4 个参数是卷积核的尺寸，这里选择 3，表示圆形的半径是 3 个像素。注意，如果第 3 个参数选择 square，那么这里选择 3，表示正方形的边长是 2×3+1，即 7。

第 5 个参数表示边界的处理方式，因为边界处往往无法移动滤波“窗口”，因此需要对像素做一些补充。这里选择 continued，表示延伸边界像素。也可以选择 cyclic，表示循环延伸边界像素。中值滤波效果如图 5.9 所示。

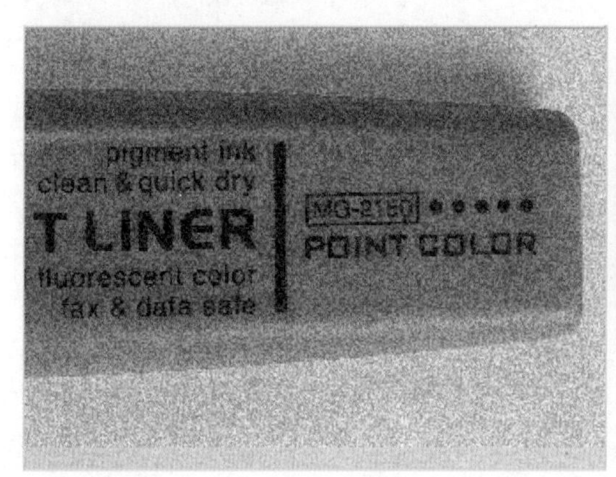

(a)

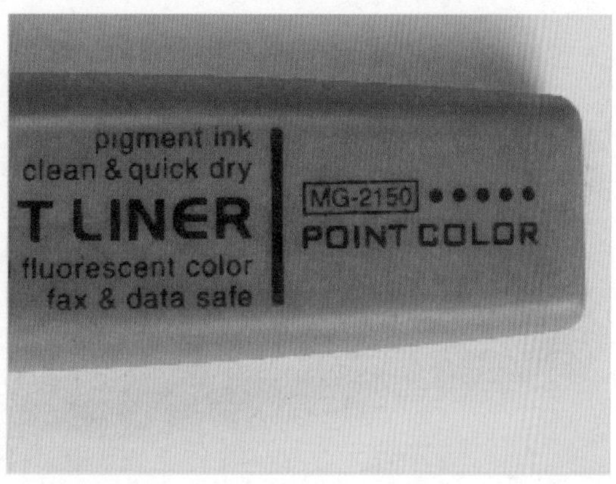

(b)

图 5.9　中值滤波效果

由图 5.9 可知，该方法对于去除一些孤立的噪声点非常有效，也能够保留大部分边缘信息。但是在使用时也要注意滤波器的尺寸的选择，如果选得太大，也容易造成图像的模糊。

5.4.3 高斯滤波

高斯滤波与前两种方法不同的是，它利用的滤波器不是简单地求均值或者排序，而是调用一个二维离散的高斯函数。高斯滤波适用于去除高斯噪声。在 Halcon 中使用 gauss_filter 算子进行高斯滤波，代码举例如下：

```
read_image (ImageNoise, 'data/marker')
gauss_filter (ImageNoise, ImageGauss, 5)
dev_display(ImageGauss)
```

在这个例子中，gauss_filter 算子的参数如下。

第 1 个参数 ImageNoise 是输入的带高斯噪声的图像。

第 2 个参数 ImageGauss 是输出的高斯滤波后的图像。

第 3 个参数是滤波器的尺寸，尺寸值越大，平滑效果就越明显。可以根据实际效果调节该参数，一般取 3、5、7、9、11。高斯滤波效果如图 5.10 所示。

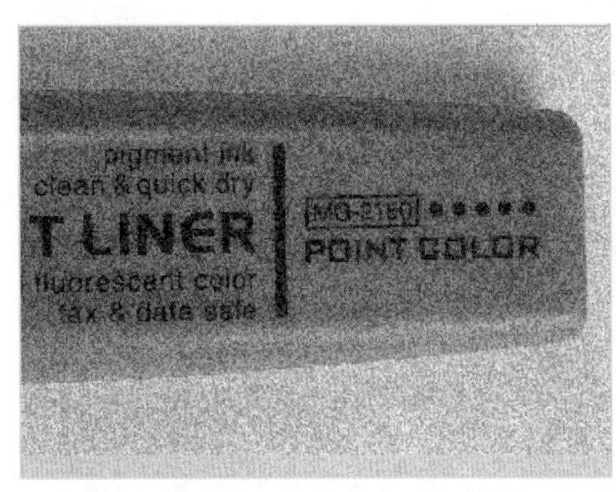

（a）

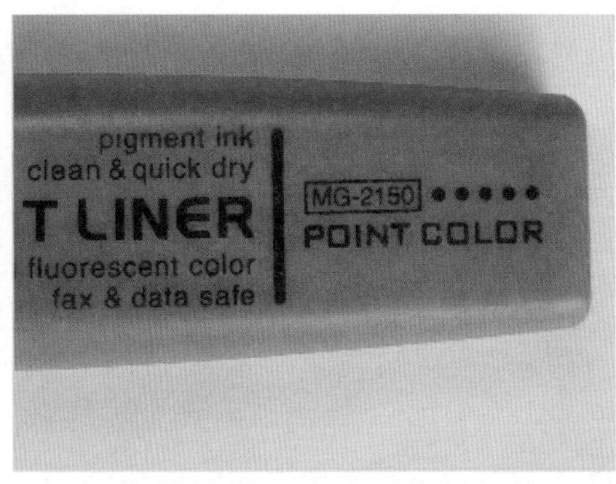

（b）

图 5.10　高斯滤波效果

图 5.10（a）为带高斯噪声的图像，图 5.10（b）为应用了高斯滤波器后的图像。与前两种方法相比，高斯滤波能够保留更多的边缘和细节，图像更为清晰，平滑的效果也更加柔和。

5.5 光照不均匀

光照不均匀是采集图像时常见的一个问题，由于拍摄环境的光线变化导致图像受光不均匀，这将增加识别图像的难度。可以首先考虑改变硬件环境以避免这一情况，如增加遮光罩、增加光源，或者改变打光方式。硬件上的调整能显著地改善图像质量，为软件提供高质量的图像输入。但是如果条件有限，不便于改变硬件环境或重新采集图像，也可以通过软件算法改善这一情况。

改善光照的方式有很多，本节列举一种，即采用通道分离的方式对彩色图像进行光线均衡化处理。其步骤如下。

（1）输入光照不均匀的彩色图像。这里强调彩色图像，是因为黑白图像是单通道，不适用于这种方法，可以直接通过直方图均衡的方式对图像进行增强。

（2）分离出 RGB 通道。使用 decompose3 算子将图像分离成红绿蓝 3 个通道，并将每个通道单独存成一幅图像。

（3）对每个颜色通道的图像进行直方图均衡，使其色彩过渡更加平滑。

（4）将平滑后的 3 个通道的图像重新组合成三通道的彩色图像。这里使用 compose3 算子将三通道图像重新组合。

完成上述步骤的图像效果如图 5.11 所示。

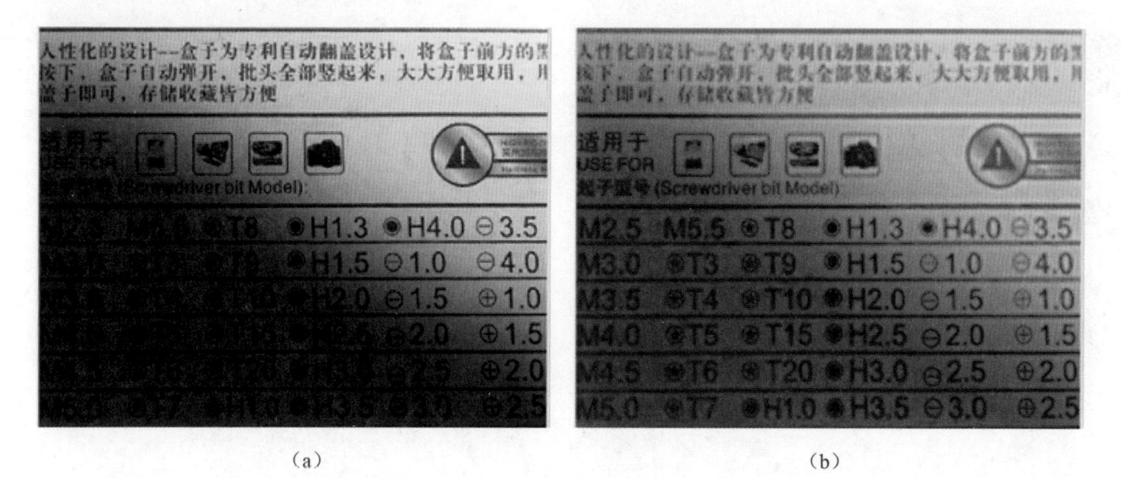

（a）　　　　　　　　　　（b）

图 5.11　光照不均匀的图像处理效果

下面是实现这一过程的代码：

```
read_image (test, 'data/label')
decompose3(test, image1, image2, image3)
mean_image (image1, Mean1, 9, 9)
emphasize (Mean1, em1, 5, 5, 1.5)
illuminate (em1, ImageI1, 20, 20, 0.55)
equ_histo_image (image2, ImageEquHisto2)
equ_histo_image (image3, ImageEquHisto3)
compose3 (ImageI1, ImageEquHisto2, ImageEquHisto3, MultiChannelImage)
dev_display(MultiChannelImage)
```

由图 5.11 可以看出，图像光线不均匀的情况有所改善，阴影部分的文字也显露出来了，但是仍然存在局部较大，边缘不清晰等情况。因此，还应当结合前文介绍的去噪和平滑等方法，进一步增强图像质量。

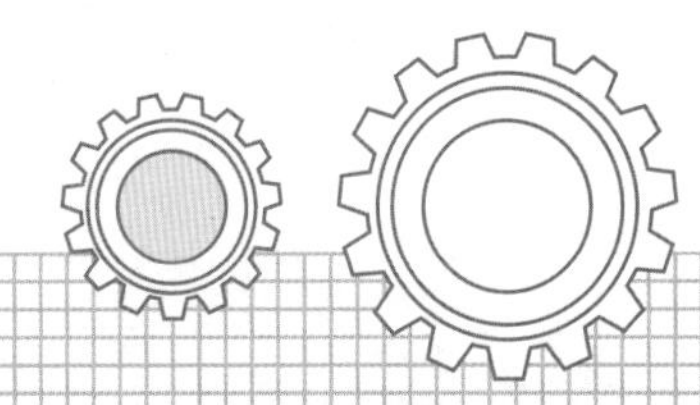

第6章 图像分割

第5章介绍的图像预处理主要是对图像进行全局处理，而实际检测关注的往往是图像的局部区域。为了使检测范围进一步缩小，可以将感兴趣的局部区域从背景中分离出来，使关键目标更便于辨识和分析。图像分割就是完成这一任务的方法。图像分割的标准可以是像素的灰度、边界、几何形状、颜色，甚至是纹理。

图像分割的方法很多，根据不同的检测图像特征可以使用不同的方法，分割的效果会直接影响视觉分析和识别的准确率。本章将从阈值处理、区域提取、边缘检测3个方面对图像分割的原理和方法进行讨论。

本章主要涉及的知识点如下。

- 阈值处理：介绍全局阈值、自适应阈值、局部阈值等常用的阈值分割方法。
- 区域生长法：介绍几种区域生长法的常用算子。
- 分水岭算法：介绍常见的几种边缘检测算子。

注意

分水岭算法属于基于边缘的图像分割方法，但本章并未详细讲述边缘提取的方法，这部分内容将在第10章详细介绍。

6.1 阈值处理

在场景中选择物体或特征是图像测量或识别的重要基础，而阈值处理是最简单也最常用的区域选择方法，特别适用于目标和背景的灰度有明显区别的情况。下面就介绍几种常用的阈值处理方法。

6.1.1 全局阈值

首先来看什么是阈值。简单来说，阈值就是一个指定的像素灰度值的范围。假设阈值为 0 ～ 255 灰度值，阈值处理就是将图像中的像素灰度值与该阈值进行比较，落在该范围内的像素称为前景，其余的像素称为背景。一般会用黑白两色来表示前景与背景。这样图像就变成了只有黑与白两种颜色的二值图像。

当检测对象的图像灰度与背景差异比较大时，用阈值处理可以很方便地将其与背景分离开来。根据像素与相邻像素之间的灰度值差异设置一个阈值，可以将像素与其相邻像素分隔开来。如果是在图像边缘，可以利用边缘的灰度差值进行简单的阈值处理，有助于沿边界分割图像。在 Halcon 中，可使用 threshold 算子进行全局阈值处理。举例如下：

```
read_image (Image,'data/codes')
rgb1_to_gray (Image, GrayImage)
threshold (GrayImage, DarkArea, 0, 128)
```

该程序的阈值处理结果如图 6.1 所示，其中图 6.1（a）为输入图像，图 6.2（b）中的红色区域为阈值处理后提取出的较暗区域。

（a）　　　　　　（b）

图 6.1　使用 threshold 算子进行阈值处理的结果

在上面的例子中，threshold 算子的第 1 个参数 GrayImage 为输入图像，这里用的是灰度图；第 2 个参数 DarkArea 为输出的区域，类型为 Region；第 3 个和第 4 个参数为阈值的区间值，表示 0 ～ 128 灰度范围内的像素区域。

6.1.2 基于直方图的自动阈值分割方法

有时手动设定阈值并不是一个严谨的方法，因为人对图像灰度的感受并不精准，即使对同一场景，当光线有微妙变化时，灰度也会有差异。手动设定阈值在粗估计时可能是一个便捷的方法，但是随着后续计算步骤的叠加，将带来不可估量的误差。在连续采集的图像中，图像的灰度也是动态变化的，环境光照、拍摄角度等因素都会影响图像的灰度。如果阈值是一个固定的值，那么在处理连续图像时结果会不够准确。因此，可以使用自适应阈值进行调节。

自适应阈值是一种基于直方图的阈值。5.3.1 小节已经提到过，直方图是图像像素落在 0 ～ 255 这个区间内的数量统计图。通过直方图可以看出图像灰度的大致分布，在有些情况下甚至可以估计检测对象的面积与结构。

在 Halcon 中使用 auto_threshold 算子进行自适应阈值处理。该算子可以对单通道图像进行多重阈值处理，其原理是，以灰度直方图中出现的谷底为分割点，对灰度直方图的波峰进行分割。因此，有多少个波峰，就会分割出多少个区域。auto_threshold 算子的第 3 个参数 Sigma（此例中为 8.0）是一个平滑算子，可以对直方图进行平滑处理。举例如下：

```
read_image(Image,'data/shapes')
rgb1_to_gray (Image, GrayImage)
auto_threshold(GrayImage,Regions,8.0)
```

该程序的阈值处理结果如图 6.2 所示，其中图 6.2（a）为灰度图像，包括几种不同灰度的对象，图 6.2（b）用 3 种不同的颜色区分了自动阈值分割出的 3 个区域。其中圆形与矩形物体因为灰度值相近被分割为同一区域；三角形的灰度值与另外两种有差异，被分割为单独的区域；背景灰度值最大，也被分割为一个单独的区域。

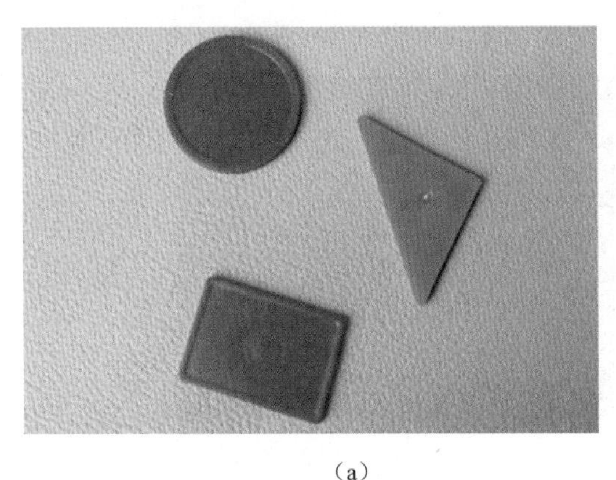

（a）

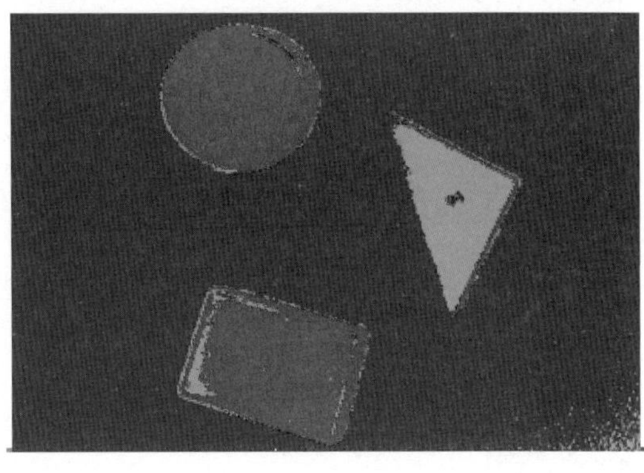

（b）

图 6.2 auto_threshold 算子的自适应阈值处理结果

auto_threshold 算子的前两个参数分别为输入的 Image 图像和输出的 Region 类型的区域。第 3 个参数 Sigma 为对灰度直方图进行高斯平滑的核的大小。5.4 节提到过高斯卷积运算，其计算原理是，先确定图像的绝对灰度直方图，然后使用高斯滤波器对该直方图进行平滑处理。在本例中，设

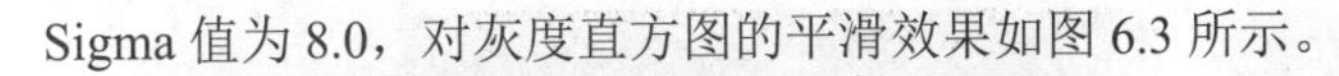
Sigma 值为 8.0，对灰度直方图的平滑效果如图 6.3 所示。

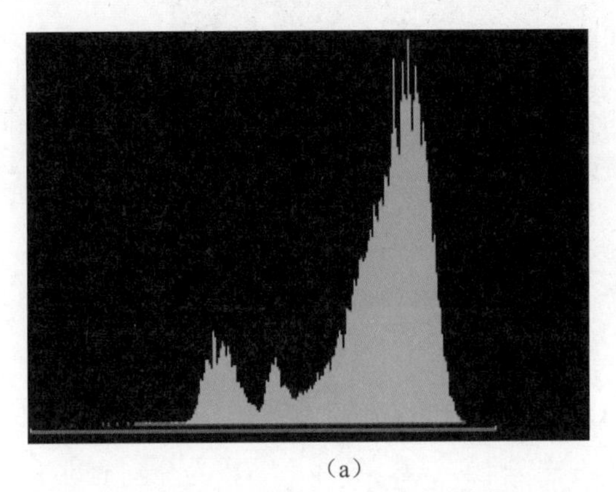
（a）

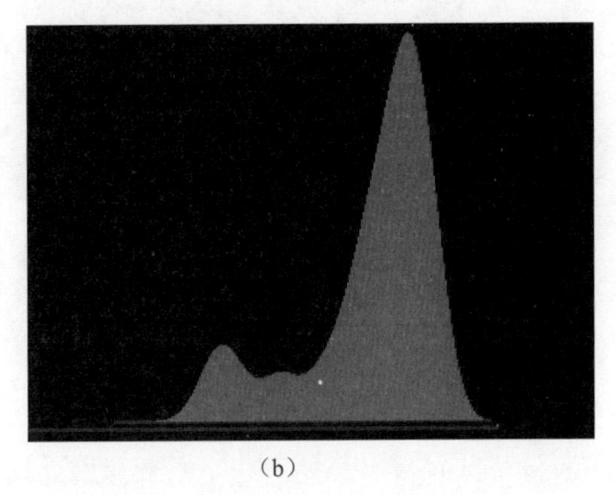
（b）

图 6.3　auto_threshold 算子对灰度直方图进行平滑的效果对比

图 6.3（a）为原始灰度直方图，可以看出波峰比较多，如不处理将产生大量的分割区域，不利于提取出有意义的部分，因此这里将 Sigma 值设得大一些，使波峰变得平滑。图 6.3（b）为 Sigma 为 8.0 时对灰度直方图进行高斯平滑后的效果，可见波峰明显减少到了 3 个，因此图像中自动分割的区域也减少到了 3 部分。

因此，Sigma 的值越大，平滑效果越显著，直方图波峰越少，分割出的区域也越少；反之，Sigma 的值越小，直方图平滑的效果越不明显，分割的次数也越多。

注意

可以使用 gray_histo 算子和 gen_region_histo 算子查看 Sigma 参数对灰度直方图的影响。

6.1.3 自动全局阈值分割方法

除了 auto_threshold 算子外，还常用 binary_threshold 算子对直方图波峰图像进行自动阈值分割。binary_threshold 算子同样利用了直方图，但不同的是，该算子是根据直方图中的像素分布提供可选的分割方法，如使用最大类间方差法或平滑直方图法，都可以自动计算出一个灰度级别用于分割区域。

同时，该算子也可以选择提取较亮还是较暗的范围，尤其适用于在比较亮的背景图像上提取比较暗的字符。举例如下：

```
read_image (Image, 'data/codes')
rgb1_to_gray (Image, GrayImage)
binary_threshold (GrayImage, RegionMaxSeparabilityLight, 'max_separability',
'dark', UsedThreshold)
```

该程序运行效果如图 6.4 所示，其中图 6.4（a）为灰度图像，图 6.4（b）为使用 binary_threshold 算子进行阈值分割后的图像。

（a）　　（b）

图 6.4　使用 binary_threshold 算子进行阈值分割的效果

binary_threshold 算子的前两个参数分别为输入和输出的对象。第 3 个参数为分割的方法，这个例子中选择 max_separability，表示在直方图中对最大的可分性进行分割；也可以选择 smooth_histo，表示平滑直方图，平滑的原理与 6.1.2 小节的 auto_threshold 算子类似。第 4 个参数表示提取前景还是背景，这里选择 dark，表示提取较暗的部分；也可以选择 light，表示提取较亮的部分。最后一个参数 UsedThreshold 为返回结果，将返回所用的阈值。

6.1.4 局部阈值分割方法

上文介绍了几种全局阈值分割方法，本小节介绍一个基于局部阈值分割的 dyn_threshold 算子。它适用于一些无法用单一灰度进行分割的情况，如背景灰度比较复杂，有的部分比前景目标亮，有的部分比前景目标暗；又如前景目标包含多种灰度，因而无法用全局阈值完成分割。该算子利用邻域，通过局部灰度对比，找到一个合适的阈值进行分割。

dyn_threshold 算子的应用步骤一般分三步：首先，读取原始图像；然后，使用平滑滤波器对原始图像进行适当平滑；最后，使用 dyn_threshold 算子比较原始图像与均值处理后的图像局部像素差异，将差异大于设定值的点提取出来。

举一个例子，如图 6.5（a）所示，该图中前景部分的字符颜色不均匀，无法用单一的灰度阈值进行提取，因此可以使用局部阈值分割方法进行提取。代码举例如下：

```
read_image (Image, 'data/text')
*将图像转换为灰度图
rgb1_to_gray (Image, GrayImage)
*由于图像对比度比较低，因此对图像进行相乘，增强对比度
mult_image (GrayImage, GrayImage, ImageResult, 0.005, 0)
*使用平滑滤波器对原始图像进行适当平滑
mean_image (ImageResult, ImageMean, 50,50)
*动态阈值分割，提取字符区域
dyn_threshold (ImageResult, ImageMean, RegionDynThresh, 4, 'not_equal')
*开运算，去除无意义的小的杂点
opening_circle (RegionDynThresh, RegionOpening, 1.5)
```

```
*显示结果
dev_clear_window()
dev_display (RegionOpening)
```

该段代码运行效果如图 6.5 所示，其中图 6.5（a）为灰度图像，图像中的字符部分颜色不均；图 6.5（b）为用 dyn_threshold 算子进行阈值分割后的图像。

（a） （b）

图 6.5 dyn_threshold 算子阈值分割效果

再举一个使用动态阈值进行轮廓提取的例子。如图 6.6（a）所示，该图的前景与背景部分灰度都不均匀，因而无法用全局阈值进行提取，这时可以用 dyn_threshold 算子提取前景的轮廓。代码如下：

```
read_image (Image, 'data/garlic')
*将图像转换为灰度图
rgb1_to_gray (Image, GrayImage)
*使用平滑滤波器对原始图像进行适当平滑
mean_image (GrayImage, ImageMean, 30,30)
*动态阈值分割，提取字符区域
dyn_threshold (GrayImage, ImageMean, RegionDynThresh, 30, 'not_equal')
*腐蚀操作，去除杂点
erosion_circle (RegionDynThresh, RegionClosing, 1.5)
```

该段代码运行效果如图 6.6 所示，其中图 6.6（a）为灰度图像，前景目标灰度复杂，背景因为光照不均匀，局部甚至比前景目标更亮；图 6.6（b）为使用 dyn_threshold 算子进行阈值分割后的图像。

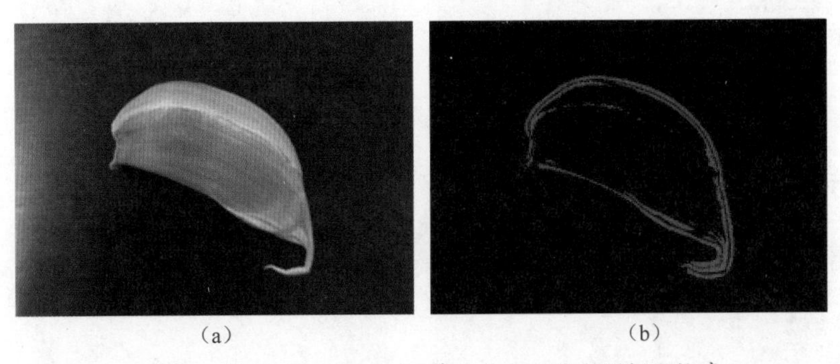

（a） （b）

图 6.6 使用 dyn_threshold 算子进行阈值分割提取轮廓

dyn_threshold 算子的第 1 个参数为输入的灰度图像。第 2 个参数为输入的预处理图像，这里使用 Mean_Image 得到了一张均值图像，用于做局部灰度对比。第 3 个参数为输出的阈值区域。第 4 个参数是 offset 值，是将原图与均值图像作对比后设定的值，灰度差异大于该值的将被提取出来。第 5 个参数决定了提取的是哪部分区域，一般有如下 4 个选择。

（1）light：表示原图中大于等于预处理图像像素点值加上 offset 值的像素被选中。

（2）dark：表示原图中小于等于预处理图像像素点值减去 offset 值的像素被选中。

（3）equal：表示原图中像素点大于预处理图像像素点值减去 offset 值，小于预处理图像像素点值加上 offset 值的点被选中。

（4）not_equal：表示与 equal 相反，它的提取范围在 equal 范围以外。

该算子适用于在复杂背景下提取前景目标的轮廓，或无法用单一灰度阈值提取边缘等情况。

注意

实际应用中可以根据图像的灰度值，设置均值滤波器的系数和动态阈值的参数。

6.1.5 其他阈值分割方法

除了上述介绍的方法外，在 Halcon 中还有其他几种方法也可以进行阈值分割，举例如下。

1. var_threshold 算子

除了 dyn_threshold 算子可以利用局部像素灰度差进行分割外，var_threshold 算子也是一种基于局部动态阈值的分割方法。该方法分割的依据是局部的均值和标准差，选择图像中邻域像素满足阈值条件的区域进行分割。该阈值不是一个固定的值，而是在点 (x, y) 的邻域中使用矩形 mask 进行扫描，分别用点 (x, y) 的灰度与均值图像中的点 (x, y) 的灰度，和矩形的中心点的标准差灰度进行比较。该矩形 mask 的长宽需要是奇数，这样便于找到矩形的中心点，其具体的宽和高应该略大于待分割的图像区域。举例如下：

```
read_image (Image,'data/holes')
rgb1_to_gray (Image, GrayImage)
*设置矩形，选择感兴趣区域
gen_rectangle1 (Rectangle, 170, 80, 370, 510)
reduce_domain (GrayImage, Rectangle, ImageReduced)
var_threshold (ImageReduced, Region, 15, 15, 0.2, 35, 'dark')
```

该程序的运行效果如图 6.7（a）为输入图像，图 6.7（b）为使用 var_threshold 算子进行阈值分割后的图像，灰度变化符合阈值的区域被提取了出来。

（a） （b）

图 6.7 var_threshold 算子分割效果

该算子的第 1 个参数为输入的灰度图像；第 2 个参数为输出的阈值区域；第 3 个和第 4 个参数为用于扫描邻域的矩形 mask 的宽和高；第 5 个参数为标准差因子，用于计算灰度标准差，默认为 0.2；第 6 个参数为设定的绝对阈值，该值用于比较矩形区域内的灰度标准差与均值图像的最小灰度值；第 7 个参数决定了提取的是哪部分区域，一般有 4 个选择，即 dark、light、equal、not_equal，具体解释与 dyn_threshold 算子相同。

2. char_threshold 算子

该算子一般用来提取字符，适用于在明亮的背景上提取黑暗的字符。该算子的运算过程如下：首先计算一个灰度曲线；然后给定一个 Sigma 值，用于平滑这个曲线；最后将前景与背景区分开来。

分割的阈值取决于直方图中的最大值。例如，如果选择百分比为 95%，灰度阈值将锁定在距离直方图峰值的 5% 左右的区域，因为这个算子假定的是字符的灰度都暗于背景。举例如下：

```
read_image (Char, 'data/char')
rgb1_to_gray (Char, GrayImage)
char_threshold (GrayImage, GrayImage, Characters, 6, 95, Threshold)
```

该程序的运行效果如图 6.8 所示，其中图 6.8（a）为灰度图像，图 6.8（b）为使用 char_threshold 算子进行阈值分割后的图。

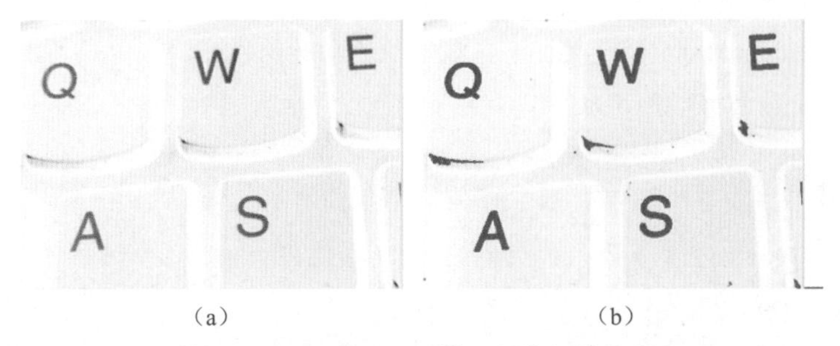

（a） （b）

图 6.8 char_threshold 算子阈值分割效果

与 binary_threshold 算子相比，char_threshold 算子适用于直方图的波峰之间没有明确的谷底的情况，或者是直方图没有明确的峰值的情况。这种情况是可能出现的，如图像中只包含几个字符，或者是存在不规则光照。

3. dual_threshold 算子

该算子表示双阈值处理，其原型如下：

```
dual_threshold(Image : RegionCrossings : MinSize, MinGray, Threshold :)
```

该定义来自 Halcon 官方文档。其第 1 个参数为输入图像，第 2 个参数为阈值处理的输出区域，第 3 个参数为分割出的区域的最小面积，第 4 个参数为区域的灰度下限，第 5 个参数为灰度阈值 Threshold。该阈值处理可以看作是对两个方向进行了阈值分割，不但提取出了灰度大于等于 Threshold 值的范围，也提取出了小于等于 -Threshold 值的范围。

之所以会有负的灰度值，是因为 dual_threshold 算子在处理之前一般会先对原始图像进行拉普拉斯操作，输入的图像一般是拉普拉斯图像，这类图像包含正的和负的灰度值的区域。

满足灰度阈值并符合面积条件，同时还满足最小灰度条件的区域将最终被分割出来。

6.2 区域生长法

如果想要获得具有相似灰度的相连区域，可以使用区域生长法寻找相邻的符合条件的像素。区域生长法的基本思想是，在图像上选定一个“种子”像素或“种子”区域，然后从“种子”的邻域像素开始搜索，将灰度或者颜色相近的像素附加在“种子”上，最终将代表同一物体的像素全部归属于同一“种子”区域，达到将目标物体分割出来的目的。

注意

区域生长法的算法执行速度非常快，适用于对检测速度要求高的情况。

6.2.1 regiongrowing 算子

Halcon 中的 regiongrowing 算子实现了区域生长的功能，它能将灰度相近的相邻像素合并为同一区域。regiongrowing 算子的原型如下：

```
regiongrowing(Image : Regions : Row, Column, Tolerance, MinSize : )
```

其中各参数的含义如下。

（1）参数 1：Image 为输入的单通道图像。

（2）参数 2：Regions 为输出的一组区域。

（3）参数 3 和 4：Row、Column 分别为矩形区域的宽和高，需要是奇数，以便计算中心点坐标。默认为 1,1，也可以选择其他奇数。

（4）参数 5：Tolerance 为灰度差值的分割标准。如果另一个点的灰度与种子区域的灰度差值小于 Tolerance，则认为它们可以合并为同一区域。这个值默认为 6.0。

（5）参数 6：MinSize，表示输出区域的最小像素数，默认为 100。

其工作步骤如下。

（1）设定一个尺寸为 Row*Column 的卷积核，以及一个作为分界依据的像素灰度差值 Tolerance。

（2）使用上述指定尺寸的卷积核在原图上进行扫描，并计算卷积核内矩形图像的中心点灰度与邻域矩形图像的中心点灰度差。如果差值小于 Tolerance，则将这两个矩形区域合并为同一个。

卷积核默认为 1*1，一般长宽都为奇数。如果大于 1*1，需要先对图像进行平滑处理，平滑的卷积核大小至少为 Row*Colum，这是为了使矩形中心更突出。如果图像上的噪点比较多并且卷积核比较小，也可以省略平滑这一步骤，以减少误判。

（3）对合并后的区域进行判断，如果该区域包含的像素数大于设定的 MineSize，则输出结果区域。举例如下：

```
* 导入图像
read_image(Image,'data/village')
* 对原图进行均值处理，选用 5*5 的滤波器
mean_image(Image,Mean,5,5)
* 使用 regiongrowing 算子寻找颜色相似的邻域
regiongrowing(Mean,Regions,1,1,3.0,100)
* 对提取区域进行形态学处理，使区域更加平滑和完整
closing_circle (Regions, RegionClosing, 3.5)
```

使用 regiongrowing 算子进行区域分割的效果如图 6.9 所示。

（a）

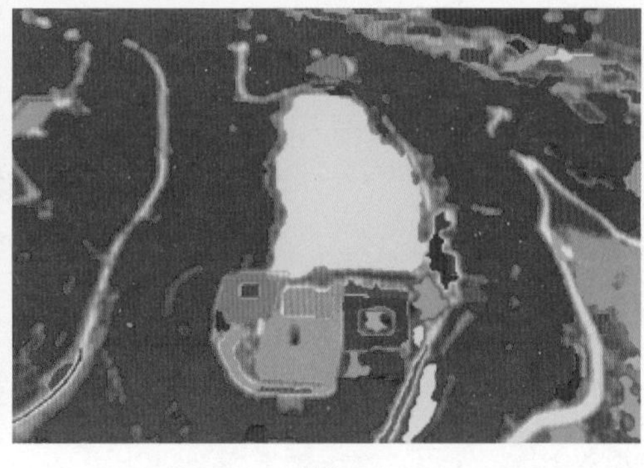
（b）

图 6.9　使用 regiongrowing 算子进行区域分割的效果

图 6.9（a）为输入的原始图像（该图像来自网络新闻），图 6.9（b）为使用 regiongrowing 算子进行区域生长后分割出的区域。由图 6.9 可以看出，颜色相近的邻域被合并成了同一区域，并以同一种颜色显示。分割的效果与滤波器的方法、尺寸有关，也与 regiongrowing 算子的参数有关，可根据实际需要进行调节。

6.2.2 regiongrowing_mean 算子

regiongrowing_mean 算子的作用与 regiongrowing 算子类似，也是使用区域生长法进行分割。不同的是，regiongrowing_mean 算子的输入需要是灰度均值图像。regiongrowing_mean 算子的原型如下：

```
regiongrowing_mean(Image : Regions : startRow, startColumn,Tolerance,MinSize : )
```

其中各参数的含义如下。

（1）参数 1：Image 为输入的单通道图像。

（2）参数 2：Regions 为输出的一组区域。

（3）参数 3 和 4：startRow、startColumn 分别为起始生长点的坐标。

（4）参数 5：Tolerance 为灰度差值的分割标准。如果另一个点的灰度与种子区域的灰度差值小于 Tolerance，则认为它们可以合并为同一区域。这个值默认为 5.0。

（5）参数 6：MinSize 为输出区域的最小像素数，默认为 100。

该算子指明了开始进行区域生长算法的点 (x, y) 的坐标，并以指定的点为中心，不断搜索其邻域，寻找符合设定条件的区域。这里的条件有两种，一是区域边缘的灰度值与当前均值图中对应的灰度值的差小于 Tolerance 参数的值；二是区域包含的像素数应大于 MinSize 参数的值。举例如下：

```
*读取图像
read_image (Image, ' data/village')
*对原图进行均值处理，选用 circle 类型的中值滤波器
median_image (Image, ImageMedian, 'circle', 2, 'mirrored')
*使用 regiongrowing 算子寻找颜色相似的邻域
regiongrowing (ImageMedian, Regions, 1, 1, 3, 500)
*对图像进行粗略的区域分割，提取满足条件的各个独立区域
shape_trans (Regions, Centers, 'inner_center')
connection (Centers, SingleCenters)
*计算出初步提取的区域的中心点坐标
area_center (SingleCenters, Area, Row, Column)
*以均值灰度图像为输入，进行区域生长计算，计算的起始坐标为上一步的各区域中心
regiongrowing_mean (ImageMedian, RegionsMean, Row, Column, 25, 100)
```

这样满足参数条件的相似邻域就合并成了一个区域，提取的效果如图 6.10 所示。

图 6.10（a）为输入的原始图像（该图像原始图来自网络新闻），图 6.10（b）为使用 regiongrowing_mean 算子进行区域生长后分割出的区域。可以看出，与图 6.9 相比，图 6.10 分割出的区域单个面积更大，更多的小面积区域被大的邻近区域合并，边界也更加清晰。可以根据实际需要调节所用的参数，以便更理想地分割出目标物体。

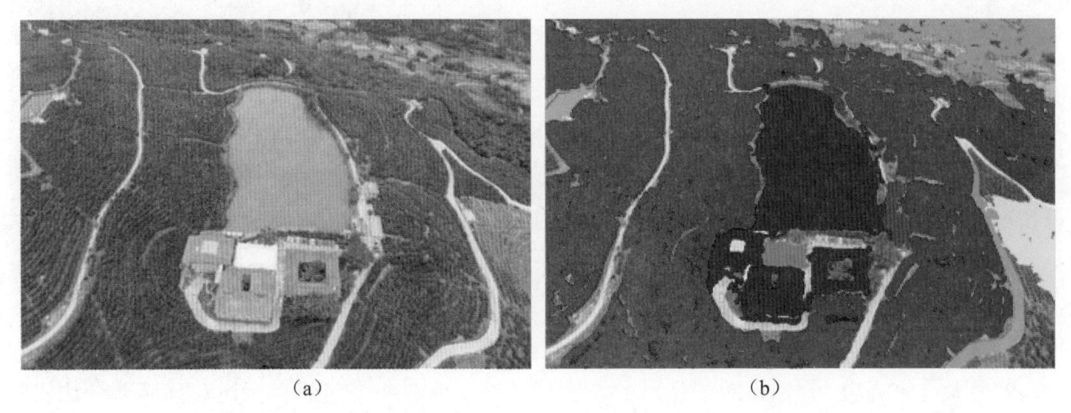

（a）　　　　　　　　（b）

图 6.10　使用 regiongrowing_mean 算子进行区域分割的效果

6.3 分水岭算法

分水岭算法是一种典型的基于边缘的图像分割算法，通过寻找区域之间的分界线，对图像进行分割。“分水岭”这个名字与一种地貌特点有关，它的思想是，把图像的灰度看作一张地形图，其中像素的灰度表示该地点的高度。灰度值低的区域是低地，灰度值越高，地势越高。

低地聚集的地方如同一块盆地，如果模拟向整片区域注水，那么每块盆地将成为一个单独的积水区，即图像上的分割区域，盆地与盆地之间的边界就是区域的边界。随着注水的量越来越多，盆地的积水面积会不断扩大，边界区域则会越来越小，最后形成的分割边界就是分水岭。

分水岭算法能较好地适用于复杂背景下的目标分割，特别是具有蜂窝状结构的画面的内容分割。Halcon 中使用 watersheds 算子提取图像的分水岭。该算子的原型如下：

```
watersheds(Image : Basins, Watersheds : : )
```

其中各参数的含义如下。

（1）参数 1：Image 为输入的图像，一般为单通道图像。这里要注意，因为盆地一般指的是灰度值低的区域，所以如果前景目标比较亮而背景比较暗，可以在导入图像后使用 invert_image 算子将图像颜色进行反转。

（2）参数 2：Basins 为输出的盆地区域。

（3）参数 3：Watersheds 为输出的分水岭区域。一般一幅输入图像对应一个分水岭区域，而输出的 Basins 区域则是多个区域的集合。

注意

如果图像上包含过多的精细区域或者噪点，输出的区域数量将非常庞大，并影响算法的速度。

除了 watersheds 算子外，也可以使用 watersheds_threshold 算子进行分水岭分割。二者的区别在于，后者比前者多了一步操作，即在得到初步的分水岭分割结果之后，将灰度小于阈值的分水岭合并。具体来说，假设分水岭的最小灰度为 W_{min}，分水岭两侧的“洼地”区域的最小灰度分别为 B_1、B_2，如果 $\max\{(W_{min}-B_1,),(W_{min}-B_2,)\}$ 的值小于阈值，则将这两个“洼地”区域合并，分水岭消失。通过这样的阈值处理，符合灰度阈值条件的灰度“洼地”区域即被提取出来。该算子的原型如下：

```
watersheds_threshold(Image : Basins:Threshold: )
```

其中各参数的含义如下。

（1）参数 1：Image 为输入的图像，一般为单通道图像。如果前景目标比较亮而背景比较暗，可以在导入图像后使用 invert_image 算子将图像颜色进行反转。

（2）参数 2：Basins 为输出的盆地区域。

（3）参数 3：Threshold 为设置的灰度阈值。建议该值不要超过原图的最大灰度，否则将无法提取出分水岭，图像整体将作为一个区域被提取出来。

这里以一个实际场景图片为例，介绍图像分水岭算法的算子与应用。案例的图像如图 6.11 所示，其中：图 6.11（a）为输入的原始图像，图 6.11（b）为使用 Watersheds 算子进行分割的结果，图 6.11（c）为提取出的缺陷区域，并以不同的颜色对分割出的区域进行了区分。

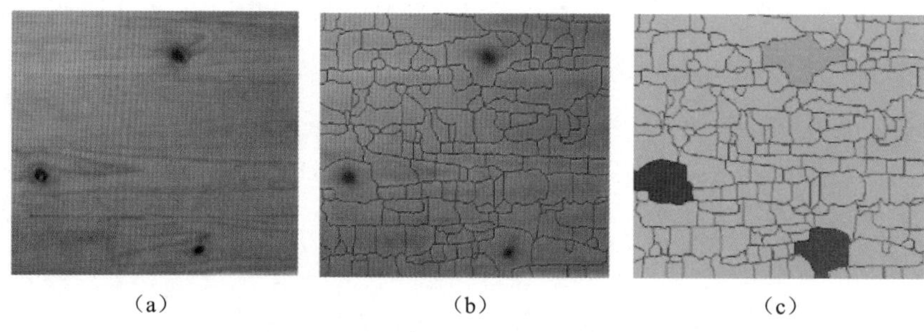

（a）　　（b）　　（c）

图 6.11　使用 watersheds 算子对木材缺陷图像进行分水岭分割

使用分水岭算法进行分割的代码如下：

```
*输入待检测的木材图像
read_image (Image, 'data/woodboard')
*将原始图转化为灰度图，便于后续的平滑处理
rgb1_to_gray (Image, GrayImage)
*对单通道图像进行高斯平滑处理，以去除噪声
gauss_filter (GrayImage, ImageGauss, 11)
*对高斯平滑后的图像进行分水岭处理与阈值分割，提取出盆地区域
watersheds (ImageGauss, Basins1, Watersheds)
watersheds_threshold(ImageGauss, Basins, 50)
```

经过上述步骤，即可得到图像中的灰度“洼地”区域，结合图像的内容，这部分区域即为木材缺陷的局部区域。

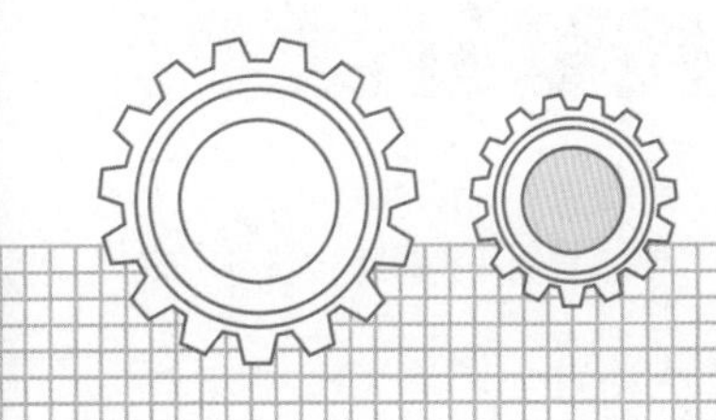

第7章 颜色与纹理

7

前文讲了使用灰度图像做一些形态学处理，除了灰度值外，图像的色彩信息有时也能帮助我们更好地处理图像。与灰度图像相比，彩色图像包含更多的额外信息，利用图像的颜色信息可以简化很多机器视觉中的任务，这些可能是灰度图像无法做到的。

还可以利用图像的颜色通道进行目标区域分析，通过图像的颜色空间的转换得到图像的属性信息。更高级一些的，还可以利用颜色信息进行线条或边缘的提取。

本章主要涉及的知识点如下。

- 图像的颜色：介绍图像的色彩空间、Bayer 图像，以及颜色空间的转换。
- 颜色通道的处理：通过通道的分离或合并，得到理想的图像。
- 颜色处理实例：举例说明如何利用颜色的信息提取字符。
- 纹理分析：对图像表面的纹理单元进行检测，并以一个实例演示如何使用纹理滤波器，如何从有规律的纹理布料表面检测出瑕疵。

注意

本章的颜色检测都是基于三通道的彩色图像的。

7.1 图像的颜色

图像的颜色能真实地反映人眼所见的真实世界。图像的颜色信息，特别是通道信息，有助于感兴趣特征的描述，也有利于从空间域上对图像进行分割或增强操作。下面将介绍图像的色彩表达方式及其通道操作。

7.1.1 图像的色彩空间

1. RGB 颜色

RGB 是我们最熟悉的一种表示颜色的方式，也就是彩色。彩色图像的每个像素拥有 3 个通道，各 8 位，分别表示 R（Red，红色）、G（Green，绿色）、B（Blue，蓝色）3 个分量，各自的取值范围都为 0 ～ 255。将这 3 种分量组合，可以得到更多的颜色表示方式。例如，红色和绿色结合可以产生黄色，红色和蓝色结合产生玫红色，绿色和蓝色结合产生青色。这 3 种颜色分量也可以用来表示不同等级的灰色。例如，当 3 个分量都为 0 时，表示的颜色是黑色；当 3 个分量都为最大值 255 时，将得到白色。3 个分量的组合，将产生范围为 0 ～ 255 的由深到浅的灰色。

2. 灰度图像

灰度图像即单通道图像，每个像素的灰度值为 0 ～ 255，其中 0 表示全黑，255 表示全白。对于显示或者形态学处理等操作来说，灰度图像已经足够满足需求。因此，为了节约计算量并加快处理速度，也会将彩色图像转化为灰度图像进行处理。在 Halcon 中，可以使用 rgb1_to_gray 算子或 rgb3_to_gray 算子将彩色图像转化为灰度图像。

注意

灰色并不是 RGB 分量的等比例组合，RGB 分量的权重各不相同。

3. HSV/ HSI

HSV 分别代表色调（Hue）、饱和度（Saturation）、纯度（Value）。HSI 则表示色调（Hue）、饱和度（Saturation）、亮度（Intensity）。

色调反映了人眼对颜色的感觉，如看上去是红色还是蓝色。饱和度反映了颜色中所含的颜色数量的差别，如红色和粉色的饱和度就不相同。纯度或者亮度反映的是光线对颜色的影响程度，或者说是颜色的密度，如深灰和浅灰的差别。

当 RGB 颜色空间不足以区分检测目标与背景时，可以使用 HSV/ HSI 进行尝试。例如，检测深蓝背景上的浅蓝色目标，可以使用饱和度或者明度进行区分；又如，当对 RGB 通道的图像进行平滑滤波等降噪操作时，图像的颜色分量将发生变化，而如果是在 HSI 分量上操作则不会有这个问题。

因此，可以根据具体需要，将图像从 RGB 转换为 HSV/ HSI，或者由 HSV/ HSI 重新转换回 RGB。

7.1.2 Bayer 图像

某些专业级相机会使用 3 个滤镜，分别将光线分为红、绿、蓝 3 个分量，以此来获取彩色图像。但是由于其成本高，实用性不强，没有得到广泛使用。更多的做法是使用单芯片和一个 Bayer 滤色片过滤不同颜色的光线并得到不同通道的颜色信息，用这种方法输出的图像就是 Bayer 图像，即每个像素只有一个颜色分量的图像。

一般情况下，相机或者其驱动程序会自动对 Bayer 图像进行一些转换，并输出正常的 RGB 图像。但有些时候，如果未使用 Halcon 的图像采集接口，而是用相机 SDK 采集的图像，则可能会输出未经处理的 Bayer 图像，如图 7.1 所示。

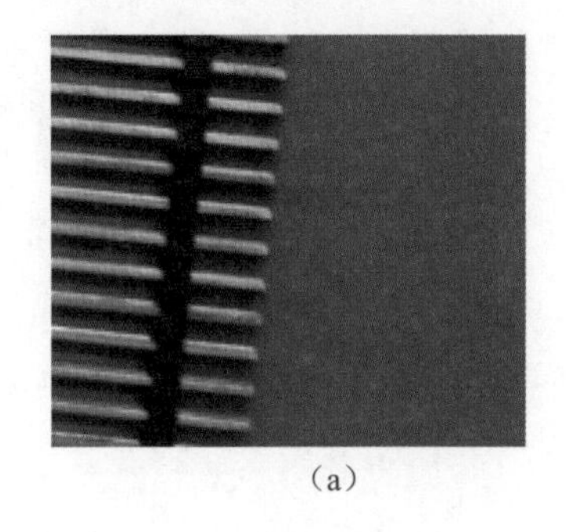

（a）

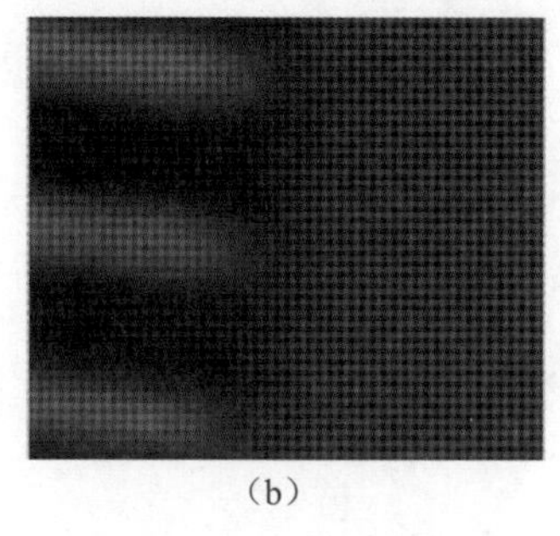

（b）

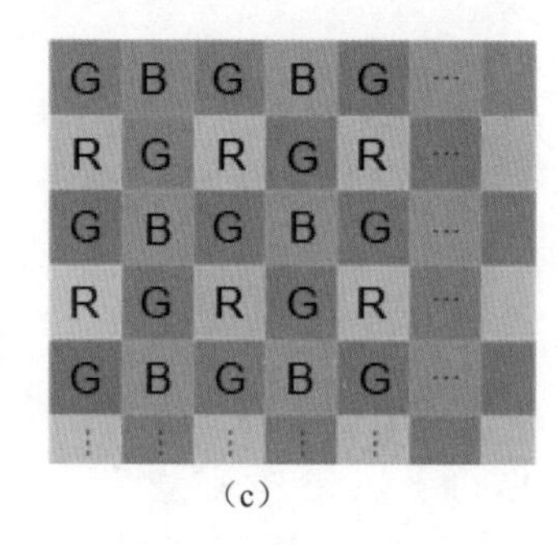

（c）

图 7.1　Bayer 图像

图 7.1（a）为相机采集得到的 Bayer 图像，图 7.1（b）为图 7.1（a）的 Bayer 图像放大两倍后的局部图像，图 7.1（c）为该 Bayer 图像局部放大多倍后的像素排列图。例如，图 7.1（c）中的第一行第一列的像素标注为 G，表示该像素对应于绿色通道中该位置的像素灰度值；第一行第二列的像素标注为 B，表示该像素对应于蓝色通道该位置的灰度值。因此，Bayer 图像的类型也是由该像素排列图的前两个像素决定的。

如果要将 Bayer 图像转换为 RGB 图像，可以使用 Halcon 中的 cfa_to_rgb 算子进行色彩的转换。cfa_to_rgb 算子根据输入图像的 Bayer 图像类型，通过插值的方式获取 RGB 图像。该算子包括以下 4 个主要参数。

（1）参数 1：CFAImage，表示输入的 Bayer 图像。

（2）参数 2：RGBImage，表示输出的 RGB 彩色图像。

（3）参数 3：CFAType，表示 Bayer 图像的类型，即采用哪种编码方式。如图 7.1（c）所示，该图像中第一行的前两个像素为 G 和 B，因此该图的 CFAType 应该选择 bayer_gr。其他类型还有 bayer_gr、bayer_bg、bayer_rg，应根据具体类型进行选择。

（4）参数 4：Interpolation，表示插值的方法。默认选择 biliner，还可以选择 biliner_dir 或 biliner_enhanced。前者会减少插值后的锯齿，使边缘更平滑；后者又在前者的基础上优化了插值结果，使颜色更加真实，但是相应的代价是运行时间更长了。

7.1.3 颜色空间的转换

在图像处理的过程中，有时仅参考 RGB 颜色空间无法得到理想的结果，这就需要对颜色空间做一些转换。例如，使用 HSV 或者 HSI 颜色空间，可以通过色调、饱和度、亮度信息来对图像进行处理。例如，若要识别具体的颜色，可以使用 HSV 空间中的 H 分量（色调）或者 S 分量（饱和度）进行判断；又如，若要调整图像的亮度，可以使用 HSV 空间中的 V 分量（色调）进行调整。

Halcon 支持多种颜色空间的快速转换，如 trans_from_rgb、trans_to_rgb、create_color_trans_lut，下面举例说明。

1. trans_from_rgb 算子

该算子用于将一个 RGB 图像转换成任意的颜色空间，该算子有 7 个主要的参数。参数 1 ～ 3 分别为输入的 RGB 3 个通道的图像。参数 4 ～ 6 分别为输出的 3 个通道的图像。参数 7 为输出图像的颜色空间，可选的有 HSV、HIS、YIQ、YUV、CIELab 等。

2. trans_to_rgb 算子

该算子与 trans_from_rgb 算子的作用正好相反，它用于将任意颜色空间的 3 个通道图像转换成 RGB 图像，该算子有 7 个主要的参数。参数 1 ～ 3 分别为输入的 3 个通道的图像。参数 4 ～ 6 分别为输出的 RGB 3 个通道的图像。参数 7 为输入图像的颜色空间，可选的有 HSV、HIS、YIQ、YUV、CIELab 等。

3. create_color_trans_lut 算子

该算子的功能是创建一个颜色查找表（Look up Table, LUT），用于将 RGB 图像转换成另一个颜色空间。颜色查找表是一种预定义的颜色“索引”，可以将 256 色的 RGB 值分别进行指定。简言之，就是将原始颜色通过查表的方法赋值为另一种颜色。

该算子的第 1 个参数为 ColorSpace，表示转换操作的另一种颜色空间；第 2 个参数为 TransDirection，表示转换的方向，如 from_rgb 或者 to_rgb；第 3 个参数为 NumBits，表示输入图像的位数，也是输出图像的位数；第 4 个参数为输出的 LUT 的句柄。

7.2 颜色通道的处理

由于彩色图像通常包含不止一个通道，因此检测目标在不同的通道图像中的表现形式也不同。通过访问通道、分解或合并通道，可得到合适的、有助于区分目标的图像。

7.2.1 图像的通道

图像的通道是图像的组成像素的描述方式。举例来说，如果图像全部由灰色的点组成，只需要用一个灰度值就可以表示这个点的颜色，那么这个图像就是单通道的。如果这个点有彩色信息，那么描述这个点需要用到 R、G、B3 个通道，即用红色分量的颜色数量、绿色分量的颜色数量、蓝色分量的颜色数量共同描述这个点的颜色。因此，这样的彩色点组成的图像就具有 3 个通道。

如果除了 R、G、B 颜色信息外，还想要用一张灰度图表示像素的透明度，像素点在灰度图上对应的值是 0，表示像素完全不发光；对应的值是 255，表示像素完全显示，那么这个点就加入了透明度信息，因而有 4 个通道。这样的点组成的图像就是一幅四通道图像。

7.2.2 访问通道

与访问通道相关的 Halcon 算子有很多，本小节举例说明两种。

1. 访问通道

如要获得某一个指定通道的图像，可以使用 access_channel 算子。举例如下：

```
read_image (MultiChannelImage, 'beads.jpg')
access_channel (MultiChannelImage, Red, 1)
```

以上代码表示从名为 MultiChannelImage 的图像中取出序号为 1 的通道图像，存储并命名为 Red。

2. 获取通道的数量

使用 count_channels 算子，将返回输入图像中的通道数量。举例如下：

```
read_image (MultiChannelImage, 'beads.jpg')
count_channels (MultiChannelImage, NumOfChannels)
```

以上代码表示 MultiChannelImage 图像中的通道数量，且这一数量信息存储在 NumOfChannels 变量中。

7.2.3 通道分离与合并

有时完整的 RGB 信息对于图像分析并没有明显的帮助，特定的颜色反而能帮助区分目标对象。例如，白色布料上的淡紫色花纹在蓝色通道中可能会看不出来，但在红色和绿色通道中却显而易见。因此，可以使用色彩分离的方法，利用某一个通道中的颜色差别，区分出目标物体和背景。

注意

白色包含 R、G、B3 种颜色，且 3 种颜色的分量都达到了最大值，而淡紫色可能只在蓝色通道中达到了最大值，因此在蓝色通道中显示不出来。

1. decompose3 算子

decompose3 算子是比较常见的通道分离方法，对于 RGB 图像来说，如果要分离出 3 种颜色分量，在 Halcon 中可以使用 decompose3 算子进行 RGB 颜色的通道分离。举例如下：

```
read_image (MultiChannelImage, 'beads.jpg')
decompose3 (MultiChannelImage, Red, Green, Blue)
```

这里读取一个多通道的彩色图像，然后使用 decompose3 算子将其分割为单个通道的图像。decompose3 算子的第 1 个参数为输入图像的名字，后面的 3 个参数分别对应输出的 3 个颜色通道的图像名字。程序运行的效果如图 7.2 所示。

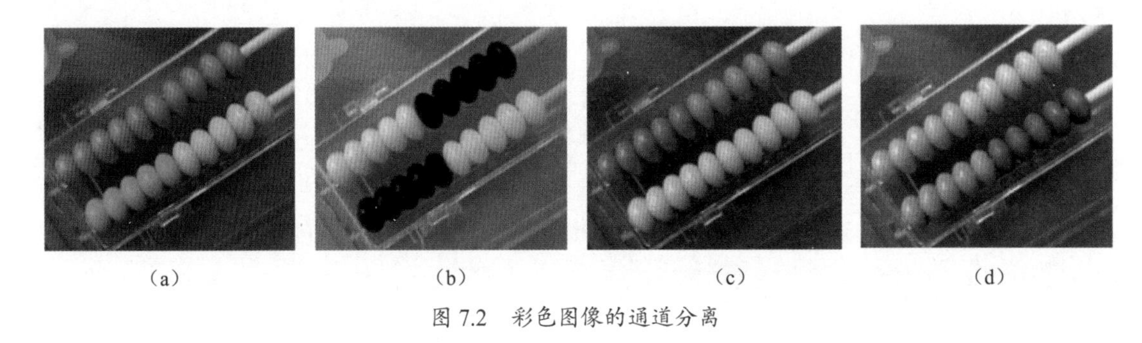

（a）　（b）　（c）　（d）

图 7.2　彩色图像的通道分离

图 7.2（a）为输入的彩色图像，图 7.2（b）～（d）分别对应红色、绿色、蓝色通道的图像。

2. image_to_channels 算子

除了 3 个通道的图像分离以外，也可以使用 decompose4 算子、decompose5 算子、decompose6 算子进行多个通道图像的通道分离。还可以使用 image_to_channels 算子将一幅包含多通道的图像分解为包含多个单通道图像的数组。举例如下：

```
read_image (MultiChannelImage, 'beads.jpg')
image_to_channels (MultiChannelImage, ImageArray)
```

该段代码运行后，MultiChannelImage 的单个通道图像都将被存储在 ImageArray 数组中。

3. compose3 算子

该算子的功能与 decompose3 算子正好相反，是将 3 个通道的图像合并起来。举例如下：

```
read_image (MultiChannelImage, 'beads.jpg')
decompose3 (MultiChannelImage, Red, Green, Blue)
compose3 (Red, Green, Blue, MultiChannelImage)
```

compose3 算子的前 3 个参数为输入的 3 个通道的图像，最后一个参数为输出的结果图像。将上文程序分解出的 RGB 图像作为 compose3 算子的输入，并进行通道合并，将得到通道分离前的原始图像。

同样，如果有多个通道的图像，还可以分别使用 compose4 算子、compose5 算子、compose6 算子对四通道、五通道、六通道的图像进行合并。

4. channels_to_image 算子

该算子的功能与 image_to_channels 算子正好相反，是将数组内的单通道图像合并成一幅多通道图像。举例如下：

```
read_image (Images, ['pic0','pic1','pic2'])
channels_to_image (Images, MultiChannelImage)
```

该段代码运行后，Images 数组中的图像将成为 MultiChannelImage 的一个通道。

注意

可以使用 access_channel 算子访问指定的通道图像。

7.2.4 处理 RGB 信息

分解得到图像的颜色通道之后，可以根据特定的通道图像的颜色特征提取出目标物体。但有时要提取的物体可能有复杂的颜色，无法依赖单一通道进行分割，这时可以进行更进一步的操作。这里可以使用 sub_image 算子对通道图像做减法运算，以提取出目标色彩区域。举例如下：

```
read_image (Image, 'data/beads')
decompose3 (Image, Red, Green, Blue)
sub_image (Blue, Red, BlueSubRed, 1, 128)
sub_image (BlueSubRed, Green, BlueSubRedGreen, 1, 128)
threshold (BlueSubRedGreen, BlueRegion, 230, 255)
```

图 7.3（a）为蓝色通道图像；图 7.3（b）为蓝色通道图像与红色通道图像相减的结果；图 7.3（c）为蓝色通道图像与红色通道图像相减后再与绿色通道图像相减的结果；图 7.3（d）为在图 7.3（c）图像上进行阈值分割，提取出的蓝色珠子的颜色区域。

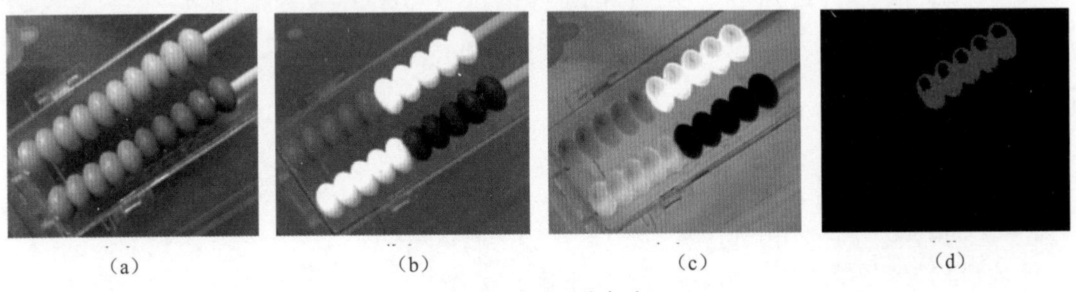

（a） （b） （c） （d）

图 7.3 通道图像相减

除了减法操作外，也可以进行两幅图的相加、相乘、相除等操作，还可以对单个通道进行直方图均衡、局部均衡、亮度控制等操作。应根据实际检测的需求对通道进行合适的操作，在此不一一详述。

7.3 实例：利用颜色信息提取背景相似的字符区域

本节以一个例子说明利用颜色信息进行目标提取。如图 7.4 所示，图 7.4(a) 为输入的原始图像，目标为提取出字符区域。由图 7.3 (a) 可见，文字与背景颜色非常相近，如果使用灰度图进行阈值处理，可能不容易得到理想的区域。这里介绍使用颜色信息的提取方法，将原图进行通道分解，然后选择区分度比较明显的通道图像进行区域分割。

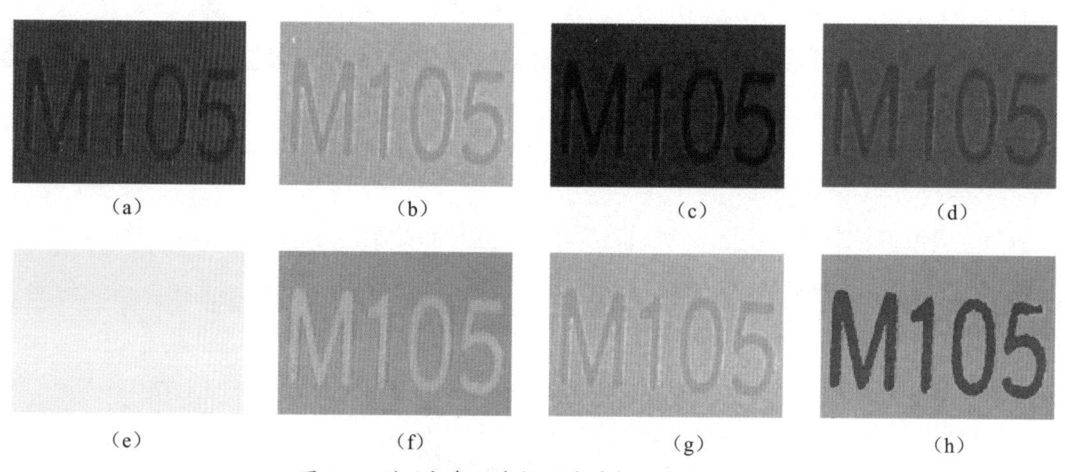

图 7.4 利用颜色信息提取背景相似的字符区域

首先使用 read_image 算子读取图像，然后将彩色图像分解为 R、G、B3 个通道。由于字符颜色和背景颜色属于同一色调但饱和度不同，因此可以转化成饱和度图像观察其差异。这里使用 trans_from_rgb 算子将 RGB 彩色图像转化为 HSV 图像。然后对饱和度图像进行阈值处理，提取出灰度值比较高的部分。最后经过膨胀等形态学处理，完整地提取出字符区域。

图 7.3 (a) 为输入的原始图像，图 7.3 (b) ～ (d) 分别为分解后的红色、绿色、蓝色通道图像，图 7.3 (e) ～ (g) 分别为色调、饱和度、明度通道图像，图 7.3 (h) 为经阈值处理后提取到的字符图像。程序代码如下：

```
*读取待检测图像
read_image (Image, 'm105.jpg')
*将原始图像进行通道分离，得到红、绿、蓝 3 个分量的图像
decompose3 (Image, Red, Green, Blue)
*将 R、G、B3 个分量的图像转化为 H（色调)、S（饱和度)、V（明度）图像
trans_from_rgb (Red, Green, Blue, ImageResultH, ImageResultS, ImageResultI,
'hsv')
*对饱和度图像进行阈值处理，分割出高饱和度区域，即字符区域的大致范围
threshold (ImageResultS, High, 192,255)
```

```
*区域分割
reduce_domain (ImageResultH, High, ImageReduced)
*进行膨胀操作
dilation_circle (ImageReduced, RegionDilation, 3.5)
*开运算，使边缘更清晰
opening_circle (RegionDilation, RegionChars, 5.5)
dev_clear_window ()
dev_display (RegionChars)
```

如此，即可通过颜色通道的分解，提取出理想的字符区域。

7.4 纹理分析

纹理是图像表面的一种灰度变化。有的纹理很规则，会以局部小区域为单元重复出现，而有的纹理则呈现出随机性。对于规则的纹理，可以很容易地从中分辨出重复的区域，这些局部的、重复的部分称为纹理单元。

对于一些灰度变化复杂，很难用颜色分析去处理的图像，不妨使用纹理分析。纹理滤波器可以很方便地找出纹理的位置和内容。

7.4.1 纹理滤波器

Halcon 中的纹理滤波器的原理是，使用一个特殊的滤波器作为纹理算子，在图像上进行滤波操作，以增强或者抑制特定的纹理图像。经过纹理滤波器处理后的图像会被分割成若干个有相同图像的纹理单元。Halcon 的标准纹理滤波器是 texture_laws 算子，该算子提供了各种纹理滤波器的集合。滤波器的类型有 7 种：level、edge、spot、wave、ripple、undulation、oscillation。

texture_laws 算子用于对纹理进行滤波，它根据参数设定的规则，对图像进行纹理变换。其参数如下。

（1）参数 1 为输入图像 Image。

（2）参数 2 为输出纹理。

（3）参数 3 为滤波的类型 FilterType。这里的类型参数由两个字母组成，两个字母都取自 7 种滤波器类型的首字母，如 l 表示 level，e 表示 edge，s 表示 spot 等。第 1 个字母表示行方向上的滤波类型，第 2 个字母表示列方向上的滤波类型，如 ss 表示两个方向都使用 spot 滤波器。

（4）参数 4 为偏移量 shift。当灰度值大于 255 时，可降低灰度值。该参数用于调整结果图像的灰度，默认为 2。

（5）参数 5 为滤波器的卷积核尺寸，默认为 5，可选择的有 3、5、7。

7.4.2 实例：织物折痕检测

本小节举一个实例介绍纹理检测的用法。纹理检测常用于检测织物中的跳线、缺色、折痕等瑕疵。图 7.5（a）采集自一块有折痕的布料，这里使用 texture_laws 算子检测出纹理的异常区域。图 7.5（b）显示了纹理检测后的结果，然后经过阈值等形态学处理，将异常区域显示出来，如图 7.5（c）所示。

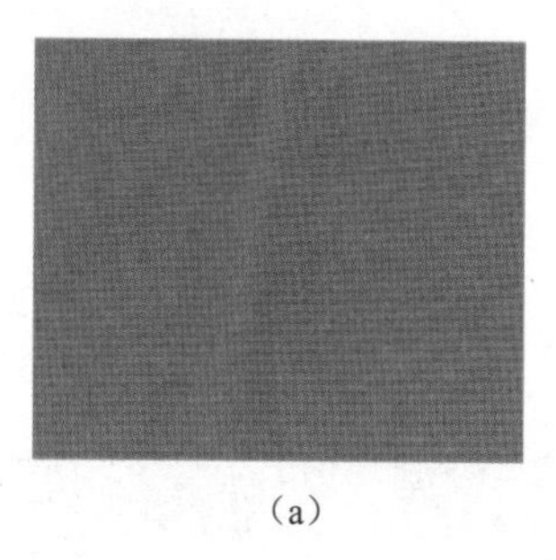
（a）

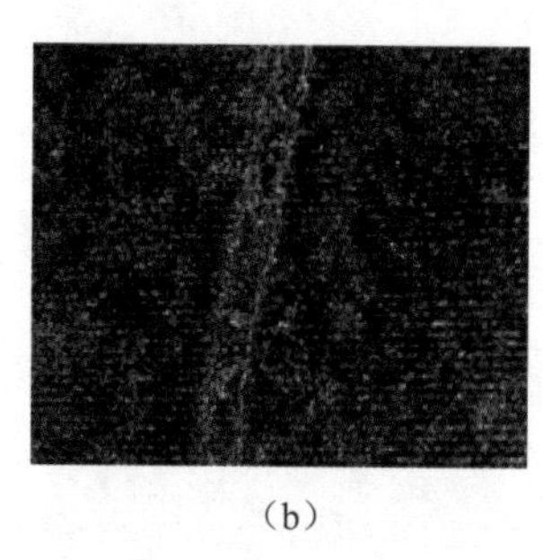
（b）

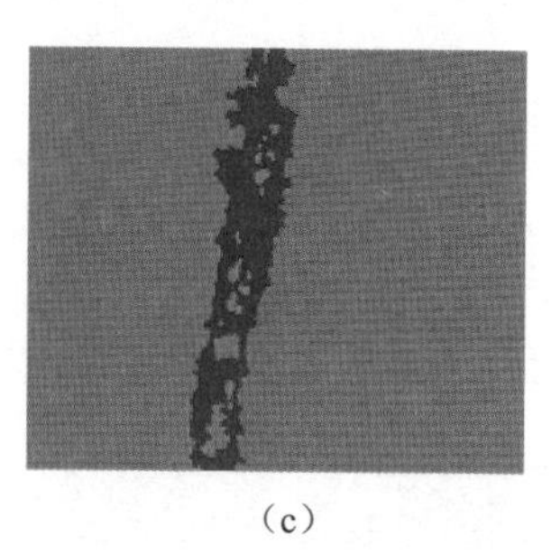
（c）

图 7.5　利用纹理进行织物瑕疵检测

该程序的代码如下：

```
*读取布料的图像
read_image(Image, ' data/cloth')
*将图像分解成 R、G、B3 个通道
decompose3 (Image, Image1, Image2, Image3)
*将 R、G、B3 个通道的图像转化为 HSV 颜色空间
trans_from_rgb (Image1, Image2, Image3, ImageResult1, ImageResult2,
ImageResult3, 'hsv')
*进行纹理检测
*其中选择的滤波器类型是 ls，即行方向用 level，列方向用 spot 进行检测
*这种滤波器类型适合检测垂直方向上的缺陷
texture_laws (ImageResult2, ImageTextureLS, 'ls', 2, 7)
*对经过滤波器处理后的图像进行均值化，使图像更平滑，缺陷区域更明显
mean_image (ImageTextureLS, ImageMean, 11, 11)
*对检测出的缺陷区域进行形态学处理并显示出来
threshold (ImageMean, Regions, 60, 255)
*将符合条件的区域分割成独立区域
connection(Regions, ConnectedRegions)
*计算各区域的面积，提取出面积最大的区域
area_center (ConnectedRegions, Area, Row, Column)
select_shape (ConnectedRegions, SelectedRegions, 'area', 'and', max(Area),
99999)
*进行闭运算，提取出缺陷区域
closing_circle(SelectedRegions, RegionClosing, 11.5)
dev_clear_window ()
dev_display (RegionClosing)
```

本例主要介绍了纹理滤波器的应用。在应用纹理滤波器之前，也可以使用傅里叶变换，增强图像中灰度变化剧烈的区域，使检测更加方便，具体细节将在第 16 章详细介绍。

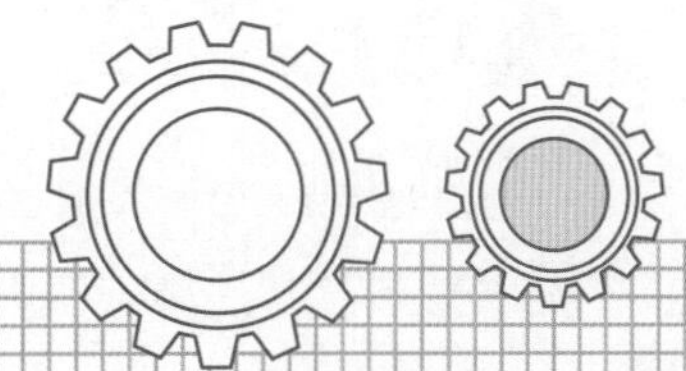

第8章 图像的形态学处理

本章要介绍的是对图像的局部像素进行处理，用于从图像中提取有意义的局部图像细节，即图像的形态学处理。通过改变局部区域的像素形态，以对目标进行增强，或者为后续进行图像分割、特征提取、边缘检测等操作做准备。

本章主要涉及的知识点如下。

- 腐蚀与膨胀：通过腐蚀或膨胀操作对二值图像区域进行“收缩”或“扩张”。
- 开运算与闭运算：合理地运用开运算与闭运算，能更有效地优化目标区域。
- 顶帽运算与底帽运算：分别用于去除图像中最亮与最暗的部分。
- 灰度图像的形态学运算：对灰度图像进行形态学操作，包括灰度图像的腐蚀、膨胀、开运算、闭运算等。
- 通过本章最后的示例，演示如何对图像进行形态学操作，以及如何通过本章所学的知识提取目标区域。

注意

本章的图像形态学处理都是基于单通道灰度图像的，彩色图像需要先转为灰度图像再处理，并且前景亮度要高于背景亮度。

8.1 腐蚀与膨胀

在经阈值处理提取出目标区域的二值图像之后，区域边缘可能并不理想，这时可以使用腐蚀或膨胀操作对区域进行“收缩”或“扩张”。

8.1.1 结构元素

结构元素在算子参数中的名称为 StructElement，在腐蚀与膨胀操作中都需要用到。结构元素是类似于“滤波核”的元素，或者说类似于一个“小窗”，在原图上进行“滑动”，这就是结构元素，可以指定其形状和大小。结构元素一般由 0 和 1 的二值像素组成。结构元素的原点相当于“小窗”的中心，其尺寸由具体的腐蚀或膨胀算子指定，结构元素的尺寸也决定着腐蚀或者膨胀的程度。结构元素越大，被腐蚀消失或者被膨胀增加的区域也会越大。

结构元素的形状可以根据操作的需求进行创建，可以是圆形、矩形、椭圆形，甚至是指定的多边形等。可以通过 gen_circle、gen_rectangle1、gen_ellipse、gen_region_polygon 等算子创建需要的形状并指定尺寸。

8.1.2 腐蚀

腐蚀操作是对所选区域进行“收缩”的一种操作，可以用于消除边缘和杂点。腐蚀区域的大小与结构元素的大小和形状相关。其原理是使用一个自定义的结构元素，如矩形、圆形等，在二值图像上进行类似于“滤波”的滑动操作，然后将二值图像对应的像素点与结构元素的像素进行对比，得到的交集即为腐蚀后的图像像素。图 8.1（a）为二值化后的图像，图 8.1（b）为使用一个圆形的结构元素对图像进行腐蚀，得到的结果为“收缩”了一圈的图像，见图 8.1（c）。

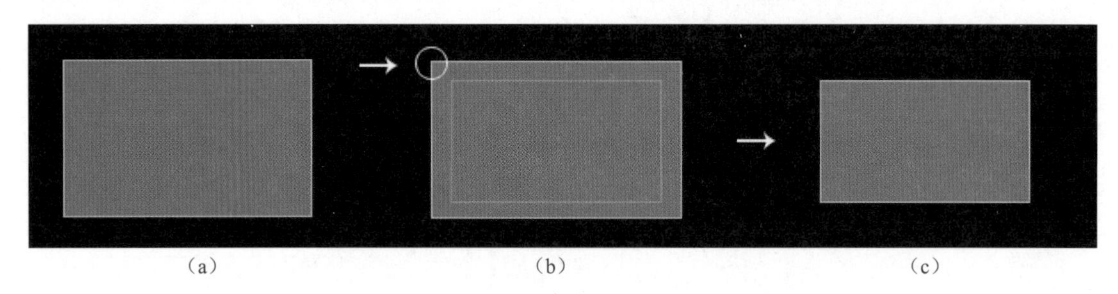

图 8.1 使用结构元素对图像进行腐蚀操作

经过腐蚀操作，图像区域的边缘可能会变得平滑，区域的像素将会减少，相连的部分可能会断开。即使如此，各部分仍然属于同一个区域。

Halcon 中有许多与腐蚀操作相关的算子，比较常用的有 erosion_circle 算子和 erosion_rectangle1

算子，它们分别使用圆形与矩形结构元素对输入区域进行腐蚀操作。这里以 erosion_circle 算子为例进行说明。erosion_circle 算子的原型如下：

```
erosion_circle(Region : RegionErosion : Radius : )
```

其中各参数的含义如下。

（1）参数 1：Region 为输入图像中的区域，该区域往往是由上一环节的某种分割操作得到的输出结果，如阈值处理提取的区域等。

（2）参数 2：RegionErosion 为输出的腐蚀后的区域。

（3）参数 3：Radius 为圆形结构元素的半径。其具体值取与想要被去除的杂点的大小有关。因为小于这个圆形结构元素的点都会被移除，而该圆形的直径一般是一个奇数，如 3、5、7、9 等，所以该半径取值一般会取 1.5、2.5、3.5、4.5……默认值是 3.5。

注意

圆形的直径取奇数是因为圆形是对称图形，这样做是为了使圆形的中心点坐标为整数。

下面以一个简单的例子来说明腐蚀操作。图 8.2（a）即原始图像，为一幅背景较为复杂的图像。目标是提取较大的面积芯片区域。因此，可以先将图像转化为单通道灰度图像，并使用阈值进行简单的灰度分割。阈值分割图像如图 8.2（b）所示。在满足条件的区域使用 erosion_circle 算子移除杂点，erosion_circle 算子的输入区域为图 8.2（b）的红色部分，腐蚀的结果如图 8.2（c）所示。

（a）

（b）

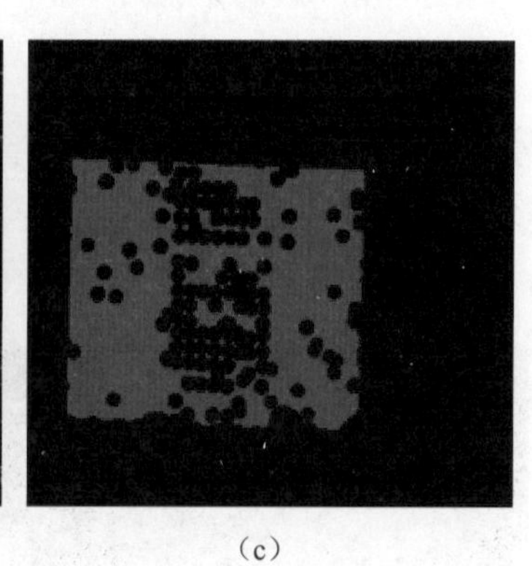

（c）

图 8.2　使用 erosion_circle 算子移除杂点

图 8.2 中腐蚀操作的代码如下：

```
read_image (Image, ' data/board')
rgb1_to_gray (Image, GrayImage)
threshold (GrayImage, Region, 100, 255)
erosion_circle (Region, RegionErosion, 7.5)
erosion_circle (RegionErosion, RegionErosion2, 6.5)
dev_clear_window ()
dev_display (RegionErosion2)
```

因为经阈值处理后，图像中会包含背景中的许多杂点和非关键区域，所以这里通过腐蚀操作移除杂点，并且在腐蚀的结果上进行重复腐蚀，以达到理想的结果。腐蚀操作很容易让图像中出现“空洞”，因此可以使用膨胀或者闭运算进行后续处理。

上文提到的 erosion_circle 算子是使用圆形结构元素进行腐蚀操作，还可以选择其他形状的结构元素，如 erosion_rectangle1 算子是使用矩形结构元素进行腐蚀，用法与 erosion_circle 算子类似；也可以使用自定义的结构元素或者其他方式。Halcon 中与腐蚀有关的其他算子如下。

（1）erosion1：用一个自定义的结构元素对输入区域进行腐蚀操作。这个自定义的结构元素需要预先创建，可能是圆形、矩形、多边形，甚至是点，等等。

（2）erosion2：使用一个参考点对输入区域进行腐蚀操作。这个算子中的结构元素有一个参考点，这个点与 erosion1 中的点不同，它可以是指定的任意一点。

（3）erosion_golay：使用的结构元素来自格雷字母表，通过定义结构元素对输入区域进行腐蚀操作。

（4）erosion_seq：与 erosion_golay 类似，使用格雷字母表中的元素对输入区域进行连续的腐蚀操作。

8.1.3 膨胀

与腐蚀相反，膨胀是对选区进行“扩大”的一种操作。其原理是使用一个自定义的结构元素，在待处理的二值图像上进行类似于“滤波”的滑动操作，然后将二值图像对应的像素点与结构元素的像素进行对比，得到的并集为膨胀后的图像像素。图 8.3（a）为二值化之后的图像，使用一个圆形结构元素对图像进行膨胀操作，如图 8.3（b）所示，得到的结果为“膨胀”了一圈的图像，如图 8.3（c）所示。

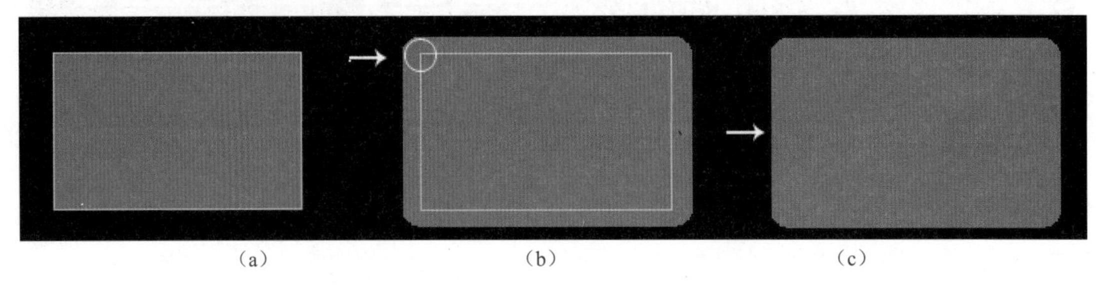

（a） （b） （c）

图 8.3 使用结构元素对图像进行膨胀操作

经过膨胀操作，图像区域的边缘可能会变得平滑，区域的像素将会增加，不相连的部分可能会连接起来，这些都与腐蚀操作正好相反。即使如此，原本不相连的区域仍然属于各自的区域，不会因为像素重叠就发生合并。

注意

膨胀后发生重叠的区域可以用 opening_seq 算子分离开来。

Halcon 中有许多与膨胀操作相关的算子，比较常用的有 dilation_circle 算子和 dilation_rectangle1 算子，它们分别使用圆形与矩形结构元素对输入区域进行膨胀操作。这里以 dilation_circle 算子为例进行说明。dilation_circle 算子的原型如下：

```
dilation_circle(Region : RegionDilation : Radius : )
```

其中各参数的含义如下。

（1）参数 1：Region 为输入的区域。

（2）参数 2：RegionDilation 为输出的膨胀后的区域。

（3）参数 3：Radius 为圆形结构元素的半径，该半径的大小决定了膨胀的程度。其具体取值与待填补的空洞大小有关。该半径默认值依然是 3.5。

下面以一个简单的例子来说明膨胀操作。图 8.4（a）中的红色部分即输入区域，也就是上文中的膨胀操作提取出的区域。图 8.2（a）为一幅背景较为复杂的图像，目标是提取芯片区域，因此可以先将图像转化为单通道灰度图像，并使用阈值进行简单的灰度分割。阈值分割图像如图 8.4（a）所示，可见该区域有许多因为过度腐蚀而产生的“空洞”。接下来在该区域使用 dilation_circle 算子填补满足尺寸条件的小洞，得到的膨胀效果如图 8.4（b）所示。

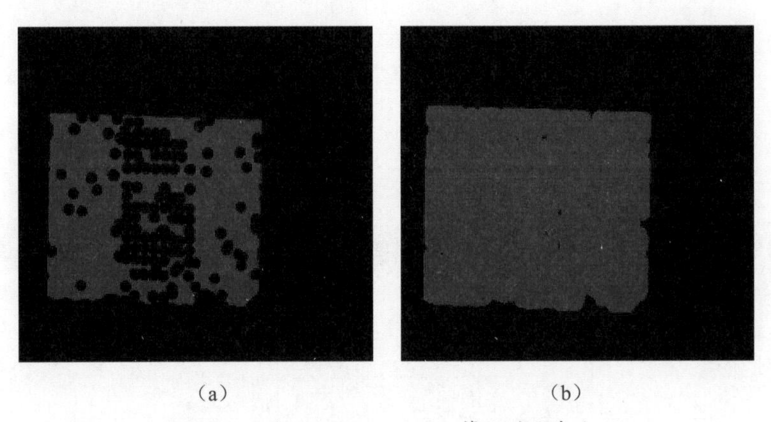

（a）　　　　　　　　（b）

图 8.4　使用 dilation_circle 算子移除杂点

图 8.4 中针对腐蚀后的区域进行膨胀操作的代码如下：

```
read_image (Image, 'data/board')
rgb1_to_gray (Image, GrayImage)
threshold (GrayImage, Region, 100, 255)
gen_image_proto (GrayImage, ImageCleared, 0)
erosion_circle (Region, RegionErosion, 7.5)
erosion_circle (RegionErosion, RegionErosion2, 6.5)
erosion_circle (RegionErosion2, RegionErosion3, 5.5)
*膨胀操作
dilation_circle (RegionErosion3, RegionDilation, 23.5)
```

```
dev_clear_window ()
dev_display (RegionDilation)
```

在最后一行使用膨胀算子，其中膨胀算子中的圆形结构元素半径可根据空洞的大小和需要的填补效果进行调节。

经过阈值处理或腐蚀操作后，图像中包含了许多小空隙，为了使提取出的区域尽量完整，这里通过膨胀操作来填补空隙。根据膨胀的实际效果，可能还需要进行平滑边缘等处理，可以选择使用闭运算进行后续处理。

除了上文提到的 dilation_circle 和 dilation_rectangle1 算子外，在 Halcon 中还可以使用其他方式进行膨胀操作。与膨胀有关的其他算子如下。

（1）dilation1：用一个自定义的结构元素对输入区域进行膨胀操作。结构元素需要预先创建好，这个自定义的结构元素可能是圆形、矩形、多边形，甚至是点，等等。

（2）dilation2：使用一个参考点对输入区域进行膨胀操作。这个算子中的结构元素有一个参考点，这个点与 dilation1 中的点不同，这个参考点可以是指定的任意一点。

（3）dilation_golay：使用的结构元素来自格雷字母表，通过定义结构元素对输入区域进行膨胀操作。

（4）dilation_seq：与 dilation_golay 类似，使用格雷字母表中的元素对输入区域进行连续的膨胀操作。

8.2 开运算与闭运算

腐蚀与膨胀是形态学运算的基础，在实际检测的过程中，常常需要组合运用腐蚀与膨胀对图像进行处理。开运算与闭运算组合使用这两种操作，在保留图像主体部分的同时，处理图像中出现的各种杂点、空洞、小的间隙、毛糙的边缘等。合理地运用开运算与闭运算，能简化操作步骤，有效地优化目标区域，使提取出的范围更为理想。

8.2.1 开运算

开运算的计算步骤是先腐蚀，后膨胀。通过腐蚀运算能去除小的非关键区域，也可以把离得很近的元素分隔开，再通过膨胀填补过度腐蚀留下的空隙。因此，通过开运算能去除一些孤立的、细小的点，平滑毛糙的边缘线，同时原区域面积也不会有明显的改变，类似于一种“去毛刺”的效果。图 8.5（a）所示为原始图像，目标是提取图中比较亮的一块区域。

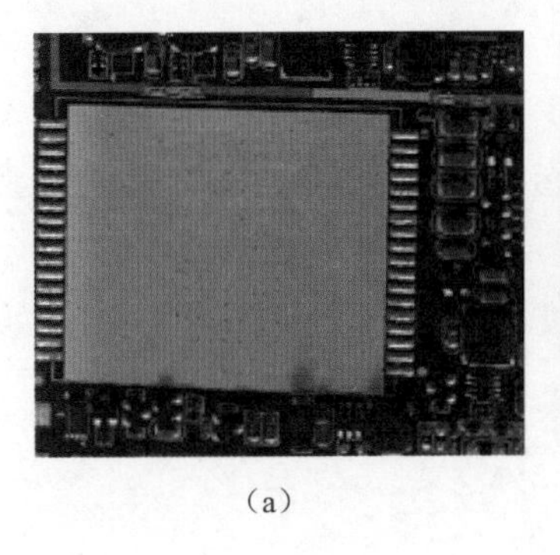
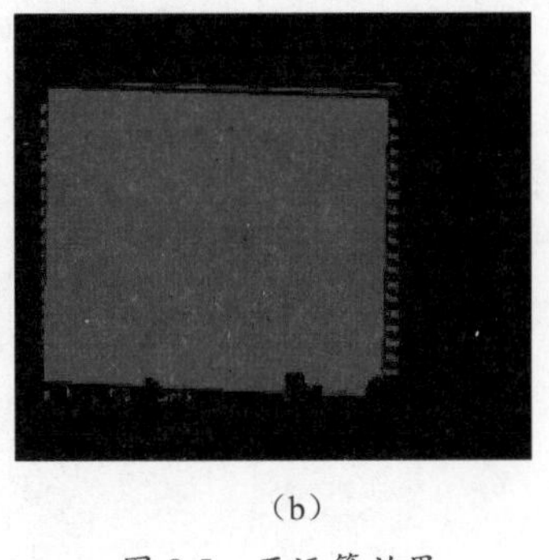
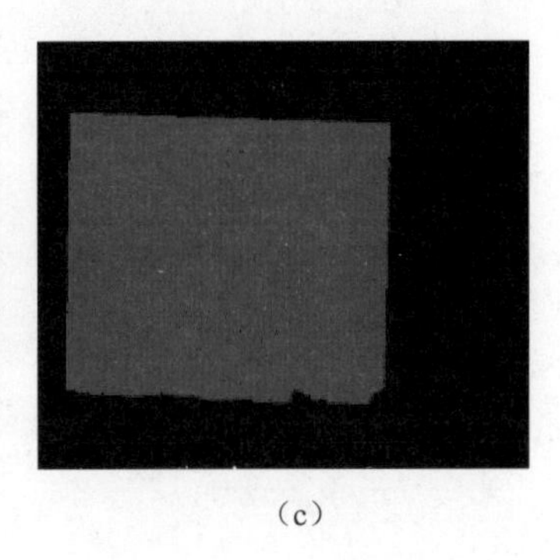

（a） （b） （c）

图 8.5 开运算效果

图 8.5（b）的红色部分为经阈值处理后提取的较亮区域，可见有一些杂点和毛边。为了在保留主体部分的同时平滑选区的边缘，这里使用开运算进行处理。经过 opening 算子处理后，杂点消失，毛糙的边缘也有所平滑。图 8.5（c）是开运算后的效果，可见边缘杂点被移除，前景目标更清晰。

图 8.5 的开运算处理代码如下：

```
*读取待检测的图像
read_image (Image,'data/board')
*将图像转换为单通道的灰度图像
rgb1_to_gray(Image, GrayImage)
*创建矩形区域
gen_rectangle1 (Rectangle, 259, 87, 957, 909)
*进行裁剪，将感兴趣区域单独提取出来
reduce_domain (GrayImage, Rectangle, ImageReduced)
*使用阈值处理，将灰度值大于设定范围的像素选取出来
threshold(ImageReduced,Light,85,255)
*创建圆形结构元素，用于开运算
gen_circle(StructElement,6,6,7)
*进行开运算，去除背景中的杂点
opening(Light,StructElement,Large)
dev_clear_window ()
dev_display (Large)
```

其中关于灰度阈值的选择，可以通过将鼠标指针悬停在关键像素上，查看其灰度值进行估算。注意，这里的图像都是暗背景、亮目标。如果是亮背景、暗目标，可以用 invert_image 进行颜色反转。

如果圆形结构元素半径过大，可能导致图像内部出现大的空洞；如果圆形结构元素半径过小，可能会使杂点消除得不完全，因此可以根据实际需要不断调整该参数。

上文中使用了 opening 算子进行开运算处理。该算子的原型如下：

```
opening(Region, StructElement : RegionOpening : : )
```

其中各参数的含义如下。

（1）参数 1：Region 为输入的图像区域。

（2）参数 2：StructElement 为输入的结构元素，该结构元素应提前指定。

（3）参数 3：RegionOpening 为输出的经开运算处理后的区域。

开运算的效果与腐蚀类似，其本质也是一种腐蚀操作。经开运算处理后，图像上的大面积的区域依然能基本保持完整，而面积小的区域，如点或短线将被移除。

除了上文中的 opening 算子以外，Halcon 中与开运算有关的算子如下。

（1）opening_circle：使用圆形结构元素对区域进行开运算处理。

（2）opening_rectangle1：使用矩形结构元素对区域进行开运算处理。

（3）opening_golay：使用格雷字母表中的元素对区域进行开运算处理。

（4）opening_seq：分隔重叠的区域。该算子一般是 erosion1、connection 和 dilation1 算子的连续使用。如果重叠的区域小于结构元素，相交的两个区域将被分隔开来。

8.2.2 闭运算

闭运算的计算步骤与开运算正好相反，为先膨胀，后腐蚀。这两步操作能将看起来很接近的元素，如区域内部的空洞或外部孤立的点连接成一体，区域的外观和面积也不会有明显的改变。通俗地说，就是类似于“填空隙”的效果。与单独的膨胀操作不同的是，闭运算在填空隙的同时，不会使图像边缘轮廓加粗。

图 8.6（a）中的灰色部分为经阈值处理后提取的区域，三角形区域有小的空洞，四边形区域有部分缺失。经过 closing 算子处理后，小的空洞和缺失的部分得到了填充，形状变得完整。图 8.6（b）是闭运算后的效果。

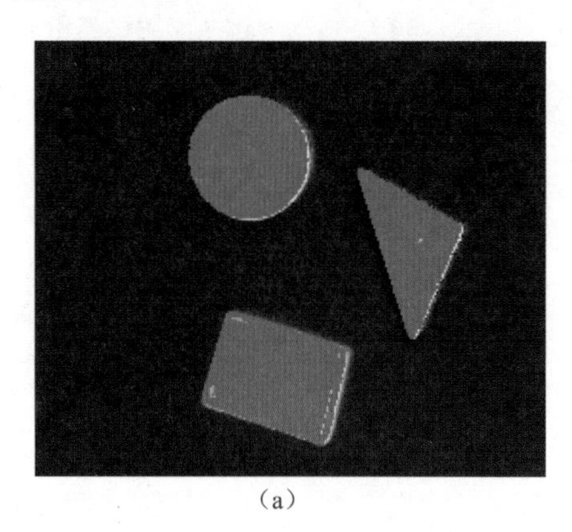

（a）

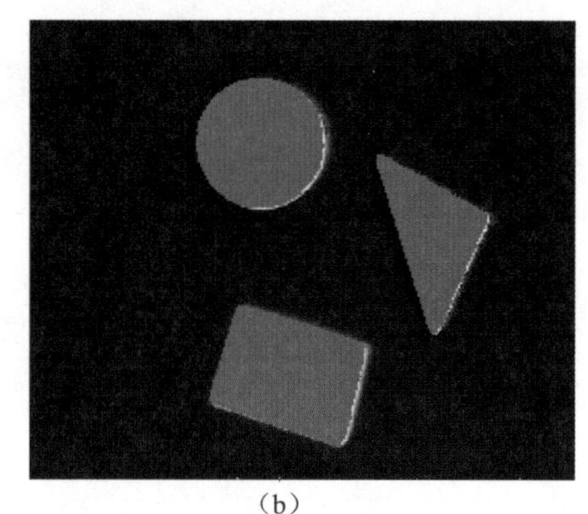

（b）

图 8.6　闭运算效果

图 8.6 的闭运算处理代码如下：

```
read_image (Image,'data/shapes')
*将图像进行通道分解，分别转换为 3 个通道的 RGB 图像
decompose3 (Image, Red, Green, Blue)
*使用颜色转换将 RGB 的 3 个通道图像转化为 HSV 通道图像
```

```
trans_from_rgb (Red, Green, Blue, Hue, Saturation, Intensity, 'hsv')
*对饱和度通道的图像进行阈值处理
threshold (Saturation, Regions, 180, 255)
*创建圆形结构元素，用于闭运算
gen_circle(StructElement,10,10,10)
*对图像中较亮的区域进行闭运算处理，填补各自轮廓中的小空隙
closing(Regions,StructElement,Large)
dev_clear_window ()
dev_display (Large)
```

之所以选择对饱和度通道的图像进行阈值处理，是因为这个通道的图像符合暗背景、亮目标。经过闭运算后，区域内的小缝隙被填补，选区变得封闭。

上文中使用了 closing 算子进行闭运算处理。该算子的原型如下：

```
closing(Region, StructElement : RegionClosing : : )
```

其中各参数的含义如下。

（1）参数 1：Region 为输入的图像区域。

（2）参数 2：StructElement 为输入的结构元素，如圆形、矩形等。

（3）参数 3：RegionClosing 为输出的经闭运算处理后的区域。

闭运算也是一种扩张的操作。经闭运算处理后，图像上的大面积的区域依然能基本维持原状，而面积小的区域之间的空隙和区域内部的小孔将被封闭。

注意

该算子本质虽然是扩张，但并不会将不同的区域合并，区域之间仍保持相对独立。

除了上文中的 closing 算子以外，Halcon 中与闭运算有关的算子如下。

（1）closing_circle：使用圆形结构元素对区域进行闭运算处理。

（2）closing_golay：使用格雷字母表中的元素对区域进行闭运算处理。

（3）closing_rectangle1：使用矩形结构元素对区域进行闭运算处理。

总体来说，开运算适合去除图上的杂点和噪声等非关键的元素。而闭运算则相反，它是用于填补区域中的小空隙。开运算和闭运算都不会改变主体部分的形态。

8.3 顶帽运算与底帽运算

在实际检测过程中，有时需要利用开运算或者闭运算操作的结果。顶帽运算与底帽运算就是在开运算与闭运算的基础上，来处理图像中出现的各种杂点、空洞、小的间隙、毛糙的边缘等。

合理地运用顶帽运算与底帽运算，能简化操作步骤，更能有效地优化目标区域，使提取出的范围更为理想。

8.3.1 顶帽运算

顶帽运算的原理是用原始的二值图像减去开运算的图像。开运算的目的是“移除”某些局部像素，如去毛边、断开相邻的边缘等。而顶帽运算正是用来提取这些被移除的部分。图 8.7（a）为从二值图像中提取出的亮的区域，可见有一些杂点和毛边。

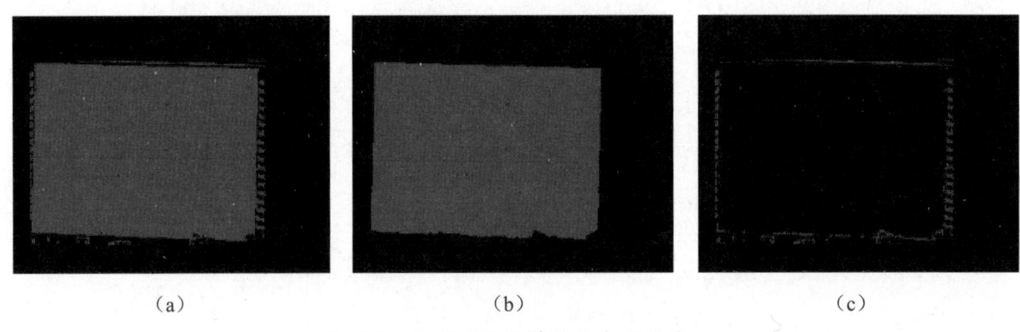

（a） （b） （c）

图 8.7 使用顶帽运算获取亮的边缘

图 8.7（b）中的高亮部分为经过开运算处理后的效果，杂点消失，毛糙的边缘也有所平滑。与之对比的是图 8.7（c），即不使用开运算，而使用顶帽运算的结果，得到的是开运算中被移除的边缘和杂点。图 8.7 的顶帽运算处理代码如下：

```
read_image (Image,' data/board')
rgb1_to_gray(Image, GrayImage)
gen_rectangle1 (Rectangle, 259, 87, 957, 909)
reduce_domain (GrayImage, Rectangle, ImageReduced)
threshold(ImageReduced,Light,85,255)
gen_circle(StructElement,6,6,7)
*清理显示窗口，以便显示结果
dev_clear_window ()
*进行顶帽运算，得到开运算中被移除的局部像素并高亮显示
top_hat (Light, StructElement, RegionTopHat)
dev_clear_window ()
dev_display (RegionTopHat)
```

由此可见，顶帽运算返回的像素部分是尺寸比结构元素小的，并且比较亮的、在开运算中被移除的局部小区域。

8.3.2 底帽运算

底帽运算的原理是用原始的二值图像减去闭运算的图像。闭运算的目的是对某些局部区域进行

“填补”，如填空洞、使分离的边缘相连接等。而底帽运算正是用来提取这些用于填补的区域的。图 8.8（a）为从二值图像中提取出的亮的区域，可见有一些空隙和不完整边缘。通过闭运算能对这些小的空隙进行填补，效果如图 8.6 所示。这里使用底帽运算，刚好将闭运算填补的部分提取出来，如图 8.8（b）所示。

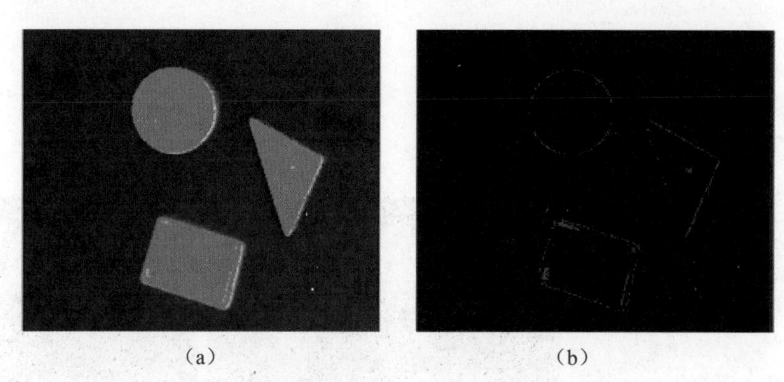

（a）（b）

图 8.8 使用底帽运算获取暗的边缘及裂缝

图 8.8 的底帽运算处理代码如下：

```
read_image (Image,'data/shapes')
decompose3 (Image, Red, Green, Blue)
trans_from_rgb (Red, Green, Blue, Hue, Saturation, Intensity, 'hsv')
threshold (Saturation, Regions, 180, 255)
gen_circle(StructElement,10,10,10)
*清理显示窗口，以便显示结果
dev_clear_window ()
*清理显示窗口，以便显示结果
bottom_hat (Regions, StructElement, RegionBottomHat)
dev_clear_window ()
dev_display (RegionBottomHat)
```

由此可见，底帽运算返回的像素部分是尺寸比结构元素小的，并且比较暗的、闭运算中用于填补孔隙的局部小区域。

8.3.3 顶帽运算与底帽运算的应用

正如上文所说的，顶帽运算返回的像素部分是尺寸比结构元素小的，并且比较亮的局部小区域；底帽运算返回的像素部分是尺寸比结构元素小的，并且比较暗的局部小区域。因此，根据这些特性可以得出，顶帽运算与底帽运算适合一些前景目标比较小或者背景面积比较大的，需要根据灰度进行分割的应用场景。

1. 提取小的物件

因为顶帽运算与底帽运算都是提取比结构元素小的局部区域，因此对于一些暗背景的、目标尺寸又比较小的目标检测场景，可以通过顶帽操作，使用比较大的结构元素来提取目标。底帽运算与顶帽运算常用于提取图中较亮的小区域，但也适用于大面积的背景的提取。

2. 校正非均匀光照

对于一些背景光照不均匀的情况，如果背景比较大，检测物体比较小，可以使用大的结构元素进行顶帽或者底帽操作，以提取物体背景，并将背景光照变得均匀。图 8.9（a）所示为原始的灰度图像，图 8.9（b）为经底帽运算得到的较暗的目标区域，图 8.9（c）将底帽运算的结果从原图中提取出来，去除了光照不均匀的背景。

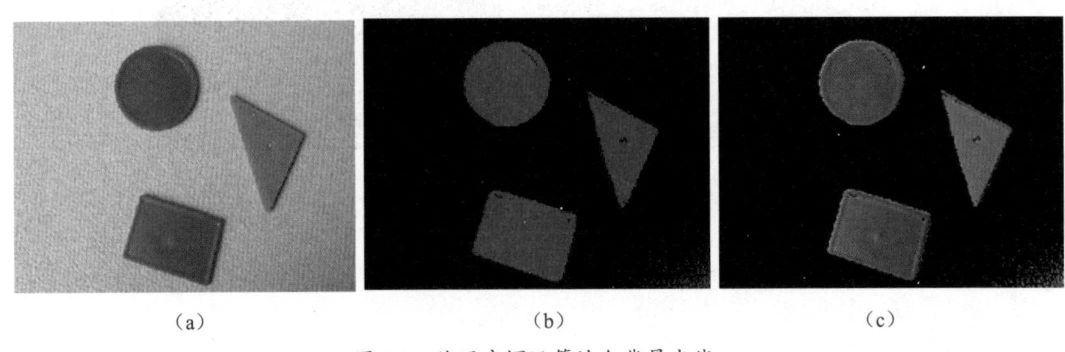

（a）　　（b）　　（c）

图 8.9　使用底帽运算均匀背景光线

图 8.9 的底帽运算处理代码如下：

```
*读取一幅光照不均匀的亮背景图像，这里选取的是一幅彩色图像
read_image (Image,'data/shapes')
*变换之前转为灰度图像
rgb1_to_gray (Image, GrayImage)
*将图像通过阈值处理转化为二值化图像
threshold (GrayImage, Regions, 145, 255)
*创建一个结构元素，这里创建的是一个圆形
gen_circle(StructElement,10,10,100)
*清空窗口便于显示结果
dev_clear_window ()
*进行底帽操作，提取出较暗区域
bottom_hat (Regions, StructElement, RegionBottomHat)
*将较暗区域从原图中提取出来
reduce_domain (Image, RegionBottomHat, ImageReduced)
dev_clear_window ()
dev_display (ImageReduced)
```

在对图像进行阈值处理时需注意，由于使用底帽运算提取的是比较暗的区域，因此这里二值化操作选取的是比较亮的背景区域。圆形结构元素的坐标不受影响，但其半径应根据暗的前景目标进行推算，使其直径至少要能够覆盖待检测的较暗目标。

通过底帽运算将较暗区域从原图中提取出来以后，可以看到不均匀的背景已被去除。

总体来说，顶帽运算适合在较暗的背景下提取比较小且比较亮的前景目标，而底帽运算则相反，适合在较亮的背景上提取出较暗的目标。两种方法提取的目标都需要小于结构元素的尺寸。

8.4 灰度图像的形态学运算

以上介绍的各种算子都是基于区域的，输入的参数类型是 Region，而如果要对灰度图像进行形态学操作，可以使用与灰度图像相关的算子。本节介绍的算子的输入类型是灰度的 Image 图像。

8.4.1 灰度图像与区域的区别

基于区域的形态学运算与基于灰度图像的形态学运算的根本区别在于，二者输入的对象不同。前者输入的是一些区域，并且这些区域是经过阈值处理的二值图像区域；而后者的输入则是灰度图像。

当输入对象是一些二值区域时，这些区域就成了算子的主要操作对象。区域的灰度是二值的，并不会发生变化。形态学运算改变的是这些区域的形状，如通过腐蚀使区域面积变小，或者通过膨胀使区域面积变大等。

而当输入对象是灰度图像时，形态学运算改变的则是像素的灰度，表现为灰度图像上的亮区域或暗区域的变化。

腐蚀运算是将图像中的像素点赋值为其局部邻域中灰度的最小值，因此图像整体灰度值减少，图像中暗的区域变得更暗，较亮的小区域被抑制。

膨胀运算是将图像中的像素点赋值为其局部邻域中灰度的最大值，经过膨胀处理后，图像整体灰度值增大，图像中亮的区域扩大，较暗的小区域消失。

注意

灰度图像的形态学运算也可以理解为针对暗背景、亮目标的图像进行的运算。

8.4.2 灰度图像的形态学运算效果及常用算子

本小节以一个例子来说明对灰度图像进行腐蚀、膨胀、开运算及闭运算操作的效果。如图 8.10 所示，通过腐蚀运算，将 mask 结构元素中的最小灰度值赋给原图中的像素，结果是图像变暗了，局部的亮的细节，如河流部分被抑制了。膨胀运算却正相反，是将 mask 结构元素中的最大灰度值赋给原图中的像素，因此图像整体变得更亮，局部较亮的细节部分被“膨胀”了，而暗的细节部分则被抑制了。图 8.10（a）为输入的原始灰度图像，图 8.10（b）为腐蚀处理后的图像，图 8.10（c）为膨胀处理后的图像（该原始彩色图像来自网络新闻）。

(a)

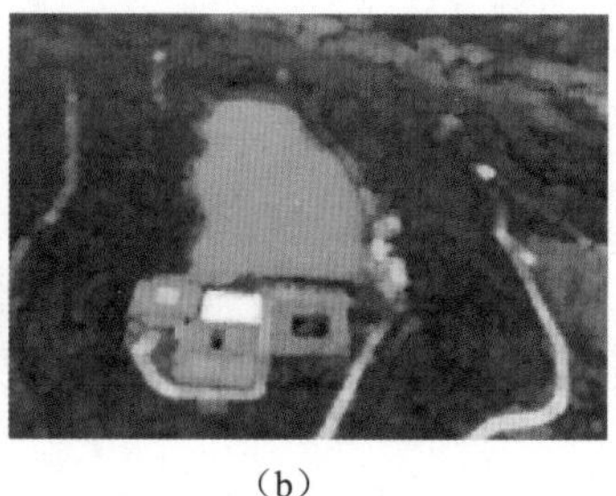
(b)

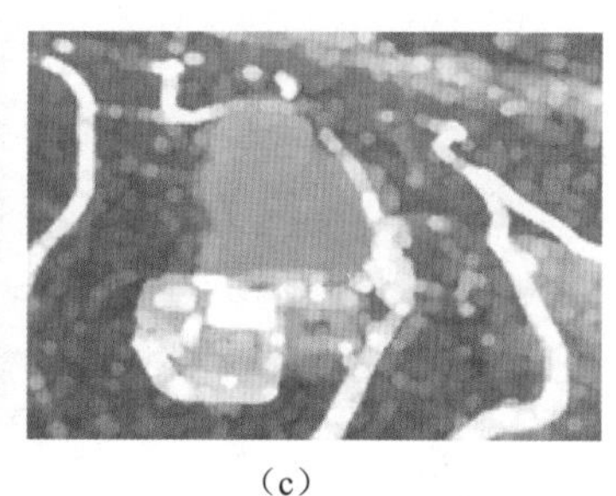
(c)

图 8.10 灰度图像的腐蚀与膨胀操作

灰度图像的开运算与闭运算也与此类似。开运算是先腐蚀后膨胀，闭运算是先膨胀后腐蚀。通过对灰度图像图 8.11（a）进行开运算处理，图像中较亮的小细节消失，如图 8.11（b）所示；反之，通过对灰度图像进行闭运算处理，图像中较暗的局部小区域消失，如图 8.11（c）所示。

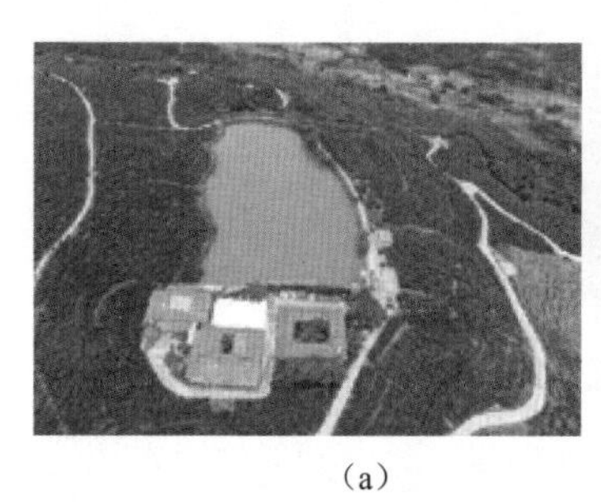
(a)

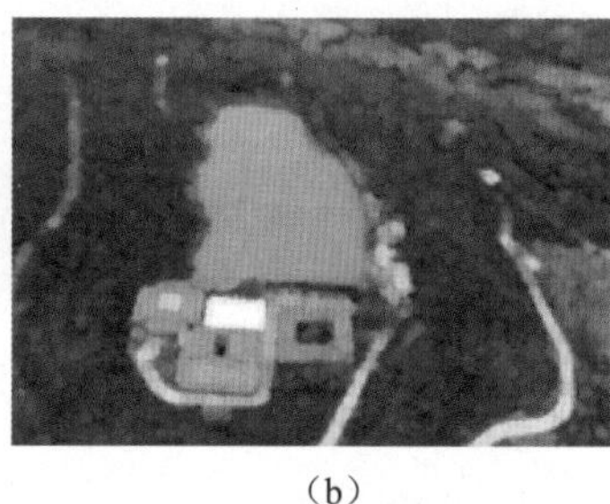
(b)

(c)

图 8.11 灰度图像的开运算与闭运算

上述过程的代码如下：

```
*读取输入图像
read_image (ImageColor, 'data/village')
*将原始图像转换为灰度图像，作为形态学处理的输入
rgb1_to_gray (ImageColor, Image)
*进行灰度图像腐蚀操作
gray_erosion_shape (Image, ImageMin, 11, 11, 'octagon')
*进行灰度图像膨胀操作
gray_dilation_shape (Image, ImageMax, 11, 11, 'octagon')
*进行灰度图像开运算操作
gray_opening_shape (Image, ImageOpening, 7, 7, 'octagon')
*进行灰度图像闭运算操作
gray_closing_shape (Image, ImageClosing, 7, 7, 'octagon')
```

由图 8.10 和图 8.11 可见灰度图像的形态学操作效果。

（1）经过灰度图像腐蚀操作，图像变暗了，这是因为图像中较亮的局部区域被“收缩”了，较暗的局部区域被“扩大”了，因而图像变暗了。

（2）经过灰度图像膨胀操作，较亮的局部区域被“扩大”了，而较暗的局部区域被“收缩”了，图像整体变得更亮。

（3）对灰度图像进行开运算操作之后，图像中较亮的小细节消失，如田野中的小路被暗区域覆盖了。

（4）对灰度图像进行闭运算操作之后，可以看到较暗的一些点消失了，类似于灰度图像中的"小孔隙"被填补了，同时较亮的区域的边缘更清晰了。

下面介绍常用的灰度形态学操作中的一些算子，实际检测中可根据需要选用。

1．对灰度图像的腐蚀运算

常用的算子如下。

（1）gray_erosion_rect：使用矩形的 mask 进行腐蚀操作。

（2）gray_erosion_shape：使用选定的形状 mask 进行腐蚀操作。

2．对灰度图像的膨胀运算

常用的算子如下。

（1）gray_dilation_rect：使用矩形的 mask 进行膨胀操作。

（2）gray_dilation_shape：使用选定的形状 mask 进行膨胀操作。

3．对灰度图像的开运算

常用的算子如下。

（1）gray_opening：对图像进行灰度值的开运算。

（2）gray_opening _rect：使用矩形的 mask 对图像进行灰度值的开运算。

（3）gray_opening _shape：使用选定的形状 mask 对图像进行灰度值的开运算。

4．对灰度图像的闭运算

常用算子如下。

（1）gray_closing：对图像进行灰度值的闭运算。

（2）gray_closing_rect：使用矩形的 mask 对图像进行灰度值的闭运算。

（3）gray_closing_shape：使用选定的形状 mask 对图像进行灰度值的闭运算。

8.5 实例：粘连木材图像的目标分割与计数

本节以一个实际场景图片为例，介绍阈值处理与形态学计算的应用。案例图像如图 8.12 所示，图 8.12（a）为输入的原始图像，图 8.12（b）为处理结果。图中计算出了木材的数量，并以不同的颜色对分割出的区域进行了区分。

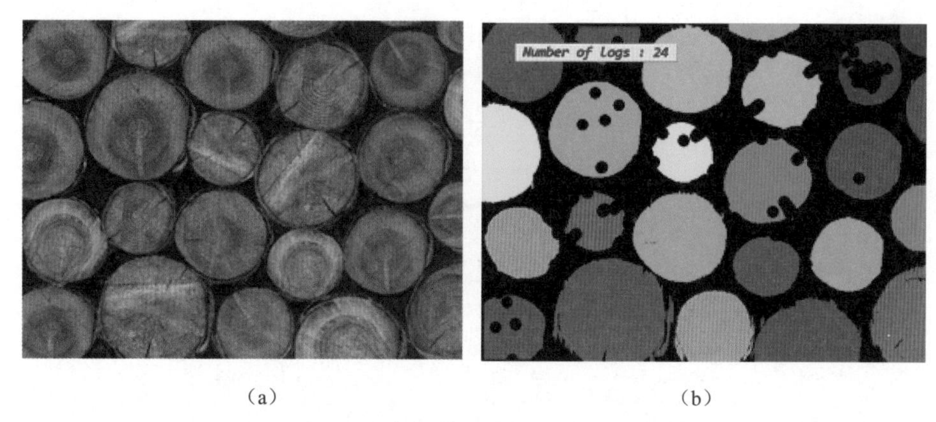

（a）　　　　　　　　　　　　　　　　（b）

图 8.12　木材截面图像的分割与计数

首先，从阈值处理开始，图 8.12 在进行全局阈值处理之后出现了一些问题。阈值设得高了，会弱化边角的一些木头的局部区域；设得低了，会造成一些区域的粘连。另外，图像中还有一些木棍等小面积物体的干扰。如何在保留边角局部信息的情况下尽可能地防止粘连，是一个要仔细考虑的问题。

结合这个问题，本例的思路分两步走：先把边角一些小的木头区域提取出来，再专门解决粘连的问题。

1. 提取面积较小区域

区分大小的依据主要是面积，在做了一些基本的图像预处理之后，可以把面积较小的一部分图像，如靠近 4 个边的部分木头先分割出来。在这个过程中，需要对木头边缘做一些处理，去掉外圈的树皮和一些干扰的区域，提取出木头截面的大块部分。图 8.13（a）为初步阈值分割的结果，图 8.13（b）是根据面积的大小，提取出的比较小的，即比较独立的区域。

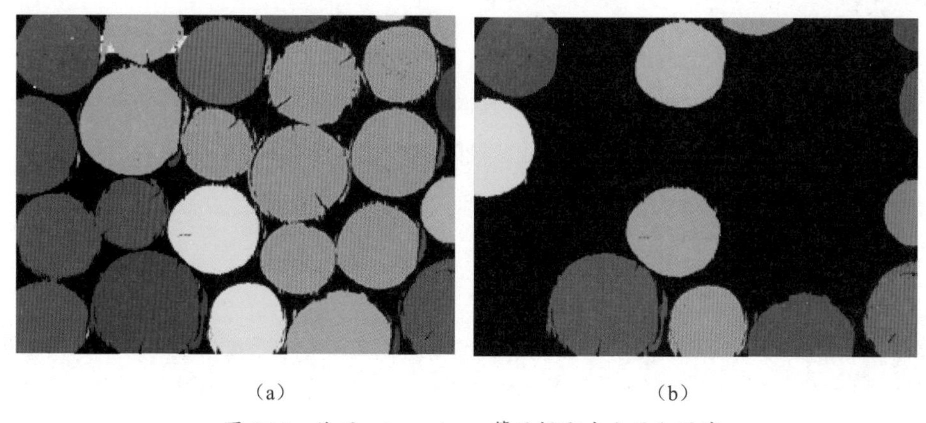

（a）　　　　　　　　　　　　　　　　（b）

图 8.13　使用 select_shape 算子提取出小面积区域

2. 分割较大区域

这一步比较简单，针对粘连的情况，可以通过腐蚀操作让边缘更加清晰。图 8.14（a）是提取出的面积较大的区域，可见单个木材区域发生了粘连，对其做腐蚀运算，提取出独立的区域，效果如图 8.14（b）所示。

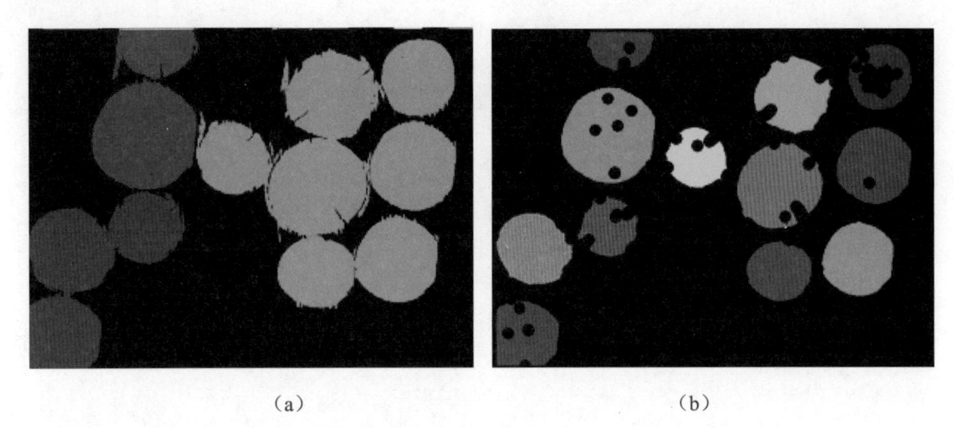

（a）　　　　　　　　　　（b）

图 8.14　通过腐蚀运算分割粘连区域

3. 区域合并与计数

把上一步割出的大小区域分别合并，即可得到木头的总数。实现代码如下：

```
dev_close_window ()
*读取图像，将其转化为灰度图像并显示出来
read_image (Image, 'data/logs')
get_image_size (Image, Width, Height)
rgb1_to_gray(Image,grayImage)
*进行全局阈值分割，将亮色区域提取出来
threshold (grayImage, Bright, 60, 255)
*进行开运算处理，去除边缘毛刺
opening_rectangle1 (Bright, Cut, 1, 7)
*将非连通区域分割成独立区域
connection (Cut, ConnectedRegions)
*选择截面比较小的木材的区域
select_shape (ConnectedRegions, smallRegions, 'area', 'and', 500, 20000)
*对粘连区域做腐蚀操作，根据腐蚀的情况和面积选出截面区域
*count_obj(SelectedRegions2,number1)
*选择截面比较大的木材的区域，可能有粘连和区域重叠的情况
select_shape (ConnectedRegions, largeRegions, 'area', 'and', 20000, 1000000)
erosion_circle(largeRegions,erisionedLargeRegions,8.5)
*将非连通区域分割成独立区域
connection (erisionedLargeRegions, ConnectedRegions2)
*再次选择符合面积条件的区域，排除杂点
select_shape (ConnectedRegions2, SelectedRegions3, 'area', 'and', 150,
200000)
*区域合并
concat_obj(smallRegions, SelectedRegions3, ObjectsConcat)
```

```
*区域计数
count_obj(ObjectsConcat,number3)
*创建窗口用于显示结果
dev_open_window (0, 0, Width, Height, 'black', WindowHandle)
dev_display(ObjectsConcat)
set_display_font (WindowHandle,18, 'mono', 'true', 'true')
*显示计数的结果，程序结束
disp_message(WindowHandle, 'Number of logs : '+number3, 'image', 30, 50,
'blue', 'true')
```

本例以木材截面区域的面积为分割依据，通过形态学运算将单个木材的截面区域提取出来，这样可方便进行木材的计数。

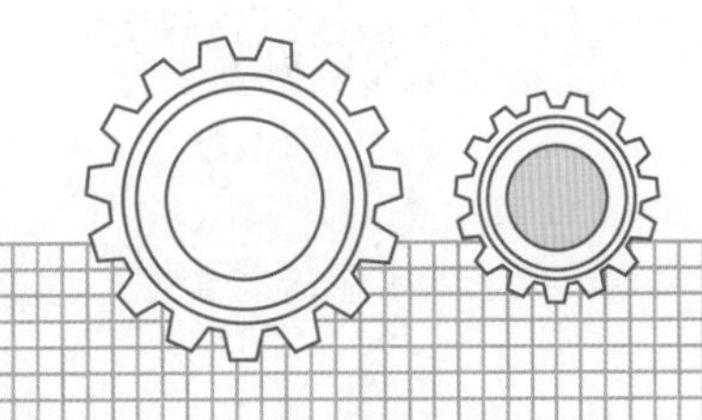

第9章 特征提取

图像的特征描述了图像的某种属性，当通过分割、形态学处理得到一些区域后，这些区域就构成了一个集合。如何从这些集合中选择出需要的区域，这就需要使用特征作为判断和选择的依据。例如，使用区域的面积作为特征，可以快速提取出面积差异明显的对象；使用灰度值作为特征，可以提取出灰度差异大的图像等。本章介绍 Region 区域类型的一些主要参数，并介绍如何根据图像的特征进行目标提取。

本章主要涉及的知识点如下。

- 区域形状特征：描述图像中局部区域的几何属性，如面积、中心点等，并介绍如何快捷地使用算子选择区域特征。
- 基于灰度值的特征：介绍几个常用的与灰度特征有关的算子，如提取最大和最小灰度值、计算灰度均值和偏差等。
- 基于图像纹理的特征：使用灰度共生矩阵来描述这些特征。

注意

本章的图像形态学处理都是基于单通道灰度图像的，彩色图像需要先转化为灰度图像再处理。

9.1 区域形状特征

在场景中选择物体的特征是图像测量或者识别的重要基础。区域的形状特征是非常常用的特征，在模式匹配中，常使用形状特征作为匹配的依据。下面就介绍几种常用的与区域形状特征相关的算子。

9.1.1 区域的面积和中心点

提到区域的特征，最常用的莫过于区域的面积和中心点坐标信息。实际工作中，经常会使用面积或中心点进行特征的选择和定位。Halcon 中的 area_center 算子就是用于实现这一功能的，该算子一次返回以下两个结果。

（1）面积：指的是单个区域（输入区域可能不止一个）中包含的灰度像素数量。

（2）中心：指的是几何中心点坐标，即单个区域的中心点行坐标均值和列坐标均值。

以一个例子说明，图 9.1（a）为输入的图像；图 9.1（b）为阈值分割后的图像，其中较亮部分为提取的区域，这些区域将作为 area_center 算子的输入；图 9.1（c）为求面积与形状中心坐标的结果。其中文字标注的是对应区域的面积，文字的位置为中心位置设置行方向偏移后的位置。

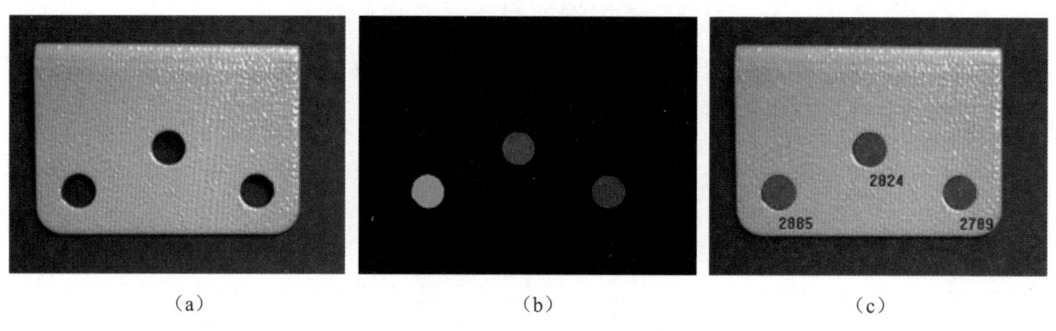

（a）　　（b）　　（c）

图 9.1　使用 area_center 算子求区域的面积和中心点坐标

上述过程的代码如下：

```
dev_close_window ()
*读取图片
read_image(Image, ' data/holes')
*设置窗口属性，为了获取窗口句柄，供后面显示文字用
get_image_size (Image, Width, Height)
*创建新窗口
dev_open_window (0, 0, Width, Height, 'black', WindowID)
*将图像转化为单通道灰度图
rgb1_to_gray (Image, GrayImage)
*创建矩形选区，选择感兴趣区域
gen_rectangle1 (Rectangle, 180, 83, 371, 522)
```

```
reduce_domain (GrayImage, Rectangle, ROI)
*阈值处理，提取图中深色部分，即文字部分。这里阈值设置为 50，基本可以提取出所有黑色文字
threshold ( ROI, Region, 0, 80)
*gen_image_proto (ImageReduced, ImageCleared, 0)
*dev_display (Region)
*将提取的整个区域中不相连的部分分割成独立的区域
connection (Region, ConnectedRegions)
*获取不相连的区域的数量
count_obj (ConnectedRegions, Num)
*计算所有不相连区域的面积和中心点坐标。Area 为面积，Row 和 Column 为中心点坐标
area_center (ConnectedRegions, Area, Row, Column)
*输出各区域的面积
for i := 1 to Num by 1
    dev_set_color ('red')
    select_obj (ConnectedRegions, ObjectSelected, i)
    *设定输出文字的起始坐标点
    set_tposition (WindowID, Row[i - 1]+40, Column[i - 1])
    *设置输出文字的颜色
    dev_set_color ('blue')
    *设置字体
    set_font (WindowID, '-System-32-*-*-0-0-0-1-GB2312_CHARSET-')
    *输出文字内容，即该区域的面积
    write_string (WindowID, Area[i-1])
endfor
```

该代码实现了将输入图像中的较暗的孔洞区域提取出来，计算各个独立区域的面积和中心坐标，并输出各区域的面积。

9.1.2 封闭区域（孔洞）的面积

除了可以用 area_center 算子计算区域的面积以外，在 Halcon 中还可以使用 area_holes 算子计算图像中封闭区域（孔洞）的面积。该面积指的是区域中孔洞部分包含的像素数。一个区域中可能不只包含一个孔洞区域，因此该算子将返回所有孔洞区域的面积之和。

图 9.2（a）为输入的彩色图像，图 9.2（b）为经阈值分割并输出了孔洞面积的图像，其中深色部分为提取的孔洞区域，浅色部分为包含孔洞的区域，也是 area_holes 算子的输入。

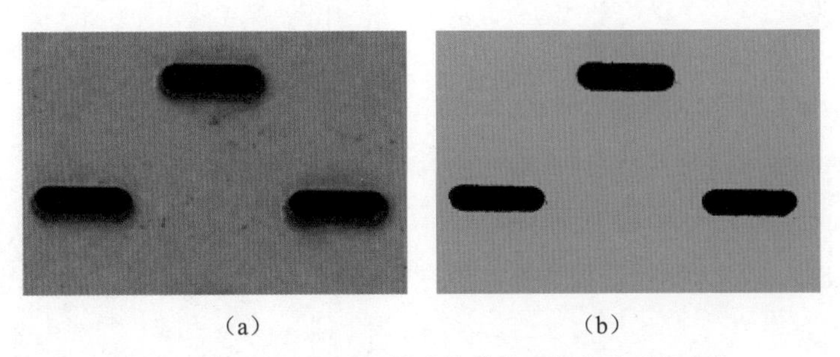

（a）　　（b）

图 9.2　使用 area_holes 算子计算孔洞部分的面积之和

上述过程的代码如下：

```
*清空显示窗口
dev_close_window ()
*读取包含孔洞的图片
read_image (Image, ''data/holes2')
*打开新的显示窗口
dev_open_window_fit_image (Image, 0, 0, -1, -1, WindowHandle)
*将彩色图像转化为灰度图像，这是为了后面的图像二值化
rgb1_to_gray (Image, GrayImage)
*进行阈值处理，提取出图中较亮的有封闭区域（除孔洞以外）的背景区域
threshold (GrayImage, Region, 50,255)
*将背景区域作为area_holes算子的输入，计算所有孔洞的面积
area_holes (Region, Area)
*将面积计算结果以字符串形式显示在窗口中
disp_message (WindowHandle, 'Size of holes: ' + Area + ' pixel', 'window',
10, 10, 'black', 'true')
```

该代码实现了将输入区域中的孔洞部分提取出来，并计算孔洞的面积之和。

9.1.3 根据特征值选择区域

关于提取图像的特征，比较常用的一个算子是 select_shape 算子，它能高效地根据特征提取出符合条件的区域。该算子的原型如下：

```
select_shape(Regions : SelectedRegions : Features, Operation, Min, Max : )
```

参数 1 和参数 2 分别表示输入和输出的区域，值得关注的是参数 3 Features。这里提供了一个包括多种特征参数的列表，基本包括了区域的常用特征，使用者只需要选择需要的特征，并设置筛选条件，就能得到需要的区域。

（1）area：输入区域的面积。

（2）row：输入区域中心点的行坐标。

（3）column：输入区域中心点的列坐标。

（4）width：输入区域的宽度。

（5）height：输入区域的高度。

（6）circularity：输入区域的圆度。

（7）compactness：输入区域的紧密度。

（8）convexity：输入区域的凸包性。

（9）rectangularity：输入区域的矩形度。

（10）outer_radius：输入区域的最小外接圆的半径。

（11）inner_radius：输入区域的最大内接圆的半径。

（12）inner_width：输入区域的与坐标轴平行的最大内接矩形的宽度。

（13）inner_height：输入区域的与坐标轴平行的最大内接矩形的宽度。

（14）connect_num：输入区域中非连通区域的数量。

（15）holes_num：输入区域包含的孔洞数量。

（16）max_diameter：输入区域的最大直径。

在检测中，常常使用某个特征值作为分割的依据，这时使用 select_shape 算子就非常高效，仅用简洁的代码就能将这些区域提取出来。例如，我们常利用面积特征来筛选出较大的前景目标，移除杂点和小区域。使用 select_shape 算子进行面积筛选，无须单独计算每个区域的具体面积，代码也非常简洁。

下面是一个使用 select_shape 算子进行特征筛选的例子，如图 9.3 所示。图 9.3（a）为输入的彩色图像，图中有若干个孔洞。为了将最大的孔洞从图中提取出来，可以先使用阈值处理，从感兴趣区域中提取出较亮的区域；然后使用 select_shape 算子根据面积 area 筛选，将大部分杂点排除掉，得到图 9.3（b）所示的形状；接着再用一次 select_shape 算子，使用区域宽度 width 作为判断条件，选择出大的孔。图 9.3（c）为使用 select_shape 算子进行特征提取的图像，经过第二次筛选，将包含较大孔洞的区域提取出来。

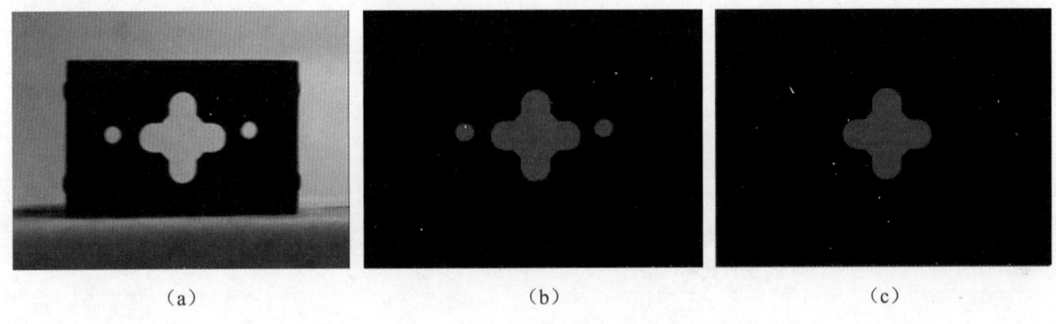

（a）　　（b）　　（c）

图 9.3　使用 select_shape 算子进行特征筛选

上述过程的代码如下：

```
*清空显示窗口
dev_close_window ()
*读取待检测的图像
read_image (Image, 'data/crossShape')
dev_open_window_fit_image (Image, 0, 0, -1, -1, WindowHandle)
*设置绘制的颜色
dev_set_color ('white')
*将彩色图像转化为灰度图像，这是为了后面的图像二值化
rgb1_to_gray (Image, GrayImage)
*创建矩形选区，选择感兴趣区域
gen_rectangle1 (Rectangle, 100, 127, 325, 490)
reduce_domain (GrayImage, Rectangle, ROI)
```

```
gen_image_proto (ROI, ImageCleared, 0)
*进行阈值处理，提取出图中较暗的包含孔洞的区域
threshold (ROI, Regions, 50, 255)
*将不连通的部分独立分割出来，成为一组区域
connection (Regions, ConnectedRegions)
*设置绘制的颜色，为了标记选择的区域
dev_set_color ('yellow')
*方法一
*将阈值处理的结果区域作为select_shape算子的输入，根据区域的宽度选择出目标
select_shape (ConnectedRegions, SelectedRegions1, 'area', 'and', 1000,
99999)
*方法二
*先计算面积，再选择出面积最大的目标
area_center(ConnectedRegions, Area, Row, Column)
select_shape (ConnectedRegions, SelectedRegions2, 'area', 'and', max(Area),
99999)
*方法三
*选择面积最大的形状区域作为目标
select_shape_std (SelectedRegions1, SelectedRegion3, 'max_area', 70)
dev_clear_window ()
dev_display (SelectedRegion3)
```

该段代码中列举了 3 种选择最大目标的方法。方法一是直接根据面积的值设置选择标准；方法二分为两步操作，先计算面积，再选择出面积最大的形状；方法三是通过在 select_shape_std 算子中设置 max_area，直接提取出面积最大的形状。3 种方法得到的结果相同。这样即可将符合条件的区域提取出来。

注意

可以根据检测需要组合使用多种选择条件，多次使用 select_shape 算子，以筛选出合适的区域。

9.1.4 根据特征值创建区域

根据区域的形状特征，可以从区域集合中选择特定的区域。除此之外，Halcon 中还提供了一些算子，可以根据一些区域的特征创建新的形状。例如，通过创建最小外接矩形，可以将不规则物体的形状转化为规则的区域；或是寻找最大内接圆，以计算孔径等。这些算子都以极其简洁的代码实现了几何计算的功能，现举例如下。

1. inner _circle 算子

该算子用于计算一个区域的最大内接圆，其原型如下：

```
inner _circle(Regions : : : Row, Column, Radius)
```

参数 1：Regions 表示输入的区域。

参数 2 和 3：Row、Column 为输出参数，表示最大内接圆的圆心坐标。

参数 4：Radius 为输出参数，表示最大内接圆的半径。

以几个简单图形为例，求各自的最大内接圆。这里使用 inner_circle 算子，将输入图像区域的最大内接圆的中心和半径计算了出来，并在窗口中进行了绘制。效果如图 9.4 所示。

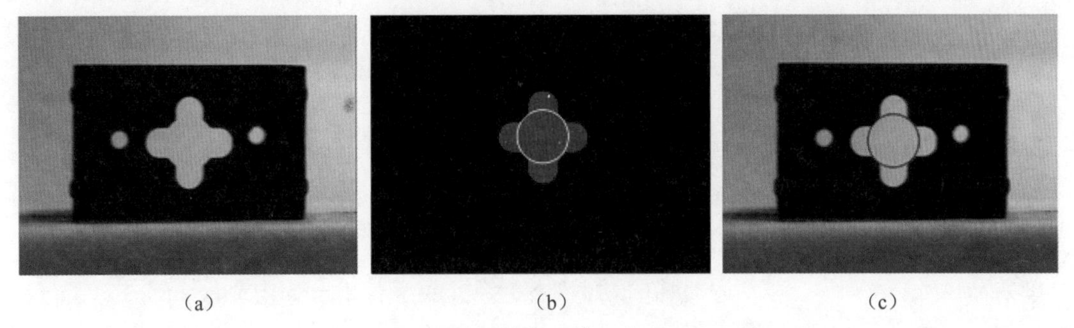

（a）　　　　（b）　　　　（c）

图 9.4　使用 inner_circle 算子求最大内接圆

实现代码如下：

```
dev_close_window ()
*读取图像
read_image (Image, 'data/crossShape')
get_image_size (Image, Width, Height)
dev_open_window (0, 0, Width, Height, 'black', WindowID)
rgb1_to_gray (Image, GrayImage)
*创建矩形选区，选择感兴趣区域
gen_rectangle1 (Rectangle, 100, 127, 325, 490)
reduce_domain (GrayImage, Rectangle, ROI)
*进行阈值处理，提取出图中较暗的包含孔洞的区域
threshold (ROI, Regions, 50, 255)
*将不连通的部分独立分割出来，成为一组区域
connection (Regions, ConnectedRegions)
select_shape_std (ConnectedRegions, SelectedRegion3, 'max_area', 70)
dev_set_draw ('fill')
*求出 3 个区域的最大内接圆的中心和半径
inner_circle(SelectedRegion3,Row,Column,Radius)
*绘制圆形
gen_circle(Circles,Row,Column,Radius)
dev_set_window (WindowID)
*绘制形状的边缘
dev_set_draw ('margin')
dev_set_line_width (3)
*显示内接圆形
dev_display (Image)
dev_display (Circles)
```

上述代码实现了提取图中较暗的区域，并绘制出了各区域的最大内接圆形。

2. Smallest_rectangle2 算子

该算子用于求最小外接矩形。该算子的原型如下：

```
smallest_rectangle2(Regions : : : Row, Column, Phi,Length1, Length2)
```

其各参数的含义如下。

参数 1：Regions 表示输入的区域。

参数 2 和 3：Row、Column 为输出参数，表示最小外接矩形的几何中心坐标。

参数 4：Phi 为输出参数，表示最小外接矩形的角度方向。

参数 5 和 6：Length1、Length2 分别表示矩形的两个方向的内径（边长的一半）。

以某农产品图像为例，求前景目标的最小外接矩形。这里使用 smallest_rectangle2 算子，将输入图像区域的最小外接矩形的中心和几何参数计算了出来，并在窗口中进行了绘制。效果如图 9.5 所示。

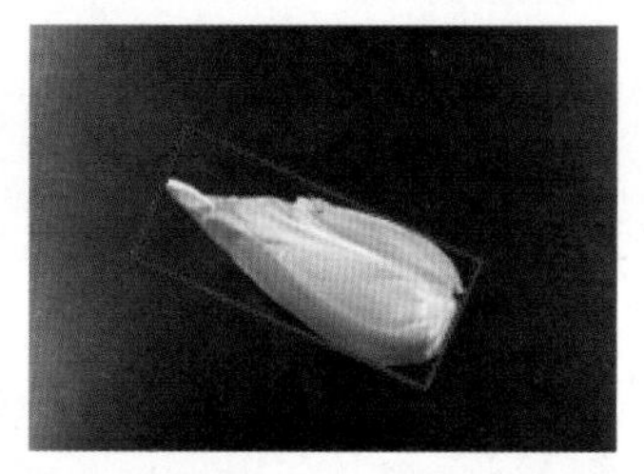

图 9.5 使用 smallest_rectangle2 算子求最小外接矩形的中心和几何参数

实现代码如下：

```
dev_close_window ()
read_image (Image, ' data/garlic2')
get_image_size (Image, Width, Height)
dev_open_window (0, 0, Width/2, Height/2, 'black', WindowHandle)
rgb1_to_gray (Image, GrayImage)
*使用阈值处理提取出较暗的区域
threshold (GrayImage, Region, 100, 255)
*将非连通区域分割成一组区域的集合
connection (Region, ConnectedRegions)
*利用面积特征，将比较大块的区域分割出来
select_shape(ConnectedRegions,selectRegion,'area','and',50000,200000)
*求最小外接矩形
smallest_rectangle2 (selectRegion, Row1, Column1, Phi, Length1, Length2)
*根据矩形参数绘制矩形的轮廓
gen_rectangle2_contour_xld (Rectangle1, Row1, Column1, Phi, Length1,
Length2)
*显示最小外接矩形
dev_set_window (WindowHandle)
```

```
dev_set_draw ('margin')
dev_set_line_width (3)
dev_display (Image)
dev_display (Rectangle1)
```

上述代码实现了将暗背景上的较亮目标提取出来，求出了目标的最小外接矩形，并将轮廓绘制在了窗口中。

3. 其他算子

除了上面提到的 inner_circle 算子和 smallest_rectangle2 算子外，还有其他类似的算子，如 inner_rectangle1 算子可以用来求一个区域的最大内接矩形，smallest_rectangle1 算子可以用来求最小外接矩形。smallest_rectangle1 算子与 smallest_rectangle2 算子的不同之处在于，前者求出来的矩形永远是与图像的水平坐标轴平行的，不会发生旋转，输出的参数是该矩形的左上角和右下角坐标；后者输出的矩形是与物体的方向平行的，因此可能是任意方向，这样有利于计算前景目标的旋转角度。

9.2 基于灰度值的特征

除了基于形状的特征以外，比较常用的还有基于灰度值的特征，即利用灰度信息表现区域或者图像的特征。本节介绍几个常用的与灰度特征有关的算子。

9.2.1 区域的灰度特征值

gray_features 算子用于计算指定区域的灰度特征值。其输入是一组区域，每个区域的特征都存储在一组 value 数组中。

典型的基于灰度值的特征如下。

（1）area：灰度区域面积。

（2）row：中心点的行坐标。

（3）colum：中心点的列坐标。

（4）ra：椭圆的长轴。

（5）rb：椭圆的短轴。

（6）phi：等效椭圆的角度。

（7）min：灰度的最小值。

（8）max：灰度的最大值。

（9）mean：灰度的均值。

（10）deviation：灰度值的偏差。

（11）plane_deviation：近似平面的偏差。

gray_features 算子的原型如下：

```
gray_features ( Regions, Image : : Features : Value )
```

其各参数的含义如下。

参数 1：Regions（输入参数），表示要检查的一组区域。

参数 2：Image（输入参数），表示灰度值图像。

参数 3：Features（输入参数），表示输入的特征的名字，详见 9.1.3 小节的介绍。

参数 4：Value（输出参数），表示输出的特征的值。

gray_features 算子能将输入的各区域按照某种特征进行信息提取。下面是一个使用 gray_features 算子进行特征提取的例子，如图 9.6（a）为输入的灰色图像，这是一幅视差图像。视差图像的特点是，用灰度值表现对象的深度信息。灰度值小的，表示物体距离拍摄平面远，反之则近。这里使用 gray_features 算子提取最大和最小的灰度信息，用于推算目标的深度。提取完成后，在控制变量窗口可以看到最小和最大的灰度值，如图 9.6（b）所示。

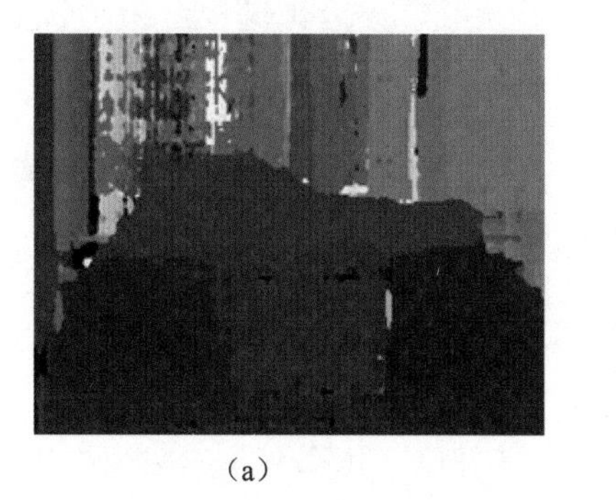

MinDisp	1.0
MaxDisp	255.0

（a）　　（b）

图 9.6　使用 gray_features 算子提取图像的灰度特征

上述过程的代码如下：

```
*读取图像，这里输入的是一幅单通道灰度图，内容是一幅算法生成的视差图像
read_image (Image, 'E:/Doc/MV/pics/disparity.jpg')
*对图像进行阈值处理，这里主要是为了将图像转化为区域
threshold (Image, Region, 1, 255)
*提取区域中的最小灰度值
gray_features (Region, Image, 'min', MinDisp)
*提取区域中的最大灰度值
gray_features (Region, Image, 'max', MaxDisp)
```

该例输入的是一幅视差图像，是基于同一场景的两个视点的图像生成的。通过提取图像中的最

大灰度值和最小灰度值，可以计算视差，进而进行深度估计。

9.2.2 区域的最大、最小灰度值

除了可以使用 gray_features 算子提取区域中的最大与最小灰度值外，还可以使用 min_max_gray 算子计算区域的最大与最小灰度值，区别是后者更具灵活性。min_max_gray 算子的原理是基于灰度直方图，取波峰和谷底之间的区域，区域两端各向内收缩一定的百分比，然后在这段范围内计算出最小灰度值和最大灰度值。该算子的原型如下：

```
min_max_gray ( Regions, Image : : Percent : Min, Max, Range )
```

其各参数的含义如下。

参数 1：Regions（输入参数），表示图像上待检查的一组区域。

参数 2：Image（输入参数），表示输入的灰度值图像。

参数 3：Percent（输入参数），表示低于最大绝对灰度值的百分比。

参数 4：Min（输出参数），表示最小的灰度值。

参数 5：Max（输出参数），表示最大的灰度值。

参数 6：Range（输出参数），表示最大和最小值之间的区间。

同样以 9.2.1 小节中 gray_features 算子所用的图像为例，这里设置一个百分比值，设为 5，即取直方图波峰与谷底之间的区域，向内收缩 5%，得到的区域最大灰度值为 201.0，最小灰度值为 72.0。图 9.7（a）为输入的灰色图像，图 9.7（b）为输出的最大、最小值。如果将 min_max_gray 算子的参数 3 改为 0，则灰度直方图不收缩，仍是整个区域的灰度波峰与谷底之间的灰度值，那么结果会和 9.2.1 小节一样，最大灰度值仍为 255.0，最小灰度值为 1.0。

（a）　　（b）

图 9.7　使用 min_max_gray 算子提取图像中区域的最小灰度值与最大灰度值

上述过程的代码如下：

```
* 读取输入图像
read_image(Image,'disparity.jpg')
* 阈值处理，这里主要是为了将图像转化为区域
```

```
threshold (Image, Region1, 1, 255)
*提取该区域中的最大和最小灰度值
min_max_gray(Region1,Image,5,Min,Max,Range)
```

执行后，得出的具体数值会显示在控制变量窗口中。可根据灰度的最大、最小值进行后续操作，如进一步分割或者求深度等。

9.2.3 灰度的平均值和偏差

intensity 算子用于计算单张图像上多个区域的灰度值的平均值和偏差。该算子的原型如下：

```
intensity ( Regions, Image : : : Mean, Deviation )
```

其各参数的含义如下。

参数 1：Regions（输入参数），表示图像上待检查的一组区域。

参数 2：Image（输入参数），表示输入的灰度值图像。

参数 3：Mean（输出参数），表示输出的单个区域的灰度平均值。

参数 4：Deviation（输出参数），表示输出的单个区域的灰度偏差。

仍以 gray_features 算子所用的图像为例，这里在经阈值处理后提取的区域中应用 intensity 算子，如图 9.8 所示。

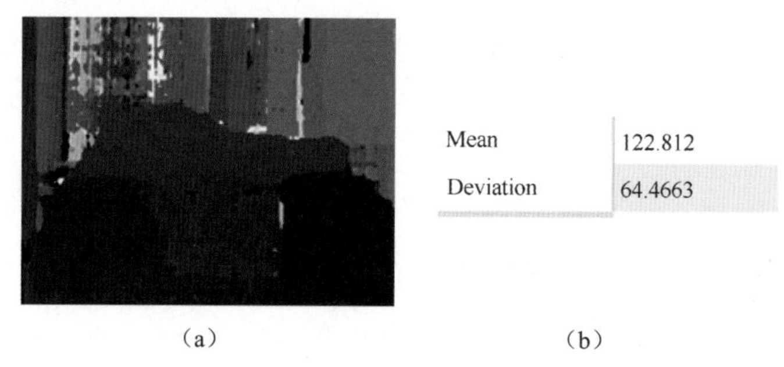

（a）　（b）

图 9.8　使用 intensity 算子提取图像的灰度的平均值和偏差

上述过程的代码如下：

```
*读取输入图像
read_image(Image,'disparity.jpg')
*阈值处理，这里主要是为了将图像转化为区域
threshold (Image, Region1, 1, 255)
*提取该区域中灰度值的平均值和偏差。其中 Mean 为灰度平均值，Deviation 为灰度偏差
intensity (Region1, Image, Mean, Deviation)
```

这样即可提取出灰度图像中区域的灰度平均值和偏差，结果将显示在控制变量的窗口中。

9.2.4 灰度区域的面积和中心

与根据形状特征求面积的方法类似，灰度值图像也可以使用算子直接求出区域的面积和重心。这里用 area_center_gray 算子计算一幅灰度值图像的面积和中心。

area_center_gray 算子与 area_center 算子类似，都可以求区域的中心。但不同的是，在用 area_center_gray 算子求灰度图像的面积时，图像的灰度值可以理解为图像的"高度"，其面积可以理解为"体积"。在求中心时，每个像素的灰度值可以理解为点的"质量"，计算得到的中心是图像区域的重心。而 area_center 算子计算的中心是几何中心。area_center_gray 算子的原型如下：

```
area_center_gray(Region, Image: : Area, Row, Colum)
```

其各参数的含义如下。

参数 1：Regions（输入参数），表示要检查的区域。

参数 2：Image（输入参数），表示灰度值图像。

参数 3：Area（输出参数），表示区域的总灰度值。

参数 4：Row（输出参数），表示灰度值重心的行坐标。

参数 5：Column（输出参数），表示灰度值重心的列坐标。

9.2.5 根据灰度特征值选择区域

与 9.1 节的 select_shape 算子类似，灰度值图像也可以快捷地根据特征值选择符合设定条件的区域。select_gray 算子用于实现这一功能，该算子能接受一组区域作为输入，然后根据选定的特征计算其是否满足特定的条件。当所有区域的特征都计算结束后，图像将在原来的灰度图上输出符合设定条件的区域。该算子的原型如下：

```
select_gray ( Regions, Image : SelectedRegions : Features, Operation, Min, Max : )
```

其各参数的含义如下。

参数 1：Regions（输入参数），表示图像上待检查的一组区域。

参数 2：Image（输入参数），表示输入的单通道图像。

参数 3：SelectedRegions（输出参数），表示特征的局部关联性。

参数 4：Features（输入参数），表示选择的特征。

参数 5：Operation（输入参数），表示低于最大绝对灰度值的百分比。

参数 6：Min（输入参数），表示最小的灰度值，默认为 128。

参数 7：Max（输入参数），表示最大的灰度值，默认为 255。

下面以一个例子说明，如图 9.9（a）为输入的彩图转化的灰度图像（原始彩图来自网络新闻），目标是提取湖面区域；图 9.9（b）为灰度图像经过阈值分割的结果；图 9.9（c）

为使用 select_shape 算子进行面积筛选的结果，得到了两部分区域。

为了将这两部分区域进一步区分，这里使用了灰度特征中的 deviation 参数，因为两部分中的灰度偏差明显不同。湖面区域灰度变化比较小，而旁边的村庄区域灰度变化则比较明显，因此使用 select_gray 算子，用灰度偏差特征可以将偏差较小的湖面区域提取出来。提取结果显示在图 9.9（d）中。

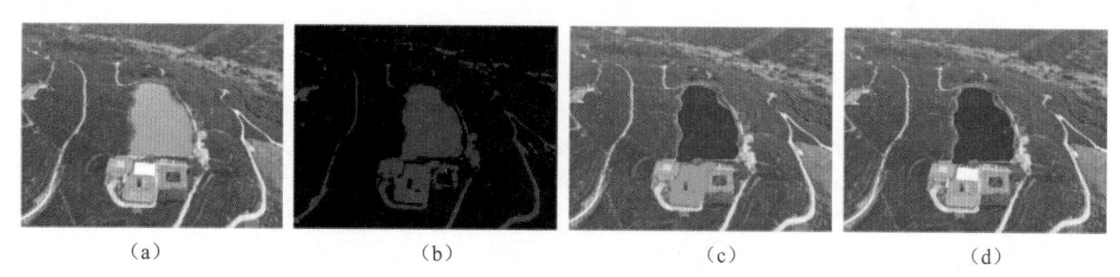

图 9.9　使用 select_gray 算子根据特征值选择符合设定条件的区域

上述过程的代码如下：

```
*关闭当前窗口
dev_close_window ()
*读取输入图像
read_image (Image, 'data/village')
*获取原始图像的宽和高
get_image_size (Image, Width, Height)
*创建同尺寸的显示图像的窗口
dev_open_window (0, 0, Width, Height, 'white', WindowID)
*将图像转化为灰度图像
rgb1_to_gray (Image, GrayImage)
*使用均值滤波对灰度图像进行平滑处理，以去除细节杂点
median_image (GrayImage, ImageMedian, 'circle', 2, 'mirrored')
*进行阈值处理，提取出较亮部分
threshold (ImageMedian, BrightRegion, 180, 255)
*使用开运算将各区域分离
opening_circle (BrightRegion, RegionClosing, 6.5)
*将不连通的区域分隔开来
connection (RegionClosing, BrightRestConnection)
*将面积较大的区域提取出来
select_shape (BrightRestConnection, SelectedRegions1, 'area', 'and', 5000,
99999)
*获取这些区域的平均值和偏差。由于湖面区域灰度变化比较小，因此灰度偏差会比较小
intensity (SelectedRegions1, ImageMedian, Mean, Deviation)
*以灰度偏差为条件，选出符合条件的区域
select_gray (SelectedRegions1, ImageMedian, SelectedRegions, 'deviation',
'and', 4, 10)
dev_clear_window ()
```

```
dev_display (GrayImage)
dev_display (SelectedRegions)
```

至此，湖面区域就被提取出来了。在其他检测中，可以多次利用 select_gray 算子进行其他灰度值条件的设定，直到提取出理想的区域。

9.3 基于图像纹理的特征

形状特征描述了图像中局部区域的几何属性。在模式匹配中，常常使用形状特征作为匹配的依据，因为形状特征具有旋转不变性，即在图像出现等比例的缩放或者旋转的情况下，依然能很好地匹配到目标的形状。并且形状特征不容易受到颜色、光照等条件的影响，对噪声也有很强的抗干扰能力。

灰度特征与图像中像素的灰度值有关，是针对各像素点的一种统计特征。这种特征是图像颜色的一种反映，也可以用来进行分割和匹配。

除了形状与灰度，图像的表面纹理也是重要的特征之一。纹理特征不同于灰度特征，它不是针对像素点进行计算，而是在包含多个像素点的区域进行统计和分析，反映的是物体表面的一些特性，它可以用来反映物体表面灰度像素的排列状况。

图像的纹理特征一般包括图像的能量、相关性、局部均匀性、对比度等。该特征也与区域的形状有关，也是一种区域特征，具有旋转不变性，但是容易受到光照变化的影响。Halcon 中使用灰度共生矩阵来描述这些特征。

9.3.1 灰度共生矩阵

图像的纹理一般具有重复性，纹理单元往往会以一定的规律出现在图像的不同位置，即使存在一些形变或者方向上的偏差，图像中一定距离之内也往往有灰度一致的像素点，这一特性适合用灰度共生矩阵来表现。

灰度共生矩阵反映的是成对的灰度像素点的一种共生关系。具体来说，在图像上取任意两点，坐标分别为（x,y）、（m,n），将（x,y）设为原像素，将（m,n）设为原像素偏移一点分量后的像素，这一对像素点的灰度值为（i，j）。

灰度共生矩阵就是表现这一对灰度值（i，j）的取值范围和频率的矩阵，该矩阵的行或者列的维度为原图的灰度等级数。假如原图为二值图像，灰度等级就为 2，灰度共生矩阵的维度也为 2。该矩阵表示图像中间隔为 d 的两个像素点同时出现的联合概率分布情况。下面举例说明，图 9.10（a）为灰度矩阵，只有 4 种灰度等级，因此该图的灰度共生矩阵的行和列都为 4。

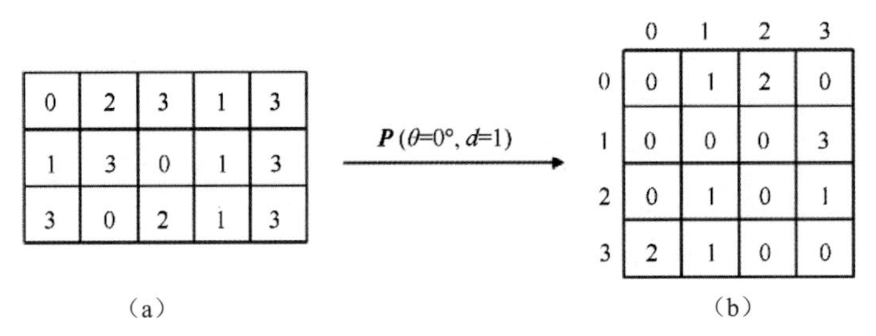

图 9.10　灰度共生矩阵原理示意

图 9.10（a）为灰度矩阵，图 9.10（b）为 $\theta = 0°$，间距 d=1 时的灰度统计矩阵。其中坐标为（0,0）处的值为 0，表示没有灰度为 0 和 0 的相邻像素；坐标为（0，2）处的值为 2，表示有 2 个灰度为 0 和 2 的相邻像素。该矩阵主对角线上的像素全部为 0，表示 0° 方向上没有相邻的灰度相同的像素。

然而，灰度共生矩阵表达的是一种概率，因此图 9.10（b）中的矩阵还需要将统计数目归一化成概率，这样得到的才是灰度共生矩阵。该矩阵有如下特性。

（1）能量：表示灰度共生矩阵中的元素的平方和。能量值大，表示灰度变化比较稳定，反映了纹理变化的均匀程度。

（2）相关性：表示纹理在行或者列方向的相似程度。相关性越大，相似性越高。

（3）局部均匀性：反映图像局部纹理的变化量。这个值越大，表示图像局部的变化越小。

（4）反差：表示矩阵的值的差异程度，也间接表现了图像的局部灰度变化幅度。反差值越大，图像中的纹理深浅越明显，表示图像越清晰；反之，则表示图像越模糊。

9.3.2 创建灰度共生矩阵

Halcon 中使用 gen_cooc_matrix 算子来创建图像中的共生矩阵。灰度共生矩阵的方向通常取 0°、45°、90°、135°。该算子根据输入区域的灰度像素来确定（i，j）在某个方向彼此相邻的频率，将该频率存储在共生矩阵中的（i，j）位置。例如，灰度 0 和 2 相邻出现的频率为 3 次，则灰度共生矩阵的（0,2）坐标处的值为 3。最后用出现的次数来归一化该矩阵。该算子的原型如下：

```
gen_cooc_matrix(Regions,Image:Matrix:LdGray,Direction : )
```

其各参数含义如下。

参数 1：Regions（输入参数），表示输入的区域。

参数 2：Image（输入参数），表示输入的单通道灰度图像。

参数 3：Matrix（输出参数），表示输出的灰度共生矩阵，为 real 类型。

参数 4：LdGray（输入参数），表示图中灰度值的级数，即有多少种灰度颜色。默认为 6，也可以取 1 ～ 256 的整数。

参数 5：Direction（输入参数），表示相邻像素的方向。默认为 0，还可以选择 45、90、135。

9.3.3 用共生矩阵计算灰度值特征

经 9.3.2 小节得到灰度共生矩阵之后，接下来可以使用 cooc_feature_matrix 算子根据灰度共生矩阵（Coo_Matrix）计算能量（Energy）、相关性（Correlation）、局部均匀性（Homogeneity）和对比度（Contrast）。该算子一般与 gen_cooc_matrix 算子搭配使用，根据 gen_cooc_matrix 算子生成的输入矩阵计算纹理图像的灰度值特征。

该算子的原型如下：

```
cooc_feature_matrix(CoocMatrix : : : Energy, Correlation, Homogeneity, Contrast)
```

其各参数含义如下。

参数 1：CoocMatrix（输入参数），表示灰度共生矩阵。

参数 2：Energy（输出参数），表示灰度值的能量值，即纹理变化的均匀性。这个值越大，灰度变化越稳定。

参数 3：Correlation（输出参数），表示灰度值的相关性。

参数 4：Homogeneity（输出参数），表示灰度值的局部均匀性。

参数 5：Contrast（输出参数），表示灰度值的对比度，或者说是灰度值的反差。这个值越大，反差越明显。

9.3.4 计算共生矩阵并导出其灰度值特征

cooc_feature_image 算子的作用与前面介绍的两个算子相似，不同的是输出形式。使用该算子类似于连续执行 gen_cooc_matrix 算子和 cooc_feature_matrix 算子。简言之，该算子用一步操作代替了上文中生成矩阵和输出矩阵这两步操作。

但是，如果某些情况下需要连续评估多个方向的灰度共生矩阵，还是通过 gen_cooc_matrix 算子生成矩阵然后调用 cooc_feature_matrix 算子计算纹理图像的特征更为有效。这里参数 Direction 多了一种选择——mean，这种方式表示在方向为 mean 的情况下，灰度值取的是在相邻 4 个方向上的灰度均值。该算子的原型如下：

```
cooc_feature_image(Regions, Image : : LdGray, Direction: Energy, Correlation,
Homogeneity, Contrast)
```

该算子的参数与 cooc_feature_matrix 算子的参数类似，各参数含义如下。

参数 1：Regions（输入参数），表示要检查的区域。

参数 2：Image（输入参数），表示灰度值图像。

参数 3：LdGray（输入参数），表示要区分的灰度值的层级数。默认为 6，还可以选择 1、2、3、4、5、7、8。

参数 4：Direction（输入参数），表示相邻灰度对的计算方向。默认为 0，还可以选择 45、90、

135、mean，其中 mean 表示各方向的均值。

参数 5：Energy（输出参数），表示灰度值能量，即纹理变化的均匀性。

参数 6：Correlation（输出参数），表示灰度值的相关性。

参数 7：Homogeneity（输出参数），表示灰度值的局部同质性。

参数 8：Contrast（输出参数），表示灰度值的对比度，或者说是灰度值的反差。这个值越大，反差越明显。

9.3.5 实例：提取图像的纹理特征

举例说明，图 9.11 中输入的是一幅灰度图像，分别选取其中两个矩形区域的灰度图像，分析其灰度变化。首先选取灰度变化较为明显的矩形 1，然后选取灰度变化比较平滑的矩形 2，生成灰度共生矩阵，观察二者的参数。

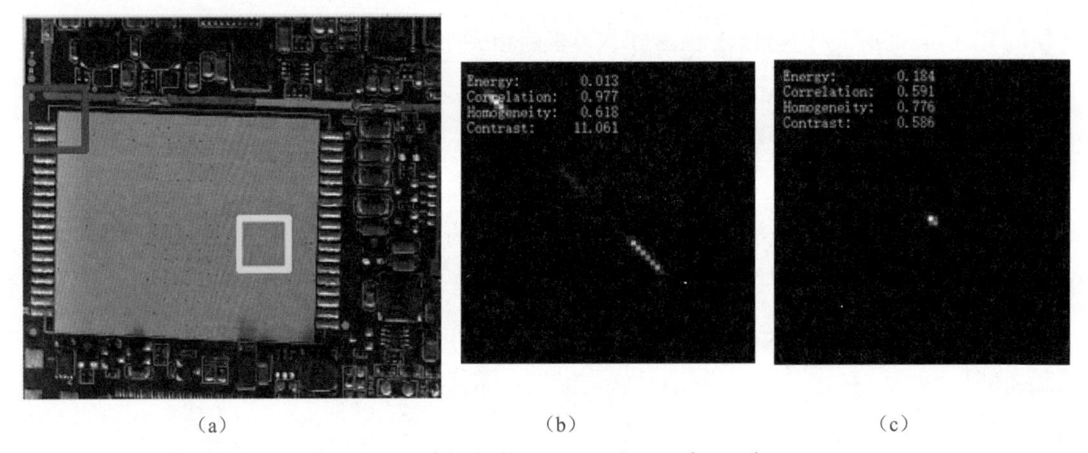

图 9.11　基于灰度共生矩阵的纹理特征分析

图 9.11（a）为输入图像，红色和黄色的矩形表示分别选择了两块灰度不同的区域；图 9.11（b）为红色矩形图像的特征参数；图 9.11（c）为黄色矩形图像的特征参数。其具体值如表 9.1 所示。

表 9.1　灰度共生矩阵参数对比

区域	能量	相关性	局部均匀性	对比度
红色矩形	0.013	0.977	0.618	11.061
黄色矩形	0.184	0.591	0.776	0.586

由图 9.11 和表 9.1 可见，左边的红色矩形灰度变化明显；能量值比较小，表示纹理的均匀性比较低，变化比较大；对比度比较高，说明灰度的变化比较大，边界比较明显。而右边黄色矩形内的图像的纹理变化不大，灰度相关性高，表示纹理在行或者列方向都非常相似；对比度低，表现了图

像的局部灰度变化不明显。实现该过程的代码如下：

```
*关闭所有窗口，清空显示屏幕
dev_close_window ()
*读取输入的图片
read_image (Image, ' data/board')
*将输入的彩色图像转为黑白图像
rgb1_to_gray (Image, GrayImage)
get_image_size (GrayImage, Width, Height)
*创建一个与输入图像同样大小的窗口
dev_open_window (0, 0, Width/4, Height/4, 'black', WindowID)
*设定画笔宽度
dev_set_line_width (5)
*创建两个窗口用于显示参数的计算结果
dev_open_window (0, 512, 320, 320, 'black', WindowID1)
dev_open_window (512, 512, 320, 320, 'black', WindowID2)
*分别设置两个矩阵，选择不同的两部分区域
gen_rectangle1 (Rectangle1, 200,10, 380, 190)
gen_rectangle1 (Rectangle2, 580, 650, 730, 800)
*分别对两个矩形求取灰度共生矩阵 Matrix1 和 Matrix2
gen_cooc_matrix (Rectangle1, GrayImage, Matrix1, 6, 0)
gen_cooc_matrix (Rectangle2, GrayImage, Matrix2, 6, 0)
*分别对 Matrix1 和 Matrix2 提取灰度特征参数
cooc_feature_matrix (Matrix1, Energy1, Correlation1, Homogeneity1,
Contrast1)
cooc_feature_matrix (Matrix2, Energy2, Correlation2, Homogeneity2,
Contrast2)
*采取另一种方式，直接对矩阵 2 的图像求灰度特征参数，结果与上面两步提取出的参数是一致的
cooc_feature_image (Rectangle2, GrayImage, 6, 0, Energy3, Correlation3,
Homogeneity3, Contrast3)
*显示图像窗口和两个矩形的灰度共生矩阵
dev_set_window (WindowID)
dev_set_draw ('margin')
dev_display (GrayImage)
dev_display (Rectangle1)
dev_set_color('yellow')
dev_display (Rectangle2)
dev_set_window (WindowID1)
dev_display (Matrix1)
*以字符串的形式，分别在两个矩阵的对应窗口中显示灰度特征值的计算结果
String := ['Energy: ','Correlation: ','Homogeneity: ','Contrast: ']
dev_set_color('red')
disp_message (WindowID1, String$'-14s' + [Energy1,Correlation1,Homogeneity1,
Contrast1]$'6.3f', 'window', 12, 12, 'white', 'false')
dev_set_window (WindowID2)
dev_display (Matrix2)
```

```
dev_set_color('yellow')
String := ['Energy: ','Correlation: ','Homogeneity: ','Contrast: ']
disp_message (WindowID2, String$'-14s' + [Energy2,Correlation2,Homogeneity2,
Contrast2]$'6.3f', 'window', 12, 12, 'white', 'false')
```

上述代码使用 gen_cooc_matrix 算子和 cooc_feature_matrix 算子计算指定区域的灰度共生矩阵，并分别在两个矩阵的对应窗口中显示灰度特征值的计算结果。通过计算图像的纹理特征，可进一步进行模式匹配。

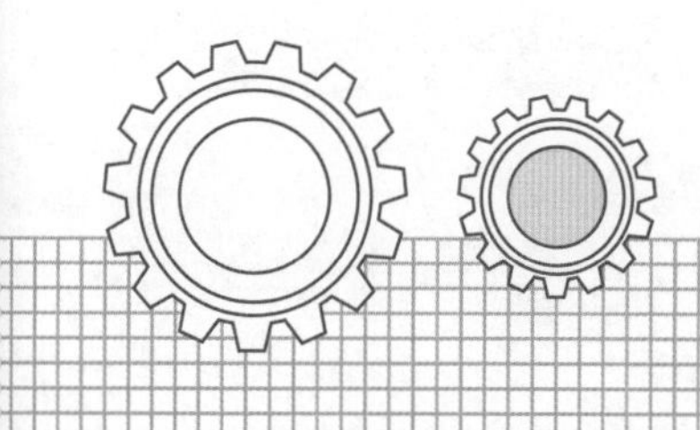

第10章 边缘检测

除了阈值分割外，也可以通过检测区域的边缘得到目标区域。区域的边缘像素的灰度值往往会发生灰度上的突变，针对这些跳跃性的突变进行检测和计算，可以得到区域的边缘轮廓，并作为分割图像的依据。Halcon 中有许多边缘滤波器能计算出边缘的幅值和方向，用以实现边缘的提取。本章就以常用的 Sobel 算子、Laplace 算子和 Canny 算子为例，介绍边缘检测的常用方法。

本章主要涉及的知识点如下。

- 像素级边缘提取：学会如何使用边缘滤波器寻找图像中梯度变化明显的部分。
- 亚像素级边缘提取：学会完成亚像素边缘提取、轮廓合并以及 XLD 轮廓输出。
- 轮廓处理：学会轮廓的生成、分割、筛选、连接以及拟合操作。

10.1 像素级边缘提取

像素级边缘提取，直观地说，也就是颜色的边缘提取。传统的颜色边缘检测方法是使用边缘滤波器，这些滤波器通过寻找较亮和较暗的区域边界像素点的方式提取边缘，即使用这些滤波器寻找图像中梯度变化明显的部分。这些梯度一般描述为边缘的振幅和方向。将边缘振幅高的所有像素选择出来，就完成了区域的边缘轮廓提取。

Halcon 也提供了许多标准的边缘滤波器，如 Sobel、Roberts、Robinson 和 Frei 滤波器。此外，还提供了非极大值抑制算子，用于进行提取边缘后的处理。

10.1.1 经典的边缘检测算子

关于边缘检测，有许多经典的算子，各大图形处理库都有各自的边缘检测算子，这里简要介绍几种。

1. Sobel 算子

Sobel 算子结合了高斯平滑和微分求导。它是一阶导数的边缘检测算子，使用卷积核对图像中的每个像素点做卷积和运算，然后采用合适的阈值提取边缘。Soble 算子有两个卷积核，分别对应 x 与 y 两个方向。其计算过程如下。

（1）分别在 x 和 y 两个方向求导。

（2）在图像的每一个像素点上，结合以上两个结果求出近似梯度。

2. Laplace 算子

Laplace 算子是一种二阶导数算子。在图像的边缘区域，像素值会发生比较大的变化，对这些像素求导会出现极值。在这些极值位置，其二阶导数为 0，所以也可以用二阶导数来检测图像边缘。

3. Canny 算子

Canny 算子的基本思想是寻找梯度的局部最大值。首先使用高斯平滑滤波器卷积降噪，再用一对卷积阵列计算边缘梯度和方向，然后使用非极大值抑制移除非边缘线条，最后使用滞后阈值（高阈值和低阈值）检测并连接边缘。

对比上述 3 种算子，有如下总结。

（1）Sobel 算子在边缘检测的同时尽量减少了噪声的影响，比较容易实现。它对像素位置的影响进行了加权，因此效果比较好，是很常用的边缘检测方法。

（2）Laplace 算子是一种各向同性算子，比较适用于只关心边缘的位置而不考虑其周围像素的灰度差值的情况。Laplace 算子对孤立像素的响应要比对边缘或线的响应更强烈，因此只适用于无噪声图像。存在噪声的情况下，使用 Laplace 算子进行边缘检测之前需要先进行低通滤波处理。

（3）Canny 算子是目前理论上相对最完善的一种边缘检测算法，但其也存在不足之处：为了得到较好的边缘检测结果，它通常需要使用较大的滤波尺度，这样容易丢失一些细节。

10.1.2 边缘检测的一般流程

边缘检测的一般流程如下。

（1）获取图像。

（2）选择感兴趣区域。这是为了减少计算量，加快处理速度。

（3）图像滤波。对输入图像使用边缘滤波器是采集后的一个关键步骤，为了获取图像的边缘部分，在读取了输入图像之后，可以使用边缘滤波器获取边缘的梯度和方向。对于像素级边缘，Halcon 中提供了常用算子，如 sobel_amp、sobel_dir、edges_image、derivate_gauss、edges_color 等。

（4）提取边缘。将符合条件的边缘提取出来，应用滤波器之后，可以使用阈值处理将图像中的高亮边缘提取出来。这里可以使用前文介绍的 threshold 算子，也可以使用 hysteresis_threshold 算子减少非关键的边缘，将符合条件的边缘提取出来。还可以进一步对结果进行非极大值抑制，然后使用 skeleton 算子将边缘绘制出来。

（5）边缘处理。根据检测的需要对提取出的边缘进行处理，有时得到的边缘可能会比较粗略，往往大于 1 个像素，需要进行一些细化；有时得到的边缘并不连续，因此还需要对边缘做一些处理，如生成轮廓、合并非连续的边缘、分离背景等。

（6）显示结果。将结果绘制在窗口中，以表现直观的边缘提取效果。

10.1.3 sobel_amp 算子

Halcon 提供了大量的边缘滤波器，最常用的是 Sobel 滤波器。它是一种经典的边缘检测算子，速度和效率都非常令人满意。其在 Halcon 中对应的算子为 sobel_amp 算子和 sobel_dir 算子，二者都是使用 Sobel 算子进行边缘检测。前者用于计算边缘的梯度，后者除了能表示梯度外，还能表示边缘的方向，本小节主要介绍 sobel_amp 算子。

下面以一个简单的例子说明 sobel_amp 算子的用法。该例子输入的是一幅灰度值图像，读取图像后，使用 sobel_amp 算子进行边缘滤波。滤波类型参数选择 sum_abs，以获得细节比较多的边缘；然后通过阈值处理选择符合梯度阈值的区域，提取出的区域宽度大于 1 个像素；最后使用 skeleton 算子将边缘框架显示出来，如图 10.1 所示。

（a）　　　　　　　　　　（b）

图 10.1　使用 sobel_amp 算子检测图像的边缘

上述过程的实现代码如下：

```
read_image(Image,' data/flower')
rgb1_to_gray (Image, GrayImage)
sobel_amp(GrayImage,Amp,'sum_abs',3)
threshold(Amp,Edg,100,255)
skeleton (Edg, Skeleton)
dev_clear_window ()
dev_display (Skeleton)
```

该例子使用 sobel_amp 算子对灰度图像进行了边缘检测，选择了 sum_abs 类型的滤波器，并将带有边缘梯度的图像 Amp 输出。第 4 行通过阈值处理去除一些非关键的轮廓点和线，第 5 行使用 skeleton 提取区域的框架。由图 10.1 可知，前景目标的轮廓基本都被提取出来了。

sobel_amp 算子是一种常用的边缘滤波器，该算子是一阶导数的边缘检测算子，使用一个卷积核对图像中的每个像素点做卷积运算，然后采用合适的阈值提取边缘。根据滤波器的不同，卷积核的运算方式也不同。该算子的原型如下：

```
sobel_amp(Image : EdgeAmplitude : FilterType, Size : )
```

其各参数含义如下。

参数 1：Image 为输入的图像，这里是单通道图像。

参数 2：EdgeAmplitude 为输出参数，是带有边缘梯度的图像。

参数 3：FilterType 为输入参数，表示卷积核或滤波器的类型。

参数 4：Size 为输入参数，表示滤波器的尺寸。该参数值越大，得到的边缘线条会越粗，细节越少。这个值一般为单数，默认为 3，也可以根据图像的检测需要选择合适的奇数。

这里的 FilterType 是基于两种滤波器掩膜的，它决定了卷积的计算方式。假设两个卷积的滤波掩膜矩阵是 $\boldsymbol{A}$ 和 $\boldsymbol{B}$，其中

$$A=\begin{bmatrix}0 & 2 & 1\\ 0 & 0 & 0\\ -1 & -2 & -1\end{bmatrix},\quad B=\begin{bmatrix}1 & 0 & -1\\ 2 & 0 & -2\\ 1 & 0 & -1\end{bmatrix}$$

掩模矩阵可以理解为内核或者结构元素，***A*** 和 ***B*** 分别表示图像与两种波滤器掩膜进行卷积操作的结果。

FilterType 有几种可供选择的值，如 sum_abs、sum_sqrt、sum_sqrt_binomial、thin_max_abs、thin_sum_abs、x、y 等。下面在代码中分别测试了几种不同类型的滤波器对同一图像进行边缘检测的结果，如图 10.2 所示。输入图像仍为图 10.1（a）所示的灰度图像。图 10.2（a）～（f）分别为 sobel_amp 算子中的 FilterType 参数值为 sum_abs、thin_sum_abs、thin_max_abs、sum_sqrt、x、y 时的计算结果。

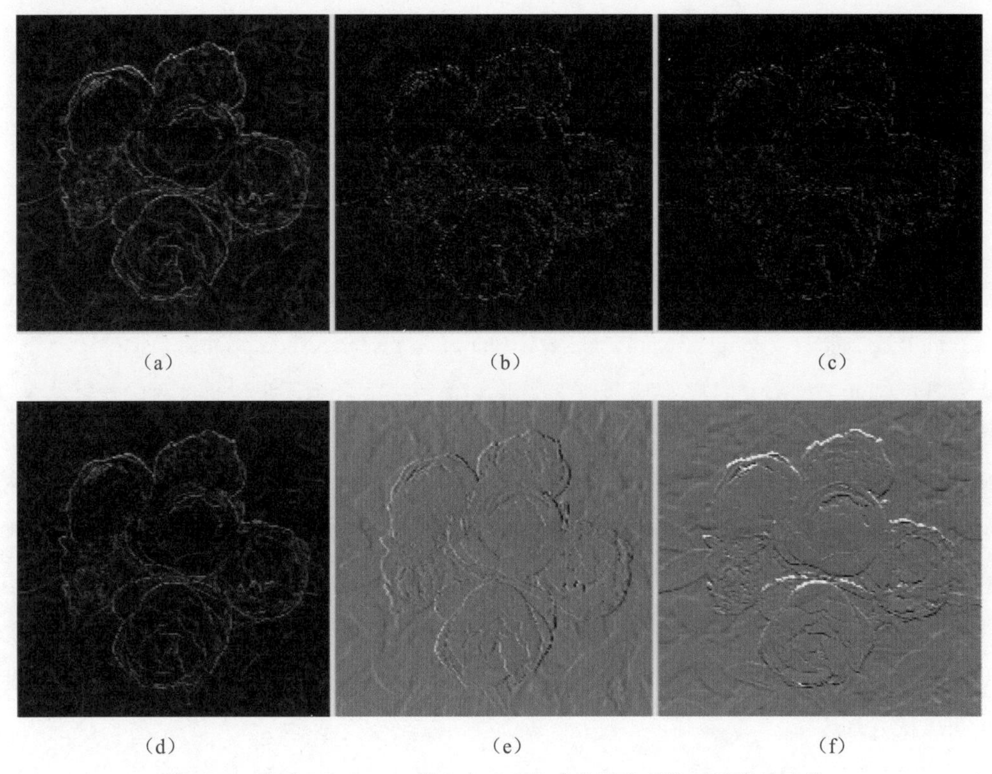

（a）（b）（c）

（d）（e）（f）

图 10.2 使用 sobel_amp 算子中不同的滤波器类型检测图像的边缘

上面这几种计算结果是在掩膜尺寸为 3 的情况下得到的。对于较大尺寸的滤波器，需要使用二项式滤波器对输入图像进行平滑处理。如果 size 为 5、7、9、11 等尺寸，则要在上述 filter 后面加上 _binomial 来选择二项式滤波器，如 sum_abs_binomial、sum_sqrt_binomial、thin_max_abs_binomial、thin_sum_abs_binomial、x_binomial、y_binomial 等。

注意

在边缘检测中可以通过创建感兴趣区域来缩小处理区域的范围，以加快检测速度。

10.1.4 edges_image 算子

基于 Sobel 滤波器的边缘滤波方法是比较经典的边缘检测方法。除此之外，Halcon 也提供了一些新式的边缘滤波器，如 edges_image 算子。它使用递归实现的滤波器（如 Deriche、Lanser 和 Shen）检测边缘，也可以使用高斯导数滤波器检测边缘。此外，edges_image 算子也提供了非极大值抑制和滞后阈值，使提取出的边缘更细化。edges_image 算子同样能返回精确的边缘梯度和方向，这一点比 Sobel 滤波器要好一些，但是相应地所花的时间也长一些。对一些强调精度而不注重运算时间的场合，可以使用 edges_image 算子来提高检测效率。此外，也可以结合使用 sobel_fast 滤波器，以提高检测的速度。

该算子的原型如下：

```
edges_image(Image : ImaAmp, ImaDir : Filter, Alpha, NMS, Low, High : )
```

其各参数含义如下。

参数 1：Image 为输入的单通道图像。

参数 2：ImaAmp 为输出的边缘梯度图像。

参数 3：ImaDir 为输出的边缘方向图像。

参数 4：Filter 为输入参数，表示选择的滤波算子。默认为 canny，也可以选择 deriche1、deriche1_int4、deriche2、deriche2_int4、lanser1、lanser2、mshen、shen、sobel_fast。

参数 5：Alpha 为输入参数，表示平滑的程度。值越小，表示平滑的程度越大。默认是 0，也可以取 0.1 到 1.1 之间的值。

参数 6：NMS 表示非极大值抑制。默认为 nms，表示使用非极大值抑制；也可以设为 none，表示不使用非极大值抑制。使用非极大值抑制可以使模糊的边界变得清晰，因为这步操作只留下边缘上梯度强度最大的点。

参数 7 和 8：Low 和 High 分别表示滞后阈值的低阈值和高阈值。边缘梯度比高阈值大的部分是可以被接受的；低于低阈值的部分将被排除；介于两者之间的，要看该像素是否与边缘点相连，相连的可以认为是边缘。

如图 10.3 所示，其输入图像与图 10.1（a）所示的图像相同。这里使用了 3 种边缘提取方法进行对比。图 10.3（a）为使用 canny 滤波器提取的，没有使用非极大值抑制的边缘梯度图像；图 10.3（b）为使用 canny 滤波器提取的，使用了非极大值抑制的边缘梯度图像；图 10.3（c）在图 10.3（b）的基础上加入了灰度阈值处理，并描绘出了经阈值处理的框架图像。

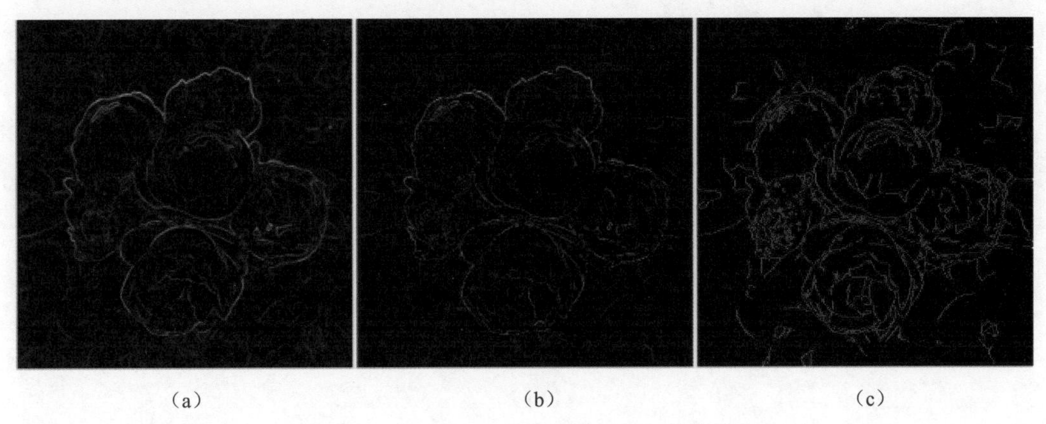

（a）　　（b）　　（c）

图 10.3　使用 edges_image 算子进行边缘提取

实现代码如下：

```
dev_close_window ()
read_image(Image,' data/flower')
rgb1_to_gray (Image, GrayImage)
gen_image_proto (Image, ImageCleared, 1)
dev_open_window (0, 0, 256, 256, 'black', WindowHandle1)
dev_open_window (0, 256, 256, 256, 'black', WindowHandle2)
dev_open_window (0, 512, 256, 256, 'black', WindowHandle3)
edges_image (GrayImage, ImaAmpGray, ImaDirGray, 'canny', 1, 'none', -1, -1)
edges_image (GrayImage, ImaAmpGrayNMS, ImaDirGrayHyst, 'canny', 1, 'nms',20, 40)
*对经非极大值抑制的边缘梯度图像进行阈值处理
threshold (ImaAmpGrayNMS, RegionGray, 1, 255)
*提取边缘轮廓
skeleton (RegionGray, EdgesGray)
*结果显示和对比
dev_set_window (WindowHandle1)
dev_display (ImageCleared)
dev_display (ImaAmpGray)
dev_set_window (WindowHandle2)
dev_display (ImageCleared)
dev_display (ImaAmpGrayNMS)
dev_set_window (WindowHandle3)
dev_display (ImageCleared)
dev_display (EdgesGray)
```

该例中使用 canny 滤波器对灰度图像进行边缘检测，可以快速地获取边缘梯度与方向信息。代码中使用了不同参数的 edges_image 算子提取边缘，并使用了非极大值抑制（Non-Maximum Suppression，NMS）。接着对经非极大值抑制的边缘梯度图像进行阈值处理，提取出较亮的边缘部分。

因为经非极大值抑制后，边缘仅剩下梯度最大的像素，所以经阈值处理提取出的像素就是图像的边缘。而如果使用未经非极大值抑制的图像，可能阈值处理会提取出过多的像素，无法理想地表现出边缘信息。

与 edges_image 算子类似的还有 edges_color 算子，该算子可以用于提取彩色图像的边缘，其原型如下：

```
edges_color(Image : ImaAmp, ImaDir : Filter, Alpha, NMS, Low, High : )
```

其中第 1 个参数表示输入图像的类型为彩色图像，其他参数与 edges_image 算子类似。

10.1.5 其他滤波器

除了前面介绍的两个算子外，还可以使用其他方法提取图像边缘，本节简要介绍其中几种。

1. derivate_gauss 算子

derivate_gauss 算子不仅可以提取图像边缘，还有以下功能。

（1）平滑图像。

（2）边缘检测：提取图像的边缘。

（3）角点检测：检测图像上的角点。

该算子的原型如下：

```
derivate_gauss(Image : DerivGauss : Sigma, Component : )
```

其各参数的含义如下。

参数 1：Image 为输入的灰度图像。

参数 2：DerivGauss 为输出的滤波后的图像。

参数 3：Sigma 为输入的高斯导数的 sigma 值。

参数 4：Component 为输入的要计算的导数或者特征。这里有以下几种类型可以选择。

（1）none：仅对图像进行平滑处理。

（2）x：沿着 x 轴方向求导。

（3）y：沿着 y 轴方向求导。

（4）gradient：求梯度的绝对值。

（5）gradient_dir：求梯度的方向。

（6）xx：沿着 x 轴方向二阶求导。

（7）yy：沿着 y 轴方向二阶求导。

（8）laplace：使用 Laplace 算子求导。

2. laplace 算子

使用 laplace 算子对图像进行二次求导，会在边缘产生零点，因此该算子常常与 zero_crossing

算子配合使用。求出这些零点，也就得到了图像的边缘。同时，由于 laplace 算子对孤立像素的响应要比对边缘或线的响应更强烈，因此在检测之前应先进行去噪处理。

该算子的原型如下：

```
laplace(Image : ImageLaplace : ResultType, MaskSize, FilterMask : )
```

其各参数含义如下。

参数 1：Image 为输入的多通道图像。

参数 2：ImageLaplace 为输出的 laplace 图像。

参数 3：ResultType 为输入的图像的类型。

参数 4：MaskSize 为输入的滤波器的核的尺寸。默认为 3，可选范围是 3 ～ 39 的奇数。

参数 5：FilterMask 为输入参数，表示 laplace 算子使用的滤波核或掩膜的类型。默认为 n_4。

同样以一个小例子进行说明，如图 10.4 所示，输入图片仍是图 10.1（a）。图 10.4（a）为经过 laplace 滤波后得到的图像，图 10.4（b）为使用 zero_crossing 算子进行过零点检测后得到的图像。通过检测图像的二阶导数的零交点，可以得到边缘的位置。

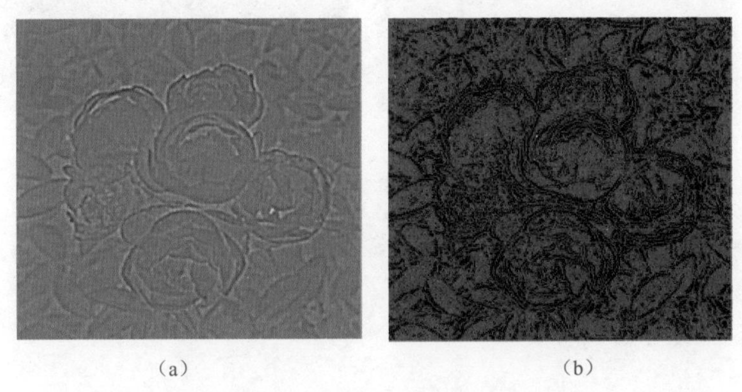

（a）　　　　（b）

图 10.4　使用 laplace 算子进行边缘提取

实现代码如下：

```
read_image (Image, ' data/flower')
laplace (Image, ImageLaplace, 'signed', 11, 'n_8_isotropic')
zero_crossing (ImageLaplace, RegionCrossing)
```

本例中使用 laplace 算子进行边缘的滤波计算，并使用 zero_crossing 算子进行二阶导数的过零点检测，检测出来的就是二阶导数为 0 的点，即边缘的点。

3. laplace_of_gauss 算子

由于图像中一般会存在噪声，而 laplace 算子对噪声比较敏感，因此需要配合使用图像的平滑操作。高斯 - 拉普拉斯算法将高斯的低通滤波器和 laplace 算子进行了结合，简化成单一的 laplace_of_gauss 算子，只需要填入简单的参数，就能得到比较理想的结果。该算子的原型如下：

```
laplace_of_gauss(Image : ImageLaplace : Sigma : )
```

其各参数的含义如下。

参数 1：Image 为输入的图像，可以是多通道的。

参数 2：ImageLaplace 为输出的经过高斯 - 拉普拉斯滤波后的图像。

参数 3：Sigma 为高斯平滑参数。这个值越大，平滑力度越大，图像越模糊。

举例如图 10.5 所示，输入图片仍为图 10.1（a）。图 10.5（a）为经过高斯 - 拉普拉斯滤波后得到的图像，平滑参数 Sigma 为 2.0。图 10.5（b）为使用 zero_crossing 算子进行过零点检测后得到的图像。

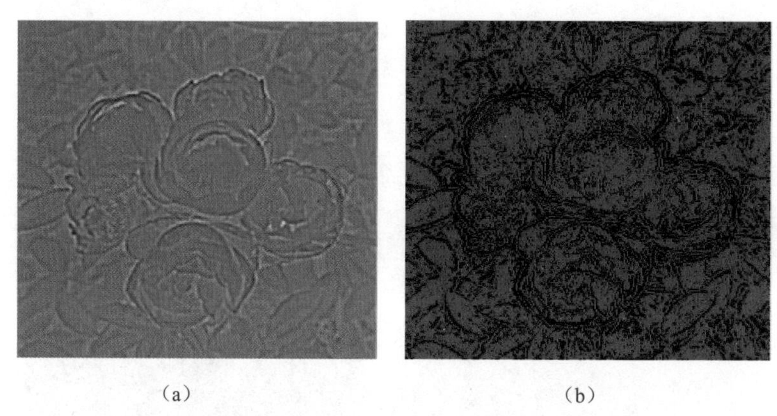

（a）　　（b）

图 10.5　使用 laplace_of_gauss 算子进行边缘提取

实现代码如下：

```
read_image (Image, 'data/flower')
laplace_of_gauss(Image,Laplace,2.0)
zero_crossing(Laplace,ZeroCrossings)
```

本例中使用 laplace_of_gauss 算子进行边缘的滤波计算，并使用 zero_crossing 算子进行二阶导数的过零点检测，检测得到的二阶导数为 0 的点，就是边缘的点。

10.2 亚像素级边缘提取

首先介绍亚像素（Sub-Pixel）的概念。一般描述图像的最基本的单位是像素，相机的分辨率也是以像素数量来计算的，像素越高，分辨率越大，图像越清晰。点与点之间的最小距离就是一个像素的宽度，但实际工程中可能会需要比一个像素宽度更小的精度，因此就有了亚像素级精度的概念，用于提高分辨率。Halcon 中用 XLD（eXtended Line Descriptions）表示亚像素的轮廓和多边形。

在检测过程中，受光照、噪声等因素的影响，有些边缘可能是断裂的，所以需要先进行轮廓合并。Halcon 同样提供了许多高效的算子，可以一步完成边缘提取、轮廓合并以及 XLD 轮廓输出。因此，只需要调用一次算子就可以完成诸多工作，省去了很多计算环节，非常易于使用。除此之外，算子的准确率和稳定性也非常理想。

10.2.1 edges_sub_pix 算子

最常用的提取亚像素轮廓的算子是 edges_sub_pix 算子，该算子同样提供了大量的提取方法，只需要在 Filter 参数中设置方法的名字，就可以完成边缘的提取。该算子的输入是灰度图像，输出是 XLD 轮廓，其原型如下：

```
edges_sub_pix(Image : Edges, Filter, Alpha, Low, High : )
```

其各参数含义如下。

参数 1：Image 为输入的单通道图像。

参数 2：Edges 为输出的 XLD 轮廓。

参数 3：Filter 为输入参数，与 edges_image 算子中的 Filter 参数类似，表示选择的滤波算子。默认的是 canny，可选的有 canny、deriche1、deriche1_int4、deriche2、deriche2_int4、lanser1、lanser2、mshen、shen、sobel_fast，还有一些以“_junctions”结尾的滤波器，适用于一些非连接的边缘。最常见的滤波器有 canny 和 lanser2。使用 lanser2 滤波器的一个优点是，它是一个递归的实现，当加大平滑的力度时，计算时间却不会因此增加。如果图像质量比较好，噪声也比较小，但对速度有要求，可以选择 sobel_fast 算子，因为它速度比较快，但缺点是对噪声敏感。

参数 4：Alpha 为输入参数，表示平滑的程度。其值越小，表示平滑的程度越大。默认是 0，可以取 0.1 到 1.1 之间的值。

参数 5 和 6：Low 和 High 分别表示滞后阈值的低阈值和高阈值。低阈值越低，图像的细节会越丰富。高阈值用于将边缘与背景区分开来，高于高阈值的像素可以确定是边缘，这些边缘是强边缘，但往往是不连续的，因此需要用一些弱边缘进行补充。低于低阈值的像素可以被认为一定不是边缘。高于低阈值又低于高阈值的部分像素是弱边缘，需要进行判断。如果该像素的相邻像素是边缘，则该像素被认为是边缘，否则就不是。

举例说明 edges_sub_pix 算子的用法，并测试滞后阈值的值对边缘计算结果的影响。图 10.6 为使用 edges_sub_pix 算子进行亚像素边缘提取的结果。输入图片仍是图 10.1（a）。图 10.6（a）的低阈值为 5，高阈值为 50。图 10.6（b）将低阈值提高到了 25，高阈值仍为 50，可见边缘数量稍有减少，并且减少的都是与原边缘线条相连的部分。图 10.6（c）的低阈值回到 5，高阈值调低到 25，与图 10.6（a）相比，边缘线条明显增多。这是因为强边缘的判断阈值明显降低，所以许多背景线条也被认为是边缘。

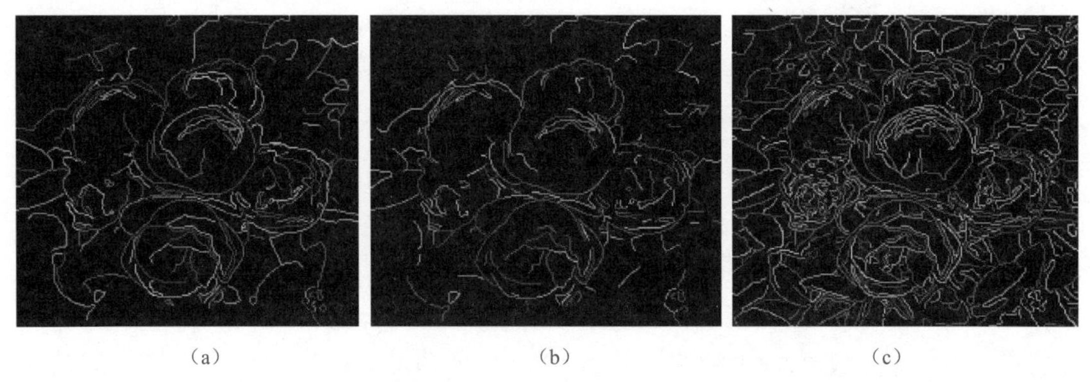

（a）　　（b）　　（c）

图 10.6　使用 edges_sub_pix 算子进行亚像素边缘提取

上述实现过程代码如下：

```
*读取图像
read_image (Image, 'data/flower')
*转换为单通道灰度图像
rgb1_to_gray (Image, GrayImage)
*进行亚像素边缘提取，分别使用不同的滞后阈值以便进行对比
edges_sub_pix (GrayImage, Edges1, 'lanser2', 0.5, 5, 50)
edges_sub_pix (GrayImage, Edges2, 'lanser2', 0.5, 25, 50)
edges_sub_pix (GrayImage, Edges3, 'lanser2', 0.5, 5, 25)
*将提取结果显示在窗口中
dev_display (Edges1)
stop()
dev_display (Edges2)
stop()
dev_display (Edges3)
```

本例中使用 edges_sub_pix 算子进行亚像素边缘的提取，并使用了不同的滞后阈值参数，然后对比了其对提取结果的影响。

10.2.2 edges_color_sub_pix 算子

如要要提取彩色多通道图像的亚像素边缘，可以使用 edges_color_sub_pix 算子。该算子与 edges_sub_pix 算子的参数十分相似，但又有所区别。首先从名称上看，edges_color_sub_pix 算子多了一个 color，表示它接受彩色多通道图像的输入，它使用 Canny 等滤波器提取亚像素精度的彩色边缘。另一个区别是，滤波器可选的类型不同。edges_color_sub_pix 算子支持 Deriche、Shen、Canny 3 个大类的滤波器和一个 sobel_fast 滤波器，而 edges_sub_pix 算子支持的滤波器类型更丰富一些。

但也有许多地方是相似的，如 edges_color_sub_pix 算子也包括一些以“_junctions”结尾的滤波器，这些特殊的滤波器更适用于一些断开的边缘，同时也使用了滞后阈值对滤波器提取出的边缘进行判断。

下面举一个例子说明 edges_color_sub_pix 算子的用法，并测试不同的滤波器类型对计算结果的影响。图 10.7 为使用 edges_color_sub_pix 算子进行亚像素边缘提取的结果。输入图片仍是图 10.1（a）。图 10.7（a）为使用 canny 算子进行边缘滤波的结果，低阈值为 5，高阈值为 50。图 10.7（b）为使用 sobel_fast 算子进行边缘滤波的结果，但是因为背景噪声的影响，得到了许多不相关的线条，因此需要对滞后阈值的范围进行调整，否则会得到过多的背景线条。于是将低阈值提高到了 40，此时边缘数量稍有减少。实际检测中可根据检测目标与背景的提取情况对高低阈值进行进一步调整，以减少结果中的背景线条。

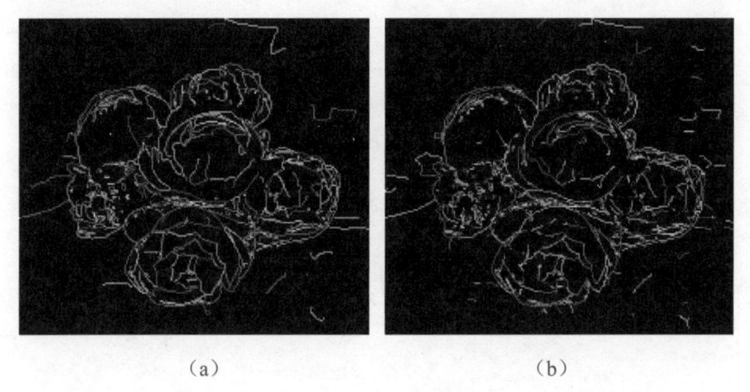

（a）　　　　　　　　　　　　（b）

图 10.7　使用 edges_color_sub_pix 算子进行亚像素边缘提取

实现代码如下：

```
* 输入一幅彩色图像
read_image (Image, 'data/flower')
* 使用 canny 算子进行亚像素边缘提取
edges_color_sub_pix (Image, Edges1, 'canny', 0.5, 5, 50)
* 使用 canny 算子进行亚像素边缘提取
edges_color_sub_pix (Image, Edges2, 'sobel_fast', 0.5, 40, 70)
dev_clear_window ()dev_display (Edges1)
dev_display (Edges2)
```

本例中使用 edges_color_sub_pix 算子进行彩色图像的亚像素边缘的提取，并分别使用了 canny 和 sobel-fast 滤波方法，最后对比了其对提取结果的影响。

10.2.3 lines_gauss 算子

前面两个算子使用边缘滤波器进行边缘检测。还有一个常用的算子 ——lines_gauss 算子，也可以用于提取边缘线段，它的鲁棒性非常好，提取出的线段类型是亚像素精度的 XLD 轮廓。其原型如下：

```
lines_gauss(Image : Lines : Sigma, Low, High, LightDark, ExtractWidth,
LineModel, CompleteJunctions : )
```

其各参数含义如下。

参数 1：Image 为输入的单通道图像。

参数 2：Lines 为输出的一组亚像素精度的 XLD 轮廓线条。

参数 3：Sigma 为输入的高斯平滑的值。较大的平滑值会使图像平滑的力度更大，但过度平滑也可能导致提取的线条位置有偏差。默认为 1.5。在需要提取线条宽度时，Sigma 的值应根据要提取的线条宽度进行调节，最小值应不小于 $w/\sqrt{3}$（w 为线条宽度，即线条直径的一半）。例如，对于宽度为 4 的线条，Sigma 值应不小于 2.3。

参数 4 和 5：Low 和 High 为输入参数，分别表示滞后阈值的低阈值和高阈值。高阈值越低，边缘线条的细节会越丰富。其原理在 10.2.1 小节 edges_sub_pix 算子的参数介绍中有详细介绍。但这里值得一提的是，如果 Sigma 选得比较大，阈值就应选择较低的高阈值和较高的低阈值。因为选择的 Sigma 越大，二阶导数就越小。低阈值和高阈值也可以根据要提取的线的相应灰度对比度和 Sigma 参数值进行计算。

参数 6：LightDark 为输入参数，表示提取较亮的线条还是较暗的线条。默认为 light，即提取较亮线条。

参数 7：ExtractWidth 为输入参数，表示是否需要提取线条的宽度。默认为 true，即提取每条线段的宽度值。

参数 8：LineModel 为输入参数，表示调整线条位置和宽度的线段模型。可选的有 bar-shaped（条型）、gaussian（高斯型）、parabolic（抛物线型）。默认为条型，大多数应用场景都可以选择该选项。如果是背光比较强的情况，可以考虑另外两种模型。其中，当图像中的线条比较清晰明锐时，可以选择抛物线型；如果不是特别清晰，可以选择高斯型。

注意

LineModel 仅在 ExtractWidth 为 true 时才有意义。

参数 9：CompleteJunctions 为输入参数，表示是否添加连接，用于边缘线段不连续的情况，默认为 true。因为某些非连通线段无法通过边缘提取器进行提取，所以这里设为 true，即可使用其他方式尝试对非连续部分进行连接。

注意

如果线条的宽度过大，建议先对图像进行一定比例的缩小，以减少过度计算消耗的时间。

图 10.8（a）为 lines_gauss 算子输入的单通道图像，图 10.8（b）为使用 lines_gauss 算子进行边缘检测的结果。这里选用了 bar-shaped 进行边缘滤波处理，低阈值为 1，高阈值为 8。

（a） （b）

图 10.8 使用 lines_gauss 算子提取图像的边缘

实现代码如下：

```
read_image(Image,'data/flower')
rgb1_to_gray (Image, GrayImage)
dev_open_window (0, 512, 512, 512, 'black', WindowHandle1)
*进行边缘检测
lines_gauss(GrayImage,Lines,1.5,1,8,'light','true','bar-shaped','true')
*在窗口中将轮廓线条绘制出来
dev_set_color ('red')
dev_clear_window()
dev_display (Lines)
```

本例中使用 lines_gauss 算子进行边缘检测。需要注意的是，lines_gauss 算子的响应速度不算快，如果边缘的高阈值设置得偏低，会导致需要计算的边缘增多，可能会有明显的卡顿。

也有一个与 lines_gauss 算子类似的、针对彩色多通道图像的算子，即 lines_color 算子。该算子的参数与 lines_gauss 算子相似，用于提取彩色的边缘线条。值得一提的是，如果该算子的 ExtractWidth 参数设为 false，那么返回的线条中将会包含其他属性，如线条的角度、二阶导数的梯度等。

10.3 轮廓处理

对于检测任务来说，提取出边缘或者线条，获取了线条的属性，工作还远未结束。由于这些边缘或者线条并不能表示轮廓，轮廓必须是闭合的，而且有些高精度测量对轮廓的精度要求非常高，因此还需要对轮廓做一些处理。

在 Halcon 中，轮廓的数据结构为 XLD。对于亚像素级的轮廓处理，Halcon 中有许多强大的工具，下面将针对不同的应用情况进行介绍。

10.3.1 轮廓的生成

10.2 节介绍的几种方法都可以用于轮廓的生成，如最常用的 edges_sub_pix 算子 , 在该算子中可以选择不同的滤波器类型，最常见的滤波器有 canny 和 lanser2。

如果输入图像是多通道的彩色图像，可以选择 edges_color_sub_pix 算子，其与 edges_sub_pix 算子类似，也推荐选择 sobel_fast 滤波器，用于快速地提取边缘。

最常用的线条提取方法是 lines_gauss, 它具有很强的鲁棒性；也可以通过指定 ExtractWidth 参数提取出线条的宽度等多种特征。线条的宽度越宽，其 Sigma 参数的取值也应当越大。

与提取边缘类似，提取线条也有一个对应于彩色图像的算子，即 lines_color 算子，用于处理输入图像为多通道图像的线条提取。

这些边缘或者线条提取算子输出的除了 XLD 轮廓之外，还会返回一些表示属性的特征值。这些属性特征与轮廓的整体或者其控制节点密切相关。可以使用 gen_contour_attrib_xld 算子或者 gen_contour_global_attrib_xld 算子通过属性名称访问轮廓的某个属性，这些属性一般是以 Tuple 数组形式存放的。典型的属性有关于边缘的属性，如梯度和方向；关于线条的属性，如线宽等。还可以使用 query_contour_attrib_xld 算子或者 query_contour_global_attrib_xld 算子对给定的轮廓进行属性查询。

10.3.2 轮廓的处理

输出了目标的轮廓后，接下来还需要对轮廓进行处理，这主要基于以下 3 个原因。

（1）对于某些测量任务而言，并不需要分析目标的整个轮廓，可能只需要局部的一段轮廓就够了。而有时由于 ROI（感兴趣区域）选择得过大，因此需要对提取的轮廓进行分割，以得到所需的部分。

（2）在提取轮廓或线条的过程中，可能会有一些杂点或背景区域被误认为是轮廓也被提取了出来，所以需要做一些剔除，以得到完全需要的区域。

（3）提取出的轮廓线条可能会有一些不连续，而某些检测中需要轮廓是闭合的，因此需要做一些连接或者填补。

1. 轮廓分割

首先要介绍的是轮廓分割，可以使用 segment_contours_xld 算子将轮廓分割成线段、圆弧或者椭圆等预定义的形状，分割出的各个线段可以使用 select_obj 算子单独进行选择。

如果只需要分割成线段，则可以使用 gen_polygons_xld 算子和 split_contours_xld 算子的组合，这两步操作的结果类似于 segment_contours_xld 算子的功能。两种方式的区别主要在于对轮廓进行分割后的处理，使用两步组合法，将生成 XLD 多边形类型的轮廓。

2. 轮廓的筛选

对于轮廓处理来说，很重要的一步是抑制不相关的轮廓，可以使用 select_shape_xld 算子实现这一功能。该算子的功能非常强大，与第 9 章介绍过的 select_shape 算子类似，它使用一步操作就能提取输入区域的多种特征并进行筛选。该算子提供了 30 多种不同的形状特征，通过指定不同特征的阈值并结合多种特征进行评估，能非常灵活地提取出理想的轮廓部分。也可以选择 select_contours_xld 算子，它包含了更多线性结构的典型特征。如果需要用鼠标进行交互操作，如实时选择一些轮廓，可以使用 select_xld_point 算子，通过单击鼠标来选取轮廓。

3. 轮廓的连接

如果轮廓的线条是不连续的，那么断开的部分会被当成独立的部分，后续的处理过程会更加棘手。这时可以试着将断开的部分连接起来，使用 union_collinear_contours_xld 算子或者 union_straight_contours_xld 算子，就可以实现这一功能。前者适用于共线的连接，后者适用于同方向的邻近轮廓。还可以选择 union_adjacent_contours_xld 算子，它适用于端点邻近的情况。

Halcon 也提供了一个 shape_trans_xld 算子用于修改形状，把轮廓转换成包围的圆或者矩形等。还可以使用 union2_closed_contours_xld 等算子合并闭合轮廓。

下面以一个简单的例子进行说明。图 10.9（a）为输入的图像；图 10.9（b）为使用 edges_sub_pix 算子提取出的亚像素边缘的图像，分别用不同的颜色显示；图 10.9（c）为使用 segment_contours_xld 算子对上一步的轮廓进行分割，并使用 select_contours_xld 算子选择较长的边缘得到的结果；图 10.9（d）为对相邻但不相连的边缘使用 union_adjacent_contours_xld 算子进行连接的效果。

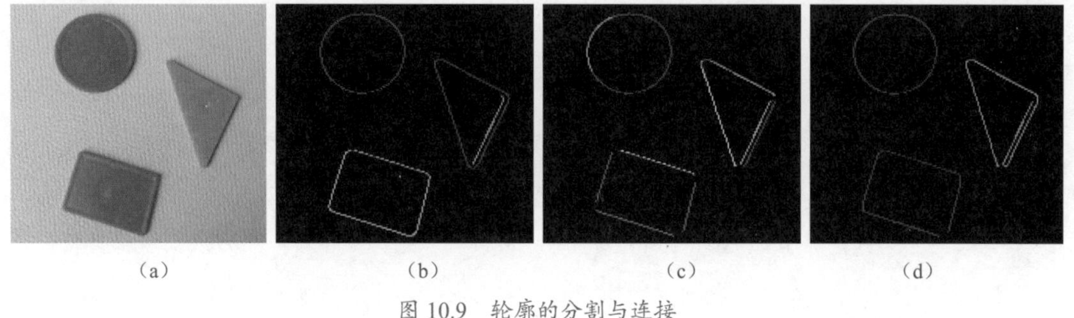

（a）（b）（c）（d）

图 10.9 轮廓的分割与连接

实现代码如下：

```
dev_close_window ()
read_image (Image, 'data/shapes')
rgb1_to_gray (Image, GrayImage)
get_image_size (Image, Width, Height)
dev_open_window (0, 0, Width , Height, 'black', WindowHandle)
*提取出的亚像素边缘的图像，得到一个初始轮廓
edges_sub_pix (GrayImage, Edges, 'canny', 2.5, 15, 40)
```

```
*对上一步的轮廓进行分割
segment_contours_xld (Edges, ContoursSplit, 'lines_circles', 5, 4, 2)
*提取出轮廓中较长的部分线段
select_contours_xld (ContoursSplit, SelectedContours, 'contour_length', 20,
Width / 2, -0.5, 0.5)
*对相邻的轮廓段进行连接
union_adjacent_contours_xld (SelectedContours, UnionContours, 20, 1, 'attr_
keep')
```

本例中使用 edges_sub_pix 算子提取出亚像素边缘的图像，在得到了初始轮廓之后，使用 segment_contours_xld 算子对上一步的轮廓进行分割，这是为了测试后面的轮廓合并。由于分割轮廓后会得到许多小的线段，为了移除这些小线段，为后面测试轮廓合并留下空间，需要使用 select_contours_xld 算子提取出轮廓中较长的部分线段。选择的特征是 contour_length，也可以选择其他特征，如 direction 表示方向，curvature 表示曲率等。还可以根据线段两端的距离阈值选择 closed 或者 open。

选择出符合条件的轮廓之后，再对相邻的轮廓段进行连接。因为这幅图中的非连续线段不存在共线或者方向相同，而只有端点比较邻近，所以这种情况就选择使用 union_adjacent_contours_xld 算子。这里设置了一个判断值 20，如果两个端点之间的距离小于该值，就可以将它们相连。连接的顺序是，距离短的优先连接。

后面的 attr_keep 参数表示输出的轮廓保留之前的 edges_sub_pix 算子提取出的各种特征。如果要计算的轮廓比较多，而计算速度是一个比较重要的考量点，或者某些轮廓在合并后特征将发生改变，保留原来的特征将失去意义，那么这里也可以选择 attr_forget 参数，不对输出的轮廓复制它们原有的特征。

4. 轮廓的拟合

前面得到的轮廓有可能是不规则的，实际检测中可能需要将其进行拟合，以得到规则的轮廓，便于后续处理。Halcon 提供了几种不同形状的拟合算子，简要介绍如下。

（1）拟合直线使用 fit_line_contour_xld 算子，该算子提供了多种拟合的方法，大部分都是用于抑制非相关轮廓线的。该算子会返回线段和线段两端的坐标。其配合 gen_contour_polygon_xld 算子可以查看直线的显示结果。

（2）拟合圆形使用 fit_circle_contour_xld 算子，其也有许多拟合方法可选，将返回圆的中心坐标和半径。可以使用 gen_circle_contour_xld 算子查看拟和结果。

（3）拟合矩形选择 fit_rectangle2_contour_xld 算子，该算子返回的主要是矩形的中心坐标和边长，以及矩形的旋转角度。其配合 gen_rectangle2_contour_xld 算子可以显示拟合结果。

（4）拟合椭圆形可以用 fit_ellipse_contour_xld 算子，将返回椭圆的中心坐标、长轴和短轴的半径，以及椭圆的角度和方向特征。其搭配使用 gen_ellipse_contour_xld 算子，可以显示轮廓曲线。

举例说明，如图 10.10 所示。图 10.10（a）为输入的图像，图 10.10（b）为经阈值处理后得到的区域图像。图 10.10（c）为生成的亚像素轮廓图。图 10.10（d）为使用 fit_circle_contour_xld 算子和 gen_circle_contour_xld 算子进行轮廓拟合后得到的圆形轮廓图。

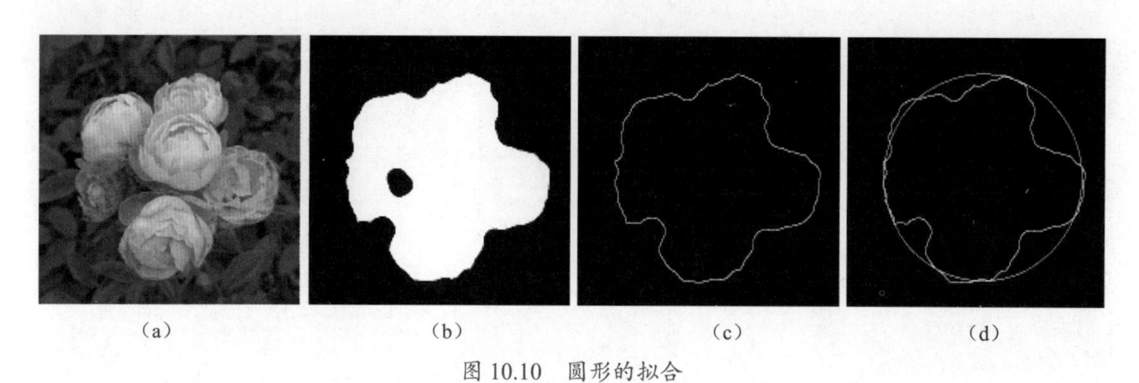

（a）　（b）　（c）　（d）

图 10.10　圆形的拟合

实现代码如下：

```
dev_close_window ()
*读取图像并创建显示窗口
read_image (Image, 'data/flower')
rgb1_to_gray (Image, GrayImage)
get_image_size (Image, Width, Height)
dev_open_window (0, 0, Width , Height, 'black', WindowHandle)
dev_set_color ('white')
*对图像进行阈值处理
threshold (GrayImage, Region, 130, 255)
*使用闭运算进行填充
closing_circle (Region, Region, 20.5)
*获取前景目标的初始轮廓
gen_contour_region_xld (Region, Contour, 'border')
*拟合圆形轮廓
fit_circle_contour_xld (Contour, 'atukey', -1, 2, 0, 10, 1, Row, Column,
Radius, StartPhi, EndPhi, PointOrder)
*生成该拟合的圆形轮廓
gen_circle_contour_xld (ContCircle, Row, Column, Radius, 0, 4 * acos(0),
'positive', 1)
```

本例中先对图像进行阈值处理，提取出较亮的前景部分。由于提取出的较亮部分存在许多断开的部分和小的缝隙，因此使用闭运算进行填充，图 10.10（b）为闭运算后的结果；然后使用 gen_contour_region_xld 算子获取前景目标的初始轮廓，即图 10.10（b）中白色部分的轮廓，结果显示在图 10.10（c）中；最后，使用 fit_circle_contour_xld 算子拟合圆形轮廓，得出圆形的特征参数，并用 gen_circle_contour_xld 算子生成该圆形轮廓。这样就实现了轮廓的拟合。

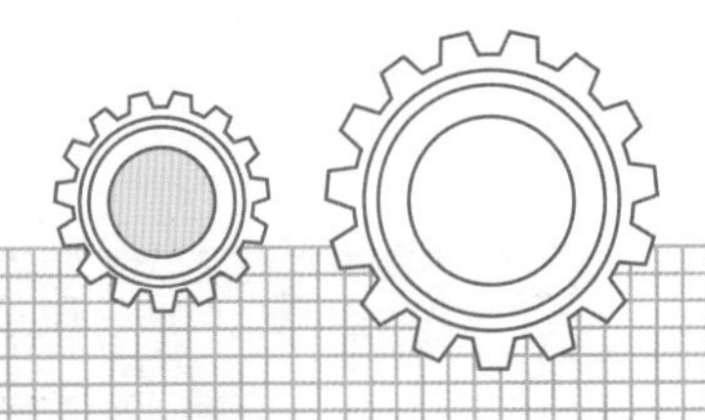

第11章 模板匹配

模板匹配指的是通过模板图像与测试图像之间的比较，找到测试图像上与模板图像相似的部分，这是通过计算模板图像与测试图像中目标的相似度来实现的，可以快速地在测试图像中定位出预定义的目标。匹配的主要思路是使用一个目标原型，根据它创建一个模板，在测试图像中搜索与该模板图像最相似的目标，并寻找与该模板的均值或方差最接近的区域。

在这个过程中，可以根据测试图像与模板的不同差异，如光照、位置、尺寸、旋转角度等，选择不同的模板算法。本章将详细讲述几种常用的模板匹配算法及其基本计算流程，并在最后用一个实例进行详细说明。

本章主要涉及的知识点如下。

- 模板匹配的种类：学习基于灰度值、基于形状、基于形变等匹配算法的原理与适用场景。
- 图像金字塔：了解加速模板匹配的一种搜索算法。
- 模板图像：介绍模板匹配的第一步，即如何准备合适的模板。
- 模板匹配的步骤：学会模板匹配的具体流程，了解优化匹配速度应当注意的几个方面。
- 模板匹配实例：通过本章最后的示例，演示如何进行基于形状模板的匹配。

注意

本章内容不包含三维立体匹配，这部分内容将在第13章介绍。

11.1 模板匹配的种类

针对不同的图像特征和检测环境，有多种模板匹配算法。如何选择合适的模板匹配算法，取决于具体的图像数据和匹配任务。本节首先介绍模板匹配的几种常见分类算法，理解这些算法的原理和适用场景后，才能根据项目的需要选择合适的算法。

11.1.1 基于灰度值的模板匹配

基于灰度值的模板匹配是最经典的模板匹配算法，也是最早提出来的模板匹配算法。这种算法的根本思想是，计算模板图像与检测图像之间的像素灰度差值的绝对值总和（SAD 方法）或者平方差总和（SSD 方法）。

其原理是：首先选择一块 ROI（感兴趣区域）作为模板图像，生成基于灰度值的模板；然后将检测图像与模板图像进行粗匹配，在检测图像与模板图像中任选一点，采取隔点搜索的方式计算二者灰度的相似性，这样粗匹配一遍得到粗相关点；接下来进行精匹配，将得到的粗相关点作为中心点，用最小二乘法寻找二者之间的最优匹配点。

由于这种方法是利用模板图像的所有灰度值进行匹配，但在光照发生变化的情况下灰度值会产生强烈的变化，因此该方法不能适应光照发生变化的情况，也不能用于多通道图像的匹配，一般只用于简单图像的匹配，如图 11.1 所示。

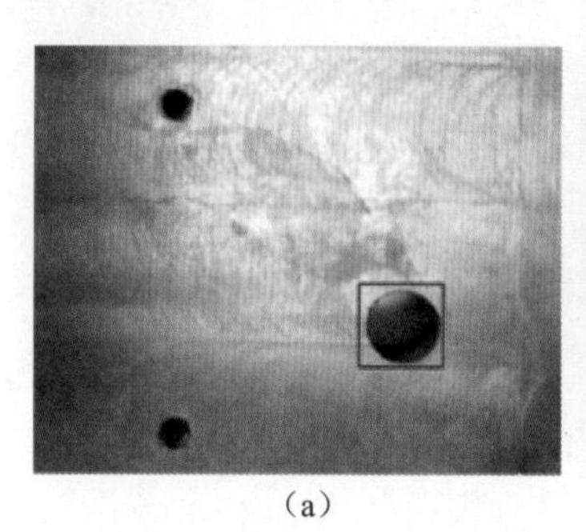

(a)

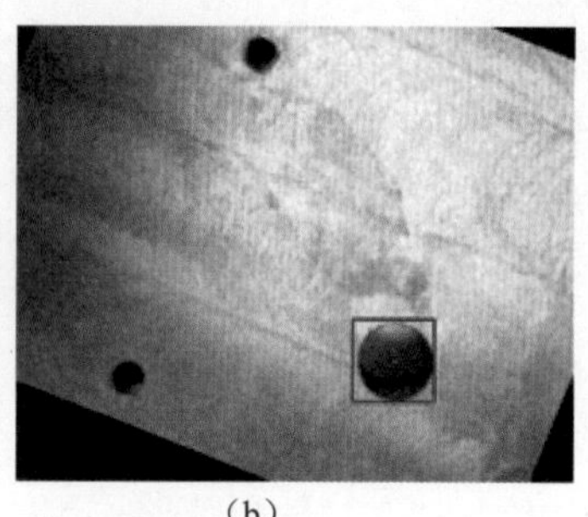

(b)

图 11.1 基于灰度值的模板匹配的例子

图 11.1（a）为参考图像，从中选取一块矩形区域作为模板图像，并根据其灰度值创建模板；在图 11.1（b）中，检测图像发生了一定的旋转和缩放，圈出的部分为匹配结果。

这种方法适用于目标图像光照比较稳定的情况，多数情况下还是优先考虑基于相关性的匹配和基于形状的匹配。

注意

只有针对极少数的简单图像，才会考虑基于灰度值的匹配。

11.1.2 基于相关性的模板匹配

基于相关性的模板匹配其实是另一种基于灰度值的匹配，不过它的特点是使用一种归一化的互相关匹配（Normalized Cross Correlation，NCC）来衡量模板图像和检测图像之间的关系，因此，在光照方面受的影响比较小。与经典的基于灰度值的匹配算法不同的是，它的速度要快很多；与基于形状模板的匹配算法相比，它的优势是对一些形状有细微变化的、纹理复杂的或者是聚焦模糊的检测图像都能检索得到。

其原理是：把模板图像中的所有像素按列顺序组成一个行向量 $\vec{a}$，即模板的特征向量，然后在检测图像上寻找与模板最匹配的区域 $\vec{b}$，通过计算两个向量的夹角，来衡量匹配的概率，如式（11.1）所示。

$$\cos\theta = \vec{a}\cdot\vec{b}/|\vec{a}||\vec{b}| \tag{11.1}$$

由式（11.1）可知，该算法主要是基于向量之间的相关性，因此受光线影响较小。图 11.2 是基于相关性的模板匹配的一个例子。

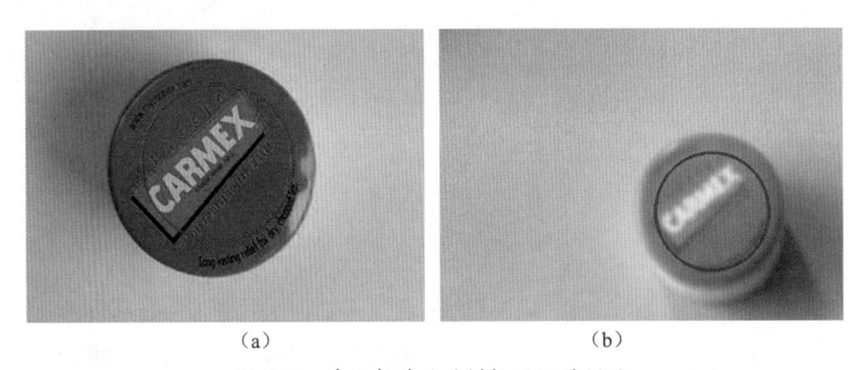

（a）　　（b）

图 11.2　基于相关性的模板匹配的例子

图 11.2（a）为参考图像，从中选取一块矩形区域作为模板图像，并根据其灰度值创建模板。图 11.2（b）为检测图像，该检测图像和模板图像相比有轻微的位移、旋转、缩放，以及失焦。尽管图像处于失焦状态，仍得到了理想的匹配结果。

该方法不但能适应光照变化，对小范围的遮挡和缺失也同样适用，同时还适用于聚焦不清的图像和形状变形，因此在实际工程中应用比较广泛。但是，该方法也有其局限性，如果与参考图像相比，检测图像的位移、旋转或者缩放比较大，可能会导致匹配失败。

注意

一般应在检测图像中指定匹配区域，然后在该区域中进行搜索。

11.1.3 基于形状的模板匹配

基于形状的模板匹配，也称为基于边缘方向梯度的匹配，是一种最常用也最前沿的模板匹配算法。该算法以物体边缘的梯度相关性作为匹配标准，原理是提取 ROI 中的边缘特征，结合灰度信息创建模板，并根据模板的大小和清晰度的要求生成多层级的图像金字塔模型。接着在图像金字塔层中自上而下逐层搜索模板图像，直到搜索到最底层或得到确定的匹配结果为止。图 11.3 是基于形状的模板匹配的一个例子。

（a）

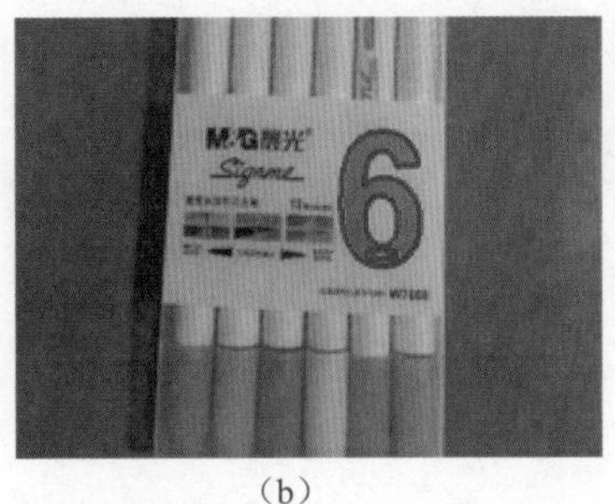

（b）

图 11.3　基于形状的模板匹配的例子

图 11.3（a）为参考图像，从中选取一块矩形区域作为模板图像，并根据其灰度值创建模板。在图 11.3（b）中，图像不仅存在尺寸的缩放，还发生了一定的旋转，但在这种情况下仍得到了理想的匹配结果。

该方法使用边缘特征定位物体，对于很多干扰因素不敏感，如光照和图像的灰度变化，甚至可以支持局部边缘缺失、杂乱场景、噪声、失焦和轻微形变的模型。更进一步说，它甚至可以支持多个模板同步进行搜索。但是，在搜索过程中，如果目标图像发生大的旋转或缩放，则会影响搜索的结果，因此不适用于旋转和缩放比较大的情况。

11.1.4 基于组件的模板匹配

基于组件的模板匹配可以说是基于形状的模板匹配的加强版，加强的地方在于，这种方法允许模板中包含多个目标，并且允许目标之间存在相对运动（位移和旋转）。这决定了这种方式不适用于尺寸缩放的情况。由于有多个 ROI，且需要检测多个 ROI 之间的相对运动关系，因此这种方法与基于形状的模板匹配相比要稍微复杂一点，且不适用于失焦图像和轻微形变的目标。图 11.4 是一个基于组件的模板匹配的例子。

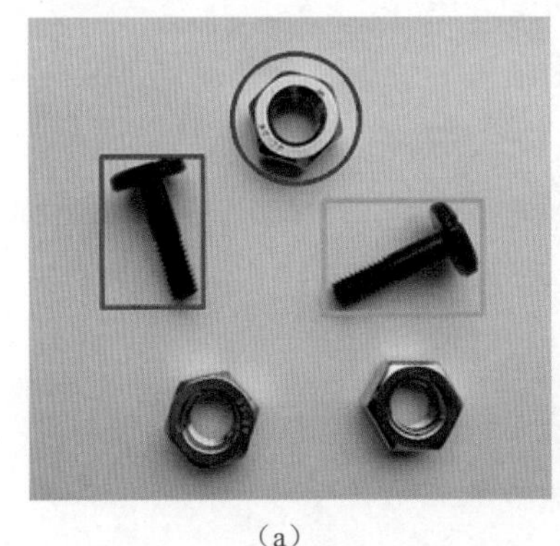

（a）

（b）

图 11.4　基于组件的模板匹配的例子

图 11.4（a）为参考图像，图中选取了几个元器组件作为模板图像，并根据其形状和相对关系创建了模板。在图 11.4（b）中，图像在旋转的情况下仍得到了理想的匹配结果。

基于组件的模板匹配适用于组成部件之间有相对运动的物体，使用边缘特征定位物体，对于很多干扰因素不敏感，如光照变化、混乱无序等。其适用于多通道图像，不适用于纹理图像、聚焦不清的图像和形状变形的图像。

11.1.5 基于形变的模板匹配

形变分为两种，一种是基于目标局部的形变，另一种是由于透视关系而产生的形变。基于形变的模板匹配也是一种基于形状的匹配方法，但不同的是，其返回结果中不仅包括轻微形变的形状、形变的位置和参数，还有描述形变的参数，如旋转角度、缩放倍数等。

基于透视的形变可以返回一个二维投影变换矩阵。如果是在相机标定的情况下，通过相机参数，还可以计算出目标的三维位姿。三维位姿的计算将在第 13 章进行介绍。图 11.5 是一个基于局部形变的模板匹配的例子。

（a）　　（b）

图 11.5　基于局部形变的模板匹配的例子

图 11.5（a）为参考图像，根据图像的灰度阈值选择出文字部分作为局部形变模板图像，并创建基于局部形变的模板。在图 11.5（b）中，图像出现了轻微的形变和部分缺失，但仍匹配出了理想的结果。

基于形变的模板匹配对于很多干扰因素不敏感，如光照变化、混乱无序、缩放变化等。其适用于多通道图像，对于纹理复杂的图像匹配则不太适用。

11.1.6 基于描述符的模板匹配

与基于透视形变的模板匹配类似，基于描述符的模板匹配能够在物体处于透视形变的状态下进行匹配，并且已标定和未标定的相机图像都适用。与透视形变不同的是，它的模板不是根据边缘轮廓创建的，而是根据特征点创建的。例如，点的位置或相邻像素的灰度信息等都可以作为描述符。有纹理的平面图形非常适用于这种方法，尤其是对于旋转倾斜等场景中的匹配可以得到非常理想的结果。图 11.6 是一个基于描述符的模板匹配的例子。

(a)

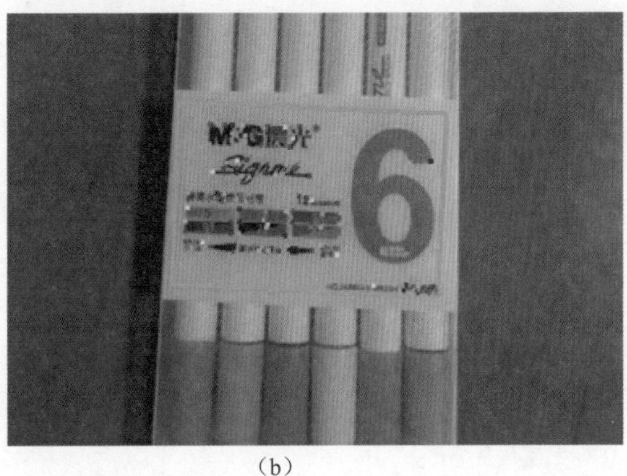

(b)

图 11.6　基于描述符的模板匹配的例子

图 11.6（a）是一个有纹理的参考图像，从中选取一个有表面图案的矩形区域作为模板图像，并根据其图案中的特征点和特征描述创建模板。在图 11.6(b）中，图像在三维空间中发生了线性变换，根据特征匹配模板不但得到了模板图像，还返回了空间角度变换信息。

注意

基于描述符的模板匹配只能用于有纹理的图像。

11.1.7 基于点的模板匹配

基于点的模板匹配主要是用在三维匹配中，通过寻找图像中对应的特征点，进行两幅重叠图像的拼接等操作，在相机标定的情况下被广泛应用。其主要原理是通过提取两幅图像之间的重要特征点实现匹配。把这些特征点作为匹配的输入，输出部分则是两幅图像之间的映射关系，支持图像的位移、旋转、缩放和透视形变。

同时，也可以把两幅图中的一幅作为模板，另一幅看作检测图像的一个实例。该方法在透视形变的情况下无须标定就能完成匹配，但是运行时间会增加，增加的时间主要来自特征点的提取。

注意

相机标定将在第 13 章详细讲解。

11.1.8 模板匹配方法总结

本小节总结了几种模板匹配方法的差异，可以根据它们的适用场景选择合适的算法，具体如表 11.1 所示。

表 11.1 几种模板匹配方法的比较

匹配目标	匹配方法	适用场景
搜索 2D 目标（正交视点）	基于灰度值的模板匹配	适用于目标区域灰度值比较稳定，检测图像与模板图像相似度高，且具有相同的外界条件的场景。不适用于杂乱场景、遮挡、光照变化、尺寸缩放及多通道图像
	基于相关性的模板匹配	适用于失焦图像、轻微形变、线性光照变化及轮廓模糊的图像，对纹理图像尤为支持。不适用于杂乱场景、遮挡、非线性光线变化、大幅的旋转、尺寸缩放和多通道图像
	基于形状的模板匹配	适用于目标轮廓比较清晰的场景。适用于杂乱场景、遮挡、非线性光照变化、尺寸缩放、失焦和轻微形变的图像，以及多通道图像和多个模板的同步匹配。不适用于纹理复杂的图像
	基于组件的模板匹配	适用于多个目标的匹配场景。适用于杂乱场景、遮挡、非线性光照变化的图像，以及多通道图像和多个模板的同步匹配。不适用于纹理复杂的图像，以及失焦和形变的图像
	基于局部形变的模板匹配	适用于杂乱场景、遮挡、非线性光照变化、尺寸缩放和轻微局部形变的图像，以及多通道图像
搜索 2D 模板（透视视点）	基于透视形变的模板匹配	适用于杂乱场景、遮挡、非线性光照变化、尺寸缩放、失焦和透视形变的图像，以及多通道图像。但是对于纹理图像的支持不够好
	基于描述符的模板匹配	适用于杂乱场景、遮挡、非线性光照变化、尺寸缩放、轻微局部形变、透视形变的图像，以及有纹理的图像，不适用于失焦和多通道图像
搜索匹配的点	基于点的模板匹配	用于在多幅部分重合的图像之间建立对应的关系

根据笔者的经验，在二维匹配中，最常用的还是基于形状的匹配和基于相关性的匹配，具体选择哪种，还需要仔细研究检测图像的图像特征。例如，如果检测图像可能出现针对参考图像的大幅缩放，则可以排除基于相关性的匹配，而选择基于形状的匹配；又如，检测图像的尺寸与模板图像几乎相同，但是形状可能在检测过程中出现轻微的改变，此时选择形状模板匹配可能效果不太好，就可以选择基于相关性的匹配。

11.2 图像金字塔

本节将讲述一种加速模板匹配的方法 —— 图像金字塔。在 Halcon 的模板匹配过程中，除了基于描述符的匹配之外，其他几种匹配方法都用到了图像金字塔。图像金字塔是按照一定的排列顺序显示的一系列图像信息，包括原始图像和不同尺寸的下采样图像，如图 11.7 所示。

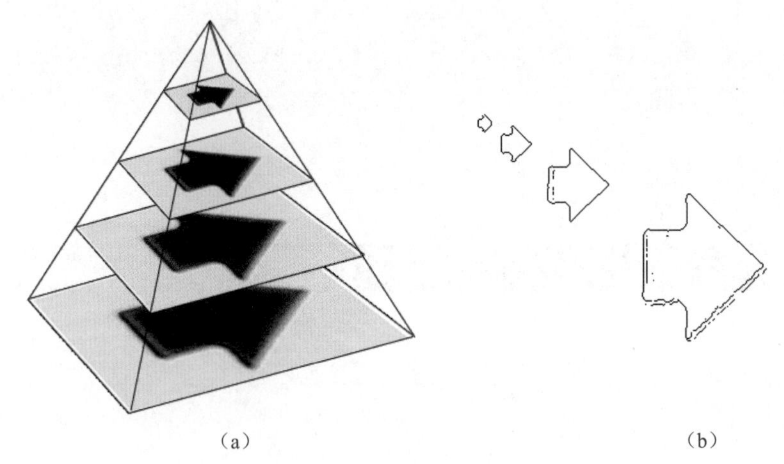

（a）　（b）

图 11.7　图像金字塔

为了提高匹配速度，一般是用一个图像金字塔，它包括原图的各种下采样版本，如原始全尺寸及各个层级的下采样图像。这一系列图像从大到小、自下而上构成一个塔状模型，原始图像为第 1 层（最底层），第 2 层图像大小仅为第 1 层的 1/4，然后不断迭代，每一层图像包含的信息和细节程度都不相同。这样创建好的模型在匹配的时候，可在不同的金字塔层级中进行图像搜索。采用金字塔采样算法进行形状模板匹配的过程如下。

（1）确定金字塔的层级数，这取决于要寻找的目标，还要保证金字塔最上层的目标图像结构清晰。一般来说，其计算公式如式（11.2）所示。

$$n=\log_2\{\min(M,N)\}-t, t \in [0,\log_2\{\min(M,N)\}] \tag{11.2}$$

在式（11.2）中，M，N 为图像的原始尺寸；t 为塔顶图像最小维数的对数。

假设图像原始尺寸是 640×480，那么第 2 ～ 5 层的大小分别是 320×240、160×120、80×60 以及 40×30。是否需要更高的层级，取决于第 5 层的清晰度。根据确定的层级数，利用模板图像创建 n 层的金字塔图像。

（2）通过降采样创建每层级的金字塔图像，由于一般会出现图像锯齿，因此还需要使用平滑滤波器对图像进行处理。

（3）从金字塔的最顶层开始进行匹配。这个过程就是计算模板与 ROI 图像的相似性值，可以选择的相似性度量准则有 SAD（绝对值总和）、SSD（平方差总和）、NCC（归一化相关）等，其中 NCC 效果最好，也能很好地适应光照变化。因此，在进行形状模板匹配时 NCC 是默认方法，但也是比较耗时的方法。

（4）得到了匹配的候选区域后，把这个结果映射到下一层，即直接将找到的匹配点的位置坐标乘以 2，下一层的匹配搜索就在这个区域内进行。将找到的结果区域按同样的方法向下映射，直到找不到目标对象或者到达金字塔的最底层，如上面的图 11.7 所示。

图 11.7（a）为理论上的图像金字塔模型，从底层开始，每一层均为之前一层的向下采样。图 11.7（b）为使用 inspect_shape_model 算子生成的各层级的形状模板图像，要求最小一层的形状仍能保留基本的形状特征，据此可以选择合适的金字塔层级数。对于比较大的模板，由于这种方法减少了搜索区域，因此整个匹配过程非常高效。

11.3 模板图像

本节将讲述如何创建合适的模板。可以从参考图像的特定区域中创建，也可以使用 XLD 轮廓创建合适的模板。接下来将分别介绍这两种方法。

11.3.1 从参考图像的特定区域中创建模板

模板匹配的第一步，是准备好合适的模板。模板一般来源于参考图像，在后续的步骤中将根据这个模板在检测图像上寻找目标。可以利用 ROI 创建图像模板。ROI 的选择既关系到生成模板的质量，也关系到搜索的准确度，ROI 的形状、大小、方向等都是影响因素。但是，有的匹配方法也可以不使用模板图像，如基于形状的模板匹配，可以使用 XLD 轮廓作为模板。

在创建图像模板时，需要先明确要进行匹配的目标对象，再围绕该目标创建 ROI 以屏蔽掉目标以外的其他区域图像。这是为了在搜索模板时，只检测经过裁剪的 ROI 图像，以把范围缩小到局部关键区域，这样会大大减少搜索时间。

从参考图像中创建模板是常用的方法。首先在参考图像上选择一块区域作为 ROI，该区域仅包括需要检测的目标图像部分。选择 ROI 时，可以使用任意形状。例如，比较常用的是创建一个矩形框，使用 gen_rectangle 算子就可以在参考图像上用鼠标绘制一个矩形框，将目标选择出来；也可以使用 gen_ellips 等算子创建其他形状。如果 ROI 并不规则，也可以使用 gen_region_polygon 算子绘制多边形选区。如果对这些形状的参数不太确定，如坐标位置、宽高、半径等，可以将鼠标指针悬停在图像上并观察图像窗口右下角的坐标，由此估计要选择的形状区域的大致参数；也可以使用估计的参数将形状绘制出来，以观察选择的形状区域是否理想。

除了手动创建选区外，某些情况下，也可以使用图像处理算法自动提取 ROI。例如，要从干净的背景中提取一个六角形螺母的形状，手动创建形状选区可能会分割得不够准确，矩形、椭圆形、多边形都很难完全地提取出六角形的形状轮廓，这时可以使用灰度阈值等图像预处理方法提取出六角形螺母的形状区域。

选择好 ROI 以后，可以通过 reduce_domain 算子将这部分图像区域裁剪为一个模板图像。该模板图像只包括目标对象的图像，并且可以是任意形状。

注意

如果想得到质量比较好的模板，ROI 中应尽可能少的包含噪声和杂乱场景。

11.3.2 使用 XLD 轮廓创建模板

对于某些匹配方式而言，除了使用图像区域创建模板外，还可以使用 XLD 轮廓创建模板，如基于相关性的模板匹配、基于形状的模板匹配等。有时很难从参考图像中选择一块合适的包含被测目标的 ROI，如图像中的目标边界模糊或者存在杂点等。

也可以考虑创建 XLD 轮廓作为模板。首先使用图像处理方法提取出目标的轮廓区域，然后使用 gen_contour_region_xld 算子创建 XLD 轮廓。接着使用 create_shape_model_xld 算子根据输入的轮廓创建模板，在检测时，使用 find_shape_model 算子在检测图像中搜索符合条件的轮廓区域。如果要显示结果，则使用 dev_display_shape_matching_results 算子将匹配成功的区域绘制出来。

11.4 模板匹配的步骤

不同的模板匹配方法，其操作步骤也不一样，其生成模板的方式也有些许不同，下面依次介绍。

11.4.1 基于灰度值的模板匹配

基于灰度值的模板匹配适用于图像内灰度变化比较稳定，噪声比较少，且灰度差异比较明显的检测目标。这是一种不太推荐的匹配方法，因为该方法复杂度高，一次只能检测一个目标，耗时，且对光照和尺寸变化十分敏感。如果要使用该方法进行匹配，一般有如下步骤。

（1）使用 create_temple 算子或 create_temple_rot 算子创建一个模板。相比前者，后者多了一个允许的旋转角度，可使目标图像在旋转后也能被搜索到。在创建模板时，可以设置 GrayValue 参数为 original。create_temple 算子原型如下：

```
create_template(Template : : FirstError, NumLevel, Optimize, GrayValues :
TemplateID)
```

Template 是输入参数，表示准备好的模板图像。FirstError 是一个无用的参数，默认为 255。NumLevel 表示匹配金字塔的层级数，默认为 4。Optimize 表示优化的方法类型，可以选择 sort，表示进行优化，这样匹配时间会稍微长一点，结果也会更稳定一些；也可以选择 none，表示不进行任何优化。参数 GrayValues 决定了使用原始图像的灰度还是使用边缘梯度进行匹配。可选的有

gradient、normalized、original、sobel，其含义可以从字面上理解。如果光照情况比较稳定，图像灰度变化不大，就可以选择 original，即使用原始灰度差值作为匹配的判断条件；如果光照变化比较大，建议放弃使用基于灰度值的匹配，可以考虑使用基于相关性的匹配。

（2）创建模板之后，将返回一个模板的句柄 TemplateID。接着可以使用各种匹配算子进行灰度的匹配，如 best_match 算子和 fast_match 算子，以及它们的多种衍生版本，即带变量的算子，如 best_match_mg 算子、best_match_pre_mg 算子、best_match_rot 算子、fast_match_mg 算子等。best_match 算子返回的是匹配结果最好的目标的坐标位置，而 fast_match 算子返回的是包含所有点的一个区域。

后缀为 mg 变量的算子，如 best_match_mg 算子和 fast_match_mg 算子，表示其是在图像金字塔上进行匹配的；best_match_pre_mg 算子则表示使用了预训练的金字塔，在算子的参数列表中可以设置金字塔的层级等参数。带 rot 的算子，如 best_match_rot 算子，表示检测图像可以旋转一定的角度，该角度的起始范围可以在 best_match_rot 算子的参数中设置。

（3）使用 clear_template 算子释放模板资源。例如，图 11.1 中的例子使用了基于灰度值的模板匹配，其代码如下：

```
dev_close_window ()
dev_open_window (0, 0, 599, 464, 'black', WindowID)
*读取一幅彩色图像
read_image (Imagecolor, 'data/holesBoard')
*将其转化为灰度图像
rgb1_to_gray (Imagecolor, Image)
dev_set_draw ('margin')
dev_set_line_width(3)
Row1 :=700
Column1 := 950
Row2 := 906
Column2 := 1155
*选择一块矩形的 ROI
gen_rectangle1 (Rectangle, Row1, Column1, Row2, Column2)
dev_display (Rectangle)
*对 ROI 进行裁剪，将其变成模板图像
reduce_domain (Image, Rectangle, ImageReduced)
*创建模板，因为光照比较稳定，所以 GrayValues 参数选择 original
create_template (ImageReduced, 5, 4, 'sort', 'original', TemplateID)
*读取测试图像
read_image (ImageNoise, ' data/holesBoardNoise')
*应用灰度模板并进行匹配
adapt_template (ImageNoise, TemplateID)
best_match_mg (ImageNoise, TemplateID, 35, 'false', 4, 'all', Row_, Column_,
Error_)
dev_clear_window ()
```

```
dev_display (ImageNoise)
*根据匹配返回的坐标中心绘制矩形标识框，将匹配到的目标框选出来
disp_rectangle2 (WindowID, Row_, Column_, 0, 95, 95)
*匹配结束，释放模板资源
clear_template (TemplateID)
```

11.4.2 基于相关性的模板匹配

基于相关性的模板匹配也是一种基于灰度特征的匹配方法。该方法使用一种基于行向量的归一化互相关匹配法，在检测图像中匹配模板图像。与基于灰度值的匹配相比，该方法速度快得多，并且能够适应线性光照变化。与基于形状的模板匹配相比，该方法能适用于有大量纹理的模板，支持有轻微形变的搜索，能弥补形状模板在某些方面的不足。

使用基于相关性的匹配有如下步骤。

（1）从参考图像上选择检测的目标。使用矩形选区等方式，从参考图像上选择一块 ROI，然后使用 reduce_domain 算子将该区域裁剪成一个独立的图像区域。

（2）创建模板。用上一步裁剪后的图像创建一个归一化的互相关模型，使用的是 create_ncc_model 算子。该算子的原型如下：

```
create_ncc_model(Template : : NumLevels, AngleStart, AngleExtent, AngleStep,
Metric : ModelID)
```

参数 Template 是输入的包括了 ROI 的图像。参数 NumLevels 是金字塔的层数，默认可以设为 auto，程序将自动确定合适的金字塔层级数，该层级数可以通过 get_ncc_model_params 算子进行查看。AngleStart 和 AngleExtent 两个参数确定了模板图像可能出现在检测图像上的旋转角度范围，在这个范围内的旋转才有可能被搜索到。参数 AngleStep 为角度旋转变化的步长。模型的角度变化是在检测前进行预处理，并将旋转信息保存在内存中的。因此，旋转的角度大小和模型的点的数量决定了所需内存的大小。也可以设置 AngleStep 为 auto 或 0，则程序会自动确定合适的旋转角度的步长。

注意

旋转的中心点是模板图像的重心。

表示在检测图像中识别模板的条件，或者说是“度量”。该参数在其他几种匹配算子中也经常用到。这里有两个可选择的值：use_polarity 和 ignore_global_polarity。如果选择 use_polarity，那么检测图像中的目标对象必须和模板中的目标对象具有相同的对比度“方向”。例如，模板中是一个暗背景上有一个亮的目标，那么在检索时，只有符合匹配条件并且亮度比背景亮的目标才能被检测出来。如果选择 ignore_global_polarity，那么该亮度变化可以忽略，还是上面的例子，即使是前景与背景的对比度“方向”相反，即该目标比背景还暗，也能检测出来。

参数 ModelID 是模板的句柄，供匹配算子 find_ncc_model 调用。在该算子中，有一个参数 MinSore 用于指定匹配分数的最小值，即低于这个匹配分数的匹配结果就不需要返回了。由于匹配分数是从归一化的互相关系数中来的，为了提升匹配速度，这个分数的阈值应该尽可能设置得高一点，但是也要防止设得过高导致匹配失败。

匹配结束后，使用 clear_ncc_model 算子释放模板。例如，11.1.2 小节的图 11.2 中的例子使用了基于相关性的模板匹配，其代码如下：

```
* 读取参考的原始图像。如果是彩色的，需要先转化为单通道灰度图像
read_image (Image, 'data/carmex-0')
get_image_size (Image, Width, Height)
dev_close_window ()
dev_open_window (0, 0, Width, Height, 'black', WindowHandle)
* 设置窗口绘制参数，线宽设为 3
dev_set_line_width(3)
dev_set_draw ('margin')
* 创建圆形，因为目标区域是圆形，所以用圆形将 ROI 选择出来
gen_circle (Circle, 161, 208, 80)
* 获取圆形的中心点，为匹配后的可视化显示结果做准备
area_center (Circle, Area, RowRef, ColumnRef)
* 裁剪 ROI，得到模板图像
reduce_domain (Image, Circle, ImageReduced)
* 创建基于相关性的匹配模型，输入模板图像和模型参数
create_ncc_model (ImageReduced, 'auto', 0, 0, 'auto', 'use_polarity',
ModelID)
* 显示原始图像和圆形框
dev_display (Image)
dev_display (Circle)
stop ()
* 读取测试图像。该测试图像和参考图像比起来有轻微的位移、旋转、缩放，以及失焦
read_image (Image2, 'data/carmex-1')
* 进行基于相关性的模板匹配
find_ncc_model (Image2, ModelID, 0, 0, 0.5, 1, 0.5, 'true', 0, Row, Column,
Angle, Score)
vector_angle_to_rigid (RowRef, ColumnRef, 0, Row, Column, 0, HomMat2D)
* 对圆形进行仿射变换，使其将匹配的结果目标标识出来
affine_trans_region (Circle, RegionAffineTrans, HomMat2D, 'nearest_neighbor')
* 显示测试画面和圆形标记圈
dev_display (Image2)
dev_display (RegionAffineTrans)
* 匹配结束，释放模板资源
clear_ncc_model (ModelID)
```

11.4.3 基于形状的模板匹配

基于形状的匹配，就是使用目标对象的轮廓形状来描述模板。Halcon 中有操作助手，可以直观地进行形状模板匹配的参数选择以及效果测试。如果使用算子编写，步骤如下。

（1）从参考图像上选择检测的目标。使用合适的形状工具，如矩形选区等，从参考图像上选择 ROI，然后使用 reduce_domain 算子将该区域裁剪成一个独立的图像区域。

（2）创建模板。在创建模板之前，建议使用 inspect_shape_model 算子列出模板图像的各层级的金字塔图像和根据模板图像自动提取出的形状。查看这些信息有助于为创建模板选择合适的参数。

设置 inspect_shape_model 算子的最后两个参数 NumLevels 和 Contrast，其中 NumLevels 表示金字塔的层级，Contrast 表示点的最小对比度。该算子执行后将会把预设参数的金字塔分级图像显示出来，可以根据需要判断参数选取得是否合理。

图 11.8（a）为输入的图像，选取其中一部分图像用于创建形状模板，并在 inspect_shape_model 算子中设置金字塔层级 NumLevel 为 4，Contrast 为 30；图 11.8（b）为该算子返回的每个层级的图像；图 11.8（c）为每个金字塔层级提取出的形状。

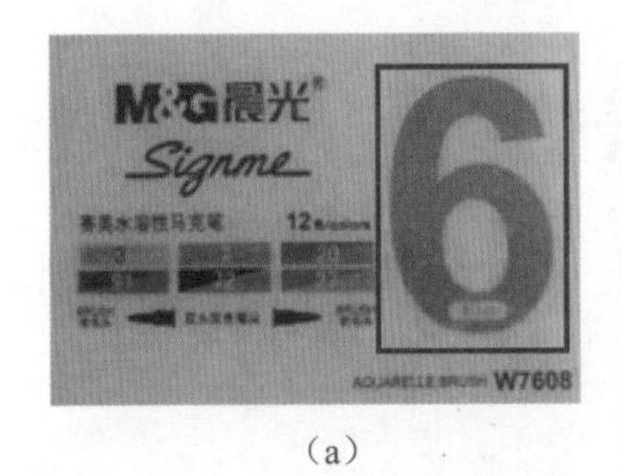

（a）

（b）

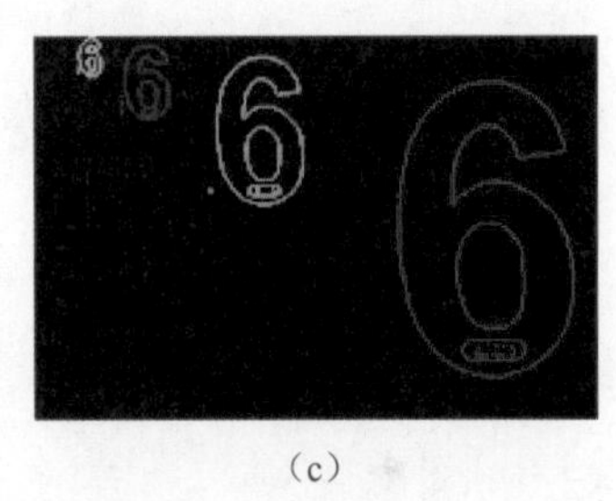

（c）

图 11.8　使用 inspect_shape_model 算子查看金字塔的层级图像和特征轮廓

在确定了金字塔层级和最小对比度之后，使用 create_shape_model 算子创建形状模板。创建模板时，除了 NumLevel 和 Contrast 两个参数已经明确外，还需要定义模板的其他参数。例如，AngleStart 和 AngleExtent 用于约束可能旋转的角度，AngleStep 用于约束角度变化的步长。如果模板图像特别大，可以用 Optimization 对模型进行优化，减少点的数量。值得一提的是 Metric 参数，相比互相关匹配中的 Metric 参数，这里的 Metric 有 4 个可选项，分别如下。

- use_polarity：表示匹配得到的图像必须和模板图像的对比度“方向”相同。例如，模板中是一个暗背景上有一个亮的目标，那么在检索时，只有符合匹配条件并且亮度比背景亮的目标才能匹配成功。
- ignore_global_polarity：适用于全局对比度发生变化的情况，表示忽略全局对比度的变化，即匹配过程中的图像对比度可以与模板中的完全相反。例如，模板中是一个暗背景上有一个亮的目标，那么在检索时，即使目标对象很亮而背景很暗，也能匹配成功。

- ignore_local_polarity：表示忽略局部对比度的变化，如果图像因为光照改变等原因发生局部对比度变化，可以选择这一项。
- ignore_color_polarity：表示匹配过程忽略颜色对比度的变化，一般适用于多通道图像。如果不确定检测时会显示哪个通道的图像，可以选择此项。

Metric 参数可以用于因光照导致图像对比度发生变化的情况，默认值 use_polarity 可能会导致匹配失败，这时可以考虑修改 Metric 的值来调整匹配的效果。

创建完成以后，create_shape_model 算子会返回一个句柄，名称是 ModelID，用来指定模板的名称。

注意

在创建形状匹配模板时，也可以直接使用 XLD 轮廓作为形状模板。

（3）搜索目标。创建好模板之后，接下来读取待检测的图像。使用 find_shape_model 算子搜索最佳匹配区域，将检测图像和模板句柄 ModelID 输入该算子中，搜索到的目标对象的匹配分值会存入参数 Score 中。如果各项参数都设定得很合适，那么在图中应该会找到至少一个大于最小匹配分值的区域。find_shape_model 算子返回的结果，除了匹配分值外，还有目标的坐标和旋转角度。利用这些信息，可以进行位置与旋转角度的计算。

为了直观地显示结果，可以在画面上依据计算结果绘图，如使用 dev_display_shape_matching_results 算子绘制匹配结果。

（4）清除模板。匹配结束后，使用 clear_shape_model 算子将模板清除，并释放内存资源。例如，11.1.3 小节的图 11.3 中的例子使用了基于形状的模板匹配，其代码如下：

```
*读取参考图像
read_image(Image, 'data/labelShape-0')
*围绕要匹配的目标创建一个矩形，获取 ROI
gen_rectangle1 (Rectangle, 34, 290, 268, 460)
*对 ROI 进行裁剪，得到模板图像
reduce_domain (Image, Rectangle, ImageReduced)
*测试金字塔的层级参数
inspect_shape_model (ImageReduced, ModelImages, ModelRegions, 4, 30)
*设置显示图像、绘制线条的线宽等窗口参数
dev_set_draw ('margin')
dev_set_line_width(3)
dev_display(Image)
dev_display(Rectangle)
*根据裁剪的模板图像创建基于形状的模板，返回模板句柄 ShapeModelID
create_shape_model (ImageReduced, 5, rad(-10), rad(20), 'auto', 'none',
'use_polarity', 20, 10, ShapeModelID)
stop()
*读取用于测试的图像
read_image(SearchImage, 'data/labelShape-1')
```

```
*使用匹配算子进行形状模板匹配
find_shape_model (SearchImage, ShapeModelID, 0, rad(360), 0.5, 3, 0, 'least_
squares', 0, 0.5, RowCheck, ColumnCheck, AngleCheck, Score)
*显示匹配结果，将匹配得到的实例以形状轮廓的形式绘制出来
dev_display_shape_matching_results (ShapeModelID, 'red', RowCheck,
ColumnCheck, AngleCheck, 1, 1, 0)
*匹配结束，释放模板资源
clear_shape_model (ShapeModelID)
```

11.4.4 基于组件的模板匹配

基于组件的模板匹配可以包含多个 ROI，每个区域对应一个组件，并且组件之间还可以发生相对位置关系变化。因此，该方法的难点就在于确定组件之间的相对位置关系。其步骤如下。

（1）提取组件的 ROI。读取图像，提取组件。提取组件有两种方式，一种是使用 gen_rentangle1 等算子，在图像中手动确定要检测的组件；另一种是使用 gen_initial_components 算子自动提取组件。自动提取时要注意设置参数，防止将噪声等非关键部分也识别为组件，否则会对后面的匹配造成干扰。

（2）训练组件之间的相对关系。如果组件位置已知，而相互之间的位置关系未知，可以使用多张图片构成一个训练样本集，并使用 train_model_components 算子对这些样本进行训练，以得到组件模型，还可以使用 get_training_components 算子查看训练结果。

（3）创建基于组件的匹配模板。如果组件之间的关系都已知，可以使用 create_component_model 算子创建模板；如果创建组件在训练过程之后，则可以使用 create_trained_component_model 算子创建模板。

（4）寻找组件并确定相对位置关系。匹配的过程通常是使用 find_component_model 算子来搜索目标中的多个组件。匹配算法使用的是类似于树型的结构，因此 find_component_model 算子中应指明树的根节点 RootComponent，然后由根节点开始搜索其他的关联节点。

（5）清除模型。匹配结束后，使用 clear_component_model 算子将模板清除，并释放内存资源。

例如，11.1.4 小节的图 11.4 中的例子使用了基于组件的模板匹配，其代码如下：

```
dev_close_window ()
*读取参考图像，这里读取的是单通道灰度图像
read_image (ModelImage, ' data/bolts-0')
*设置显示图像、绘制线条的宽度等窗口参数
dev_open_window_fit_image (ModelImage, 0, 0, -1, -1, WindowHandle)
dev_display (ModelImage)
dev_set_draw ('margin')
dev_set_line_width(3)
stop ()
```

```
*定义各个组件，选取各个组件的 ROI
gen_rectangle1 (Rectangle1, 140, 71, 279, 168)
gen_rectangle1 (Rectangle2, 181, 281,285, 430)
gen_circle (Circle, 106, 256, 60)
*将所有组件放进一个名为 ComponentRegions 的 Tuple 中
concat_obj (Rectangle1, Rectangle2, ComponentRegions)
concat_obj (ComponentRegions, Circle, ComponentRegions)
*显示参考图像及选择的各个组件区域，核对区域选择得是否理想
dev_display (ModelImage)
dev_display (ComponentRegions)
stop ()
*创建基于组件的模板，返回模板句柄 ComponentModelID
create_component_model (ModelImage, ComponentRegions, 20, 20, rad(25),
0, rad(360), 15, 40, 15, 10, 0.8, 3, 0, 'none', 'use_polarity', 'true',
ComponentModelID, RootRanking)
*读取检测图像，该检测图像相对于参考图像有一定的位移和旋转
read_image (SearchImage, ' data/bolts-1')
*在参考图像的基础上，进行基于组件的匹配
find_component_model (SearchImage, ComponentModelID, RootRanking, 0,
rad(360), 0.5, 0, 0.5, 'stop_search', 'search_from_best', 'none', 0.8,
'interpolation', 0, 0.8, ModelStart, ModelEnd, Score, RowComp, ColumnComp,
AngleComp, ScoreComp, ModelComp)
*显示检测图像
dev_display (SearchImage)
*对每一个检测到的组件实例进行可视化的显示
for Match := 0 to |ModelStart| - 1 by 1
    dev_set_line_width (4)
    *获得每个组件的实例和位移、旋转等参数
    get_found_component_model (FoundComponents, ComponentModelID,
ModelStart, ModelEnd, RowComp, ColumnComp, AngleComp, ScoreComp, ModelComp,
Match, 'false', RowCompInst, ColumnCompInst, AngleCompInst, ScoreCompInst)
    dev_display (FoundComponents)
endfor
stop ()
*匹配结束，释放模板资源
clear_component_model (ComponentModelID)
```

注意

该方法不支持缩放，因此应尽可能选择合适的检测图像。

11.4.5 基于局部形变的模板匹配

基于局部形变的模板匹配与基于形状的模板匹配的相似之处是，二者都是通过检测目标的形状

轮廓进行匹配的；不同之处在于，前者的匹配过程可以接受轻微的形变，其匹配步骤如下。

（1）准备模板。在创建模板之前，先读取输入图像，选择要检测的目标选区。选择时要注意选取包含目标的典型结构，也可以适当包含目标区域以外的邻域像素，然后将得到的参考图像转化为单通道的灰度图像。

（2）创建基于局部形变的匹配模型。创建模型的方式有两种，一种是使用 create_local_deformable_model 算子，从模板图像中创建模型；另一种是根据目标的 XLD 轮廓创建，使用 create_local_deformable_model_xld 算子。两种方式的输入不同，但是大部分参数都相同。

如果想使用自动参数，除了把参数值设为 auto 以外，还可以使用 determine_deformable_model_params 算子获取推荐的参数，然后根据实际匹配效果决定是否需要修改这些参数。如果要调整与金字塔层级相关的参数，也可以使用 inspect_shape_model 算子查看不同层级的金字塔图像效果，这一点与基于形状的模板匹配类似。

如果想获取原图的轮廓以便以后与形变对比，可以使用 get_deformable_model_contours 算子。

（3）搜索目标。模型创建好以后，首先确定输入的图像是单通道灰度图像，然后使用 find_loacal_deformable_model 算子进行匹配。它将返回目标的位置和分数，以及形变的轮廓等信息。该算子的参数与另外几种匹配算法类似，可以通过调整匹配参数来提升匹配的效率。

（4）优化匹配过程。如果一次匹配的效果不理想，可以通过调整匹配参数来优化匹配的结果。例如，修改搜索空间、限制图像金字塔的层级等。

（5）清除模型。匹配结束后，使用 clear_deformable_model 算子将模板清除，并释放内存资源。在获得基于形变的模板匹配对象之后，将获得对象的坐标、匹配分数，但是不会返回旋转角度、缩放系数等参数。

根据 ResultType 的定义，将返回一些参数用于校正图像，以及获取形变的轮廓等。例如，11.1.5 小节的图 11.5 中的例子使用了基于局部形变的模板匹配，其代码如下：

```
dev_close_window ()
*读取参考图像，这里读取的是单通道灰度图像
*这里的参考图像是已经剪裁好的 ROI，可以直接作为模板图像
read_image (ModelImage, 'data/creamlabel')
*设置显示窗口参数
dev_open_window_fit_image (ModelImage, 0, 0, -1, -1, WindowHandle)
*创建局部形变模板，返回局部形变模板句柄 ModelID
create_local_deformable_model (ModelImage, 'auto', rad(-15), rad(30),
'auto', 1, 1, 'auto', 1, 1, 'auto', 'none', 'use_polarity', [40,60], 'auto',
[], [], ModelID)
*获取局部形变模板的轮廓
get_deformable_model_contours (ModelContours, ModelID, 1)
*为了将模板轮廓可视化显示，需要将轮廓与图像实物对应起来
```

```
*出于可视化显示的目的，先获取模板图像的几何中心
area_center (ModelImage, Area, Row, Column)
*进行仿射变换
hom_mat2d_identity (HomMat2DIdentity)
hom_mat2d_translate (HomMat2DIdentity, Row, Column, HomMat2DTranslate)
affine_trans_contour_xld (ModelContours, ContoursAffinTrans, HomMat2DTranslate)
*设置轮廓的线条参数，显示模板图像与轮廓
dev_set_line_width (2)
dev_display (ModelImage)
dev_display (ContoursAffinTrans)
stop ()
*读取检测图像，这里的检测图像中包含模板图像，并且有一定的形变
read_image (DeformedImage, ' data/cream')
*显示用于检测的局部形变图像
dev_resize_window_fit_image (DeformedImage, 0, 0, -1, -1)
dev_display (DeformedImage)
*进行局部形变模板匹配
find_local_deformable_model (DeformedImage, ImageRectified, VectorField,
DeformedContours, ModelID, rad(-14), rad(28), 0.9, 1, 0.9, 1, 0.78, 0, 0,
0, 0.7, ['image_rectified','vector_field','deformed_contours'], ['deformation_
smoothness','expand_border','subpixel'], [18,0,0], Score, Row, Column)
*显示形变轮廓
dev_display (DeformedImage)
dev_set_line_width (2)
dev_set_color ('red')
dev_display (DeformedContours)
stop()
*匹配结束，释放模板资源
clear_deformable_model (ModelID)
```

11.4.6 基于透视形变的模板匹配

透视形变也是一种形变，属于形状模板匹配的延伸。形状模板匹配对于形变非常敏感，而透视形变匹配则能适应出现透视形变的情况。透视形变的匹配又分为无标定和有标定两种情况。基于透视形变的匹配步骤如下。

（1）选择 ROI。与其他几种方法类似，在创建模板之前，先读取输入图像，选择 ROI，可以是任意形状。该区域尽量包含检测目标的突出特征。选取好以后对 ROI 进行裁剪，并且将得到的参考图像转化为单通道的灰度图像。也可以使用 XLD 轮廓创建模板。

（2）创建基于透视形变的匹配模型。由于透视形变的模型有多种创建方式，因此可以针对不同的方法选择对应的模型创建方式。

- create_planar_uncalib_deformable_model 算子：使用模板图像创建无标定的透视形变匹配模型。
- create_planar_uncalib_deformable_model_xld 算子：使用 XLD 轮廓创建无标定的透视形变匹配模型。
- create_planar_calib_deformable_model_xld 算子：使用模板图像创建有标定的透视形变匹配模型。
- create_planar_calib_deformable_model_xld 算子：使用 XLD 轮廓创建有标定的透视形变匹配模型。

在模型中根据实际需求调整对比度 Contrast、金字塔层级数 NumLevels、允许的旋转角度范围等参数。如果是标定过的情况，还需要考虑相机参数 CamParam、ReferencePose。要想自动设置参数，可以把参数值设为 auto，还可以使用 determine_deformable_model_params 算子获取默认的参数，或者使用 inspect_shape_model 算子查看不同层级的金字塔参数的效果。但是，这些自动获取的参数可能不够精确，还需要根据实际匹配效果进行修改。

（3）搜索目标。对于无标定和有标定两种情况，分别使用 find_planar_uncalib_deformable_model 算子和 find_planar_calib_deformable_model 算子来搜索目标，前者返回的是二维投影变换矩阵和匹配分数，后者返回的是目标的三维位姿和匹配分数。针对匹配的结果，可以通过不断调整匹配的参数来提升匹配算子的效率。

（4）清除模型。匹配结束后，使用 clear_deformable_model 算子将模板清除，并释放内存资源。

11.4.7 基于描述符的模板匹配

与基于透视形变的匹配类似，基于描述符的匹配允许一定程度的透视形变，并且能在有标定和无标定的图像中进行。但是不同的是，基于描述符的匹配与物体的轮廓无关，而是与目标的纹理密切相关，或者说与目标中的特征点相关。基于描述符的匹配步骤如下。

（1）选择 ROI。与其他几种方法类似，在创建模板之前，先读取输入图像，选择 ROI，可以是任意形状，也可以包含孔洞区域，尽量包含检测目标的突出特征。然后对 ROI 进行裁剪，得到模板图像。

（2）创建基于描述符的匹配模型。由于基于描述符的匹配模型也有无标定和有标定两种情况，因此可以针对不同的方法选择对应的模型创建方式。可以使用 create_uncalib_descriptor_model 算子或者 create_calib_descriptor_model 算子，分别对应无标定和有标定两种情况。对于有标定的情况，还需要知道相机的内部参数和位姿。

（3）搜索目标。基于描述符的模板也分两种情况，即使用 find_uncalib_descriptor_model 算子或者 find_calib_descriptor_model 算子，分别对应无标定和有标定两种情况，返回目标的三维位姿和匹配分数。

（4）优化匹配过程。如果一次匹配的效果不理想，可以通过调整匹配参数来优化匹配结果。例如，修改搜索空间、限制图像金字塔的层级等。

（5）清除模型。匹配结束后，使用 clear_component_model 算子将模板清除，并释放内存资源。当目标匹配成功后，会得到目标的位置坐标、旋转角度、缩放值、二维投影矩阵和匹配分值等参数。

这些参数可以作为继续匹配的输入，也可以用来进行其他的视觉处理，如图像对齐、几何计算等。例如，11.1.6 小节的图 11.6 中的例子使用了无标定的基于描述符的模板匹配，其代码如下：

```
dev_close_window ()
*读取参考图像，这里的参考图像应只包含需要识别的关键区域，用于创建模板
read_image (ImageLabel, ' data/labelShape-0')
*设置窗口参数，用于显示图像
get_image_size (ImageLabel, Width, Height)
dev_open_window (0, 0, Width, Height, 'black', WindowHandle1)
dev_set_draw ('margin')
dev_display (Image)
*设置用于存储特征点和 ROI 的变量
NumPoints := []
RowRoi := [10,10,Height - 10,Height - 10]
ColRoi := [10,Width - 10,Width - 10,10]
*将参考图像中的除边缘外的区域都设为 ROI。因为参考图像已经近似于匹配的纹理样本
gen_rectangle1 (Rectangle, 10, 10, Height - 10, Width - 10)
*显示参考图像上选择的 ROI
dev_set_line_width (4)
dev_display (Rectangle)
stop ()
*将 ROI 剪裁为模板图像
reduce_domain (ImageLabel, Rectangle, ImageReduced)
dev_clear_window ()
dev_display (ImageLabel)
*创建基于描述符的模板
create_uncalib_descriptor_model (ImageReduced, 'harris_binomial', [],
[], ['min_rot','max_rot','min_scale','max_scale'], [-90,90,0.2,1.1], 42,
ModelID)
*设置模型的原点，为了后面获取坐标作参照
set_descriptor_model_origin (ModelID, -Height / 2, -Width / 2)
*获取模型中特征点的位置
get_descriptor_model_points (ModelID, 'model', 'all', Row_D, Col_D)
*将模型中计算出的特征点存入 NumPoints 变量中
NumPoints := [NumPoints,|Row_D|]
*读取检测图像，这里读取的是单通道灰度图像，因此省略了通道转化的步骤
read_image (ImageGray, ' data/labelShape-1')
dev_resize_window_fit_image (ImageGray, 0, 0, -1, -1)
dev_display (ImageGray)
*对描述符特征点进行匹配
```

```
find_uncalib_descriptor_model (ImageGray, ModelID, 'threshold', 800, ['min_
score_descr','guided_matching'], [0.003,'on'], 0.25, 1, 'num_points',
HomMat2D, Score)
*显示匹配结果，将特征点用不同的颜色绘制出来
if ((|HomMat2D| > 0) and (Score > NumPoints[0] / 4))
    get_descriptor_model_points (ModelID, 'search', 0, Row, Col)
    *创建十字标识符
    gen_cross_contour_xld (Cross, Row, Col, 6, 0.785398)
    projective_trans_region (Rectangle, TransRegion, HomMat2D, 'bilinear')
    projective_trans_pixel (HomMat2D, RowRoi, ColRoi, RowTrans, ColTrans)
    angle_ll (RowTrans[2], ColTrans[2], RowTrans[1], ColTrans[1], RowTrans[1],
ColTrans[1], RowTrans[0], ColTrans[0], Angle)
    Angle := deg(Angle)
    if (Angle > 70 and Angle < 110)
        area_center (TransRegion, Area, Row, Column)
        dev_set_color ('green')
        dev_set_line_width (4)
        dev_display (TransRegion)
        dev_set_colored (6)
        dev_display (Cross)
    endif
endif
stop ()
*匹配结束，释放模板资源
clear_descriptor_model (ModelID)
```

注意

创建基于描述符的模板这一步会比较耗时，所用的时间与纹理的复杂度有关。

11.4.8 优化匹配速度

优化匹配速度可以从两个方面入手：缩小搜索空间和使用图像下采样。本节将分别从这两个方面进行解释。

1. 缩小搜索空间

搜索空间指搜索的范围，它是一个广义的概念，具体形式取决于匹配的方式。搜索空间的含义不仅包括二维图像的两个维度，也包括其他的搜索参数，如旋转角度、缩放倍率、透明度等。从这些搜索参数入手，尽可能精简搜索条件，匹配的速度也会得到一定的提升；反之，搜索的参数范围越大，搜索过程就越耗时。

最常见的缩小搜索空间的方法，是在搜索图像上设置搜索的 ROI。这是一种直接的精简方法，缩小了搜索的像素范围。对于搜索目标占整幅图的比例比较小的图像，这种方法提高速度的效果十

分明显。

除了 ROI 分割这种最常用的缩小搜索空间的方法之外，其他缩小搜索空间的方法取决于对应的匹配方法。以形状匹配为例，这种匹配方式可以处理图像中带有旋转、缩放以及部分遮挡的情况。因此，如果要加快搜索速度，可以对旋转和缩放的范围、允许遮挡的比例进行约束。还可以在形状模板参数中修改模板参数，如增大 MinContrast 的值可以减少匹配时间。因为排除了一些对比度比较低的点，所以会减少一部分搜索内容。

但是，过高的对比度值也会造成低亮度区域的缺失，因此某些情况下，适当地降低对比度值会增加匹配准确率。但是如果对比度太低，匹配过程会把不相关的轮廓也包含进来，从而导致识别效率降低。

此外，使用较小的模板也能加快匹配的速度。但是，尺寸较小的模板不如较大的模板容易识别，因为小的模板里缺少很多关键性的特征信息，因此在匹配的时候难度会变大。

2. 使用图像下采样

除了基于描述符的匹配以外，其他几种匹配方式都用到了图像金字塔。一些匹配算法甚至在创建模板图像时就同步创建了图像金字塔。

下采样原理：假设图像金字塔层级数为 s，对于一幅尺寸为 $M \times N$ 的原始图像进行 s 倍的下采样，即得到 $(M/s) \times (N/s)$ 尺寸的分辨率图像。因此，当金字塔的层级很高时，尺寸小的原图会很快变得细节难辨。因此，原图的尺寸和金字塔的层级数都会影响模板匹配的速度。

除此之外，点的对比度也会在下采样中影响匹配的效率。对比度是衡量目标与背景图像之间局部灰度差异的值。如果一个图像有足够大的尺寸和足够高的点的对比度，那么即使下采样到了金字塔顶层，该图像仍然容易被识别。但是如果图像的对比度很低，则很容易在下采样过程中和背景图像混淆。因此，如果要提高匹配效率，需要有足够高的对比度。

11.4.9 使用 Halcon 匹配助手进行匹配

使用 Halcon 匹配助手，可以很方便地选择模板图像，设置匹配参数，并测试匹配结果。Halcon 匹配助手支持下面几种匹配方式。

（1）基于形状的匹配。

（2）基于相关性的匹配。

（3）基于描述符的匹配。

（4）基于形变的匹配。

使用 Halcon 匹配助手的过程如下。

1. 选择匹配方法

打开 HDevelop，选择“助手”→“打开新的 Matching”选项，可以看到在匹配助手的菜单栏中有可供选择的匹配方法，如图 11.9 所示，选择要使用的匹配方法即可。

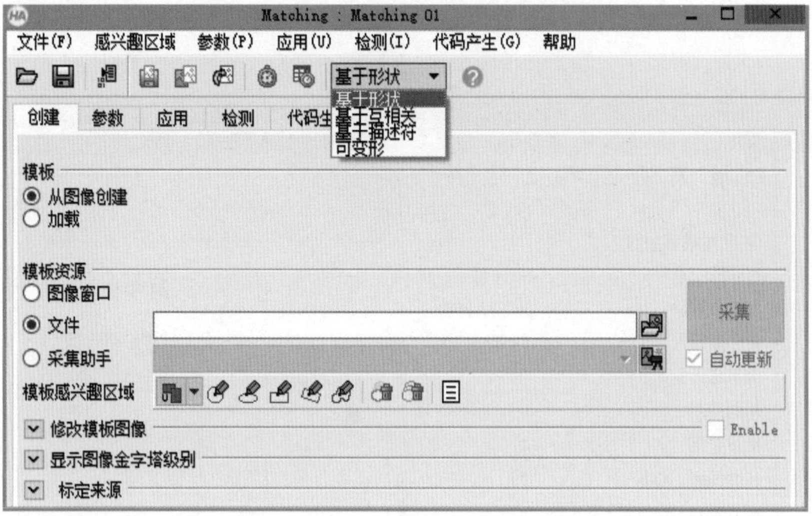

图 11.9　Halcon 匹配助手中的匹配方法

2. 创建模板

从匹配助手界面可知，可以从图像中创建模板，也可以加载之前保存的模板。在“模板资源”中可以选择从图像中创建，即从“文件”中选择图像所在的路径。如果需要实时拍摄参考图像，也可以选择“采集助手”选项连接相机，并使用拍摄的图像创建模板。然后从“模板感兴趣区域”中选择合适的选择工具，如圆形、椭圆形、矩形、多边形等，在图像中画出选区。选好后，右击确认，如图 11.10 所示。

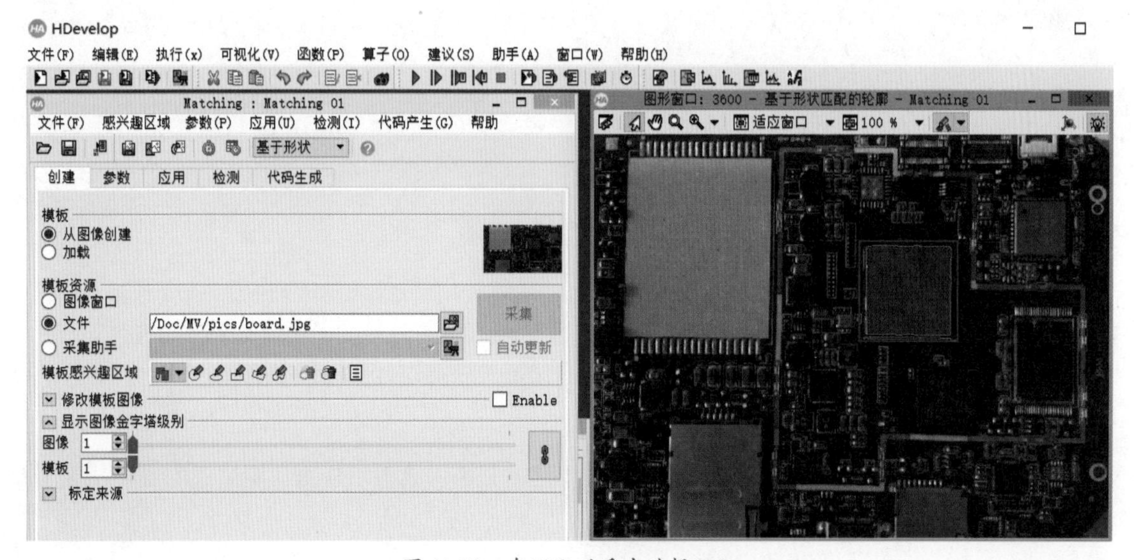

图 11.10　在匹配助手中选择 ROI

接下来设置参数。在“创建”选项卡的“显示图像金字塔级别”中可以看到各种金字塔级别的特征图像，这是设置 NumLevel 参数的依据。在“参数”选项卡中可以设置各项参数，如图 11.11 所示。

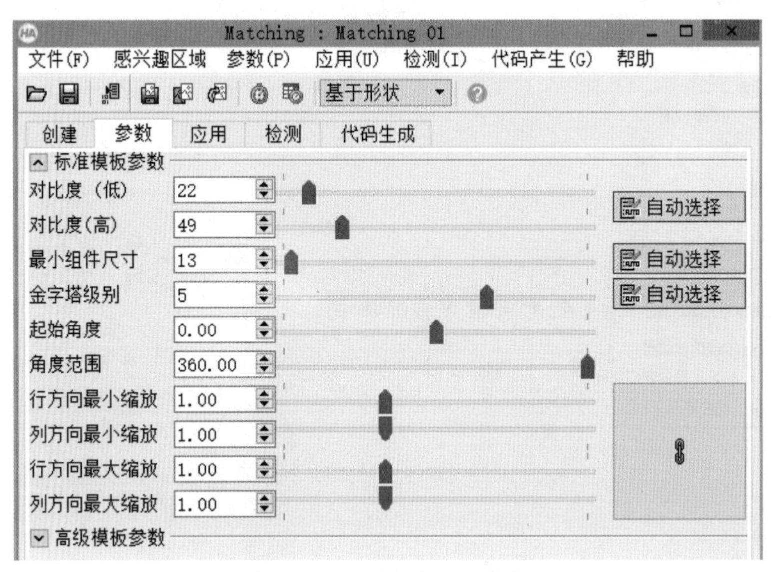

图 11.11　设置模板匹配参数

可以单击“自动选择”按钮，也可以手动设置各项参数的值。在看到检测的结果后，可根据检测结果再对这些参数进行调整。

注意

参数页面与选择的匹配方法有关。不同的模板匹配方法，对应的参数页面也不相同。

3. 检测模板

创建好模板后，在“应用”选项卡中选择“图像文件”选项，加载检测图像；或者选择“图像采集助手”选项，连接相机进行实时拍摄采集。然后设置匹配分数，即 MinScore 的值。还可以设置最大匹配个数。设置完成后，在“检测”选项卡中单击“执行”按钮，将显示匹配的结果，如识别到的目标图像、识别率、分值、时间、位姿边界等。

4. 优化匹配速度

根据匹配结果，可以对匹配的参数进行优化。不同的匹配方法，可优化的参数及其值也不一样。也可以在“应用”选项卡中的“优化识别速度”中单击“执行优化”按钮，将自动对搜索参数进行优化。

在手动修改匹配参数时，应考虑到速度与准确性的平衡。修改后应再次测试匹配结果，优先保证匹配的准确性，再考虑优化识别速度。

11.5 实例：指定区域的形状匹配

在这个实例中，会介绍如何根据选定的 ROI 选择合适的图像金字塔参数，创建包含这个区域的形状模板，并进行精确的基于形状模板的匹配。最后，将匹配到的形状区域在测试图像上标示出来。

1. 在参考图像中选择目标

采集图像之后，接下来要做的是确定 ROI 的范围，创建一个包含目标的 ROI。在本例中，首先使用 read_image 算子获取参考图像，接着为了获取 ROI，使用 gen_rectangel1 算子生成一个包含目标的矩形框。也可以使用其他类似的工具，如使用 draw_rectangle1 算子、draw_circle1 算子创建一个包含目标物体的形状；或者利用形态学算法筛选出一个 ROI。接着，使用 reduce_domain 算子对选定的区域进行裁剪，创建模板图像。

2. 创建模板

使用 create_shape_model 算子创建一个模板。在这之前，推荐使用 inspect_shape_model 算子，它可以帮助选择合适的模板参数，主要是金字塔层级和对比度。具体做法是，预设 inspect_shape_model 算子的最后两个参数，其中 NumLevels 表示金字塔的层级，Contrast 表示点的最小对比度。该算子执行后会把预设了这两种参数的分级图像显示出来，可以根据需要判断参数设置得是否合理。例如，金字塔层级的最小图像如果不清晰，可以考虑降低层级数；如果对比度设置的值不足以提取出整个形状的轮廓，可以试着进行调整，以确定合适的参数。

在确定了金字塔层级和最小对比度之后，就可以创建模板了。创建模板时，除了上面两个参数外，还可以根据需要定义模板的其他参数。例如，可以通过 AngleStart 和 AngleExtent 约束允许旋转的角度，通过 AngleStep 约束角度变化的步长。这几个角度参数需要根据形状在图中可能发生的旋转角度进行设置。如果模板图像特别大，可以用 Optimization 对模型进行优化，减少点的数量。参数 Metric 用来指定是否考虑极性的变化，如光照的影响。最后，还可以指定最小对比度参数 MinContrast，用于将模板与图像噪声区分开来。

创建完成以后，create_shape_model 算子会返回一个句柄，名称是 ModelID，用来指定模板的名称。本例中还使用了 get_shape_model_contours 算子，用于观察提取出的形状轮廓。

3. 搜索目标

创建好模板之后，接下来就是匹配计算。首先读取待检测的图像，然后使用 find_shape_model 算子搜索最佳匹配的区域，搜索到的区域的匹配分值会存入 score 参数中。如果各种参数都设定得很合适，应该会找到至少一个大于置信值的区域。

最后为了显示结果，可以在画面上依据计算结果绘图。这里绘制的是形状的轮廓，并根据图像的二维投影变换，将形状轮廓也进行了仿射变换，这样就能很清楚地看到结果。

如果这个模板不再使用，需用 clear_shape_model 算子将其清除，这样就可以将它所占用的内存释放了。该程序的运行结果如图 11.12 所示。

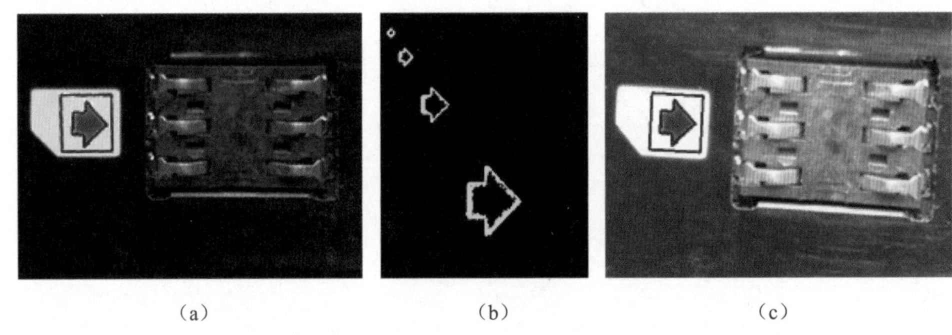

(a) (b) (c)

图 11.12 指定区域的形状匹配

图 11.12(a) 为原始图像，用矩形框选择了箭头区域图像作为 ROI，并根据其创建模板；图 11.12(b) 为依据模板图像创建的图像金字塔；图 11.12(c) 为测试图像，相比于原图，测试图像发生了小范围的缩放和旋转，并且有比较大的光照变化。搜索到最佳匹配形状后，在图上将其轮廓标示了出来。该程序的完整代码如下：

```
* 这个例子用来介绍 Halcon 中的形状模板匹配
dev_close_window()
*读取图像并获取其宽高
read_image(ModelImage, 'data/arrow1')
median_image (ModelImage, ImageMedian, 'circle', 6, 'mirrored')
get_image_size(ModelImage, Width,Height)
dev_open_window (0, 0, Width/2, Height/2, 'white', WindowHandle)
*显示模板图像
dev_display (ModelImage)
*设置画笔颜色和线条
dev_set_color ('yellow')
dev_set_line_width (3)
* -------------------- 形状模板匹配程序 ----------------
*第 1 步：选择模板中的目标
Row1 := 281
Column1 := 160
Row2 := 440
Column2 := 312
*用矩形框选择一个目标区域
gen_rectangle1 (ROI, Row1, Column1, Row2, Column2)
*显示 ROI
```

```
dev_display (ROI)
*剪裁出这个区域
reduce_domain (ModelImage, ROI, ImageROI)
*第 2 步，创建模板
*检查模板参数
inspect_shape_model (ImageROI, ShapeModelImages, ShapeModelRegions, 4, 50)
*显示金字塔各层级的图像，以检查层数的合理性
dev_display (ShapeModelRegions)
area_center (ShapeModelRegions, AreaModelRegions, RowModelRegions,ColumnMod
elRegions)
count_obj (ShapeModelRegions, HeightPyramid)
*确定金字塔的层级
for i := 1 to HeightPyramid by 1
if (AreaModelRegions[i - 1] >= 15)
        NumLevels := i
    endif
endfor
*使用 ROI 图像创建模板
create_shape_model (ImageROI, NumLevels, 0, rad(360), 'auto', 'none',
'ignore_global_polarity', 50, 10, ModelID)
*获取轮廓信息，用于结果显示
get_shape_model_contours (ShapeModel, ModelID, 1)
*第 3 步，在检测图像中搜索模板
*读取检测图像
read_image(SearchImage, 'data/arrow2')
*寻找最佳模板匹配
find_shape_model (SearchImage, ModelID, 0, rad(360), 0.3, 1, 0.5, 'least_
squares', 0, 0.7,      RowCheck, ColumnCheck, AngleCheck, Score)
*如果找到了目标，则将它标示出来
if (|Score| > 0.9)
    *计算刚性变换矩阵
    vector_angle_to_rigid (0, 0, 0, RowCheck, ColumnCheck, AngleCheck,
MovementOfObject)
    *应用二维仿射变换 XLD 轮廓，以便在图像中显示检测到的轮廓
    affine_trans_contour_xld (ShapeModel, ModelAtNewPosition, MovementOfObject)
    *显示检测图像
     gen_rectangle2 (recResult, RowCheck, ColumnCheck, AngleCheck, 80, 80)
     dev_set_draw ('margin')
    dev_display (SearchImage)
     *标示出检测到的模板
    dev_display (ModelAtNewPosition)
    dev_set_color ('blue')
    dev_display (recResult)
```

```
endif
* -------------------- 程序结束 ------------------
* 清除模板
clear_shape_model (ModelID)
```

通过形状模板匹配得到目标形状的坐标和旋转角度等信息后，可以利用这些信息进行图像的对齐、校正，以及几何测量等操作。

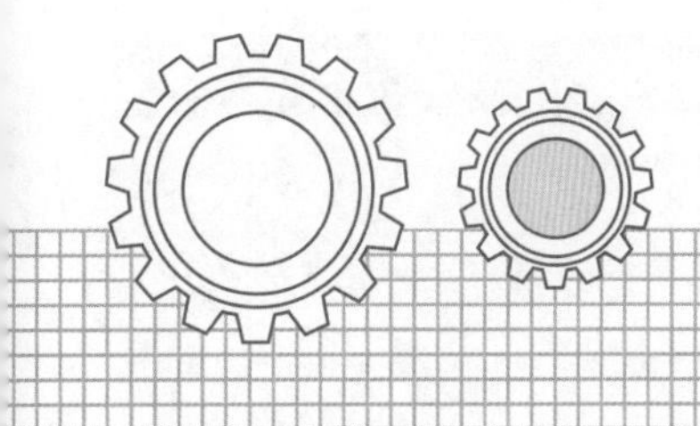

第12章 图像分类

图像分类就是将某个对象指定给一组类别的过程，通过分类可以判断目标物的等级。分类的另一个用途是，知道目标物是什么，如文字的识别也用到了分类技术。通过事先对文字进行分类训练，可以使文字在检测时能通过分类器快速地被归类。本章介绍对目标分类的基本过程。

本章主要涉及的知识点如下。

- 分类器：简要介绍与图像分类器有关的基础理论知识。
- 特征的分类：介绍了4种常用分类器的使用方法，并以一个零件分类的例子说明MLP分类器的具体用法。
- 光学字符识别：介绍光学字符识别的基本操作方法，并通过一个光学字符识别实例，演示如何对样本图像进行分割和训练、如何创建分类器，并对未知字符进行识别。

注意

本章图像分类中的MLP分类器是基于神经网络的，这里只介绍用法。关于深度学习部分将在第14章详细讲解。

12.1 分类器

什么是分类？分类意味着提前准备好若干个类别，然后将一个目标对象根据某种特征划到某个类别中去。这些特征可能是颜色、尺寸、纹理或某个指定的形状。为了进行正确的分类，首先要知道某个分类的边界条件是什么。

这些边界条件往往是通过训练获得的，训练对象包括一些样本，这些样本的分类已经明确。这样当需要检测某种未知的目标对象时，会返回该对象对应的匹配分数最高的类别。以下几种情况下可以考虑使用分类。

（1）图像分割，如将图像中具有相同颜色或者纹理的部分分割出来。

（2）目标识别，检测一个物体是什么，前提是给定了一个可选的范围。

（3）良品检测，用于控制产品的质量，判断是良品还是次品。

（4）缺陷检测，可以自定义缺陷的类型，检测是否有缺陷并且属于哪种缺陷。

（5）光学字符识别（Optical Character Recognition，OCR），用于识别字符。

12.1.1 分类的基础知识

1. 分类器的意义

分类器的作用是将目标对象指定给多个类别中的一个。例如，有一张图中包含了几个形状相似的物体，并且已经将每个物体的区域分割出来了，现在需要判断这些物体是否属于同一类别。这时可以使用分类器，它的任务就是对之前提取出的区域进行判断，看看这些区域属于哪种类别。

做出分类的决策前，需要先了解不同的类别之间有什么共同特征，又有什么特征是某个类别独有的。可以通过分析样本对象的典型特征得到这些信息。例如，要区分橘子和柚子，使用面积作为特征进行判断即可。如果要区分形状不同的两个物体，使用形状相关的特征参数即可。

特征参数存储在特征向量中，又称特征空间。特征空间的维度取决于特征的种类，一般来说，特征空间的维度可以很高。但是，如果维度过高，也会使分类问题变得复杂。而要区分物体类别，往往仅依赖关键的几个特征。所以，可以去除不重要的特征，以尽量减少特征空间的维度。为了显示方便，常常只绘制其中两维。

在使用二维的坐标轴表示特征空间时，常用一个轴表示一种特征。不同类别的目标的特征值以点的形式显示在这样的坐标空间中。分类器就是一条将这些点区分开来的线，它可以使坐标空间中的点都能有明确的分类。

但有时二维分类还不足以区分物体，容易造成误判。例如，使用面积和圆度来判断苹果和橘子时，就可能发生误判，因为这二者很可能会有面积和形状都相似的时候。这种情况下就需要用更多的样本来训练或者增加其他特征，如加入颜色特征进行判断。这样，由于特征空间维度的增加，分类器就不再是二维空间的一条线了，而可能是三维空间的一个平面。如果特征维度继续增加，分类器可能就是“超平面”了。

这种使用线或者平面进行分类的分类器称为线性分类器。还有一种非线性分类器能使用任意曲面或者折面对特征点进行分割，这种分类器一般出现在多维特征空间中。

2. 分类器的种类

Halcon 提供了不同的分类器，其中比较重要的分类器有如下几种。

（1）基于神经网络，特别是多层感知器的 MLP 分类器。

（2）基于支持向量机的 SVM 分类器。

（3）基于高斯混合模型的 GMM 分类器。

（4）基于 *k* 近邻的 *k*-NN 分类器。

此外，Halcon 还提供了一种盒式分类器，用于二值图像的分类。本章的重点是 MLP、SVM、GMM 和 *k*-NN 分类器。

可以使用一种通用的分类器，任意对象（如点和区域）都可以基于任意特征进行分类，如颜色、纹理、形状或者尺寸等。也可以运用分类器进行图像分割，这时的分类器将图像分为不同类型的区域，每个像素都会根据颜色或者纹理特征进行分类，所有同属于某一类的点合并为同一个区域。还可以用分类器进行光学字符识别，独立的区域会依据区域特征分配到一个类别中，这个类别表示一个字符或数字。

3. 图像分类的一般流程

图像分类的一般流程如下。

（1）准备一组已知属于同一类别的样本对象，从每个样本对象中提取出一组特征，并且存储在一个特征向量中。

（2）创建分类器。

（3）用样本的特征向量训练一个分类器。在训练过程中，用分类器计算出属于某个类别的边界条件。

（4）对目标对象进行检测，获取待检测对象的特征向量。

（5）分类器根据训练得到的类别的边界条件判断检测对象的特征属于哪个分类。

（6）清除分类器。

总体来说，针对特定的分类任务，需要选择一组合适的特征和合适的分类器，以及合适的训练样本。

12.1.2 MLP 分类器

MLP 是一种基于神经网络的、动态的分类器。MLP 分类器使用神经网络来推导能将类别区分开来的超平面。使用超平面进行分割，如果只有两个类别，超平面会将各特征向量分为两类。例如，超平面一侧的特征向量被指定为类别 1，另一侧被指定为类别 2。如果类别的数量不止两个，就应当选择与特征向量距离最大的那个超平面作为分类平面。神经网络可能是单层的，也可能是多层的。如果特征向量不是线性可分的，则可以使用更多层的神经网络。

多层神经网络的典型结构是一层输入单元层、一层或多层隐藏节点层、一层输出单元层。理论上如果隐藏层的节点数足够多，那么只需一层隐藏层就可以解决所有分类问题。

在神经网络的每一个节点或者说处理单元内，都有算子根据前一层的计算结果来计算特征向量的线性相关关系。MLP 分类器可以用于通用特征的分类、图像分割、OCR 等。

12.1.3 SVM 分类器

SVM 即支持向量机，用于实现数据的二分类。其原理是选中一条线或者一个超平面，将所有特征向量分为两个类别，如图 12.1 所示。它的实现方法是，搜索距离两个类别的数据的最远线或者超平面，也就是说，它是能使两类点的距离最大化的分割线（面）。那么如何寻找该分割线或者超平面呢？原则是，超平面一侧最近的点到超平面的距离，与超平面另一侧最近的点到超平面的距离相等，这样的面就是要找的分割面。支持向量，就是某一侧所有点中到超平面的距离最小的点，如图 12.1 中箭头所指的点。

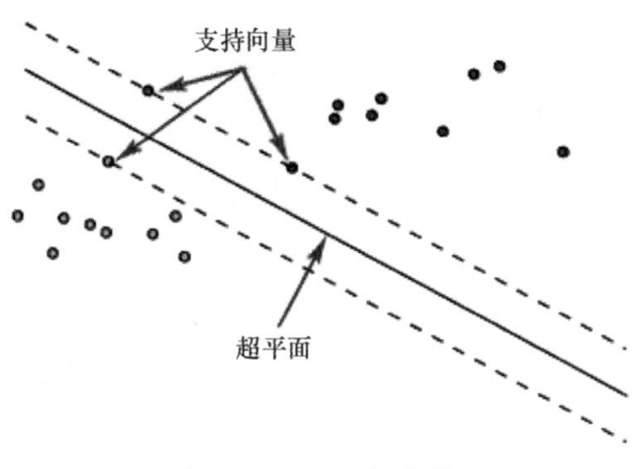

图 12.1　SVM 分类器

SVM 用于二分类，即只有两种类别的分类。如果特征向量是非线性的，无法被一个超平面分开，那么还可以将这些特征向量转移到更高维的空间中，并在新的维度中寻找能进行线性分割的超平面。

12.1.4 GMM 分类器

GMM 分类器，即高斯混合模型分类器。高斯模型就是用高斯概率分布曲线，即正态分布曲线来量化概率的一种表达方式。其可以使用不止一条概率分布曲线，比如使用 *k* 条，表示特征向量的 *k* 种分类。

对某幅图像进行建模后得到高斯混合模型，再用当前图像中的点与高斯混合模型进行匹配。如果匹配成功，则这个点是背景点，否则就是前景点。总体来说，GMM 分类器对每个类使用概率密度函数，并且表示为高斯分布的线性组合。

GMM 分类器对于低维度的特征分类（15 维以下）比较高效，所以其在 Halcon 中一般用来进行一般特征分类和图像分割，但是不用于 OCR。其最典型的应用是图像分割和异常检测，尤其是异常检测，如果一个特征向量不属于任何一个提前训练过的分类，该特征将被拒绝。

12.1.5 *k*-NN 分类器

k-NN 分类器是一个简单但是功能非常强大的分类器，能够存储所有训练集中的数据和分类，并且对于新的样本也能基于其邻近的训练数据进行分类。这里的 *k* 表示与待测目标最邻近的 *k* 个样本，这 *k* 个样本中的大多数样本属于哪一类，则待测目标就属于哪一类。

假设现在有 A 和 B 两个类别，分别有 A1、A2、A3 和 B1、B2、B3 3 个样本。此时有一个新的样本 N，其距离每个样本的距离如图 12.2 所示。

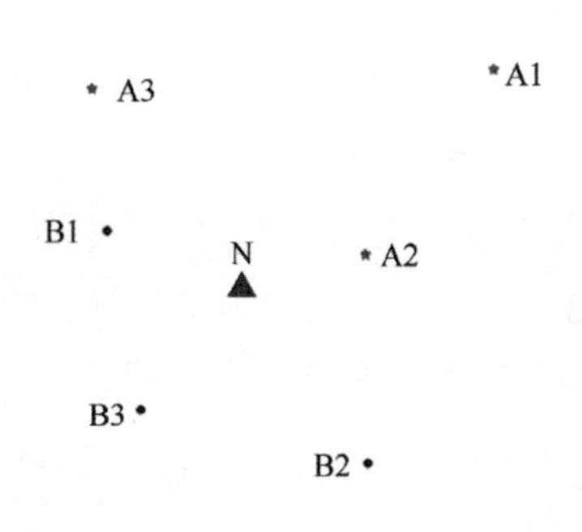

	距离
A1	2.4
A2	0.8
A3	2.1
B1	1.7
B2	2.2
B3	1.9

图 12.2 *k*-NN 分类器

此时如果取 *k*=1，那么只有离这个样本 N 最近的样本类别会被认为是 N 所属的分类。这里最近的一个样本是 A2，因此 N 属于 A 类别。

但如果 *k* 取更大的值，如 *k*=3，这时就要具体情况具体分析了。离 N 比较近的前 3 个样本有 A2、B1、B3。从数量上看，B 类最多，因此这时 N 被认为属于 B 类。

尽管非常简单，*k*-NN 分类器却有非常好的效果。它是直接针对训练数据进行判断的，而且有新的未被训练的样本在判断后也会被加入训练集，成为样本的一部分。

12.1.6 选择合适的分类器

多数情况下，都可以考虑选择上述 4 种分类器，即 MLP、SVM、GMM、*k*-NN 分类器，因为它们足够灵活和高效。实际工作中，可以根据项目的需要或者硬件条件的限制选择合适的分类器。

（1）MLP 分类器：分类速度快，但训练速度慢，对内存的要求低，支持多维特征空间，特别适合需要快速分类并且支持离线训练的场景，但不支持缺陷检测。

（2）SVM 分类器：分类检测的速度快，当向量维度低时速度最快，但比 MLP 分类器慢，尽管其训练速度比 MLP 分类器快得多。其对内存的占用取决于样本的数量，如果有大量的样本，如字符库这样的样本需要训练，分类器会变得十分庞大。

（3）GMM 分类器：训练速度和检测速度都很快，特别是类别较少时速度非常快，支持异常检测，但不适用于高维度特征检测。

（4）*k*-NN 分类器：训练速度非常快，分类速度比 MLP 分类器慢，适合缺陷检测和多维度特征分类，但对内存的需求较高。

除了分类器外，特征和训练样本的选择也会影响到分类结果，当分类结果不理想时，可以考虑调整这两个因素。如果训练样本中已经包含了目标对象的全部相关特征，但分类结果仍然不理想，那么可以考虑换一个分类器。

12.1.7 选择合适的特征

选择什么样的特征完全取决于检测的对象是什么，以及分类的要求是什么。

对于一般的分类来说，特征向量可以是区域特征，或者颜色、纹理等，这些都是可以通过前几章的操作明确获得的特征。

对于图像分割来说，用来做分割的特征可以是像素的灰度值、颜色的通道或者纹理的图像，并不需要将这些特征一个个明确地计算出来，有些分割算子可以自动进行分割操作，如阈值处理算子等。

对于 OCR 来说，特征的选择则十分有限。相应的 OCR 算子会自动计算内部的特征类型，如宽度、高度、角度、凸包性、缩放比例、紧凑性等。

如果目标对象适合用区域特征进行分类，那么可以选择区域特征相关的算子；如果适合用纹理特征进行分类，可以考虑用第 7 章中的纹理特征算子提取纹理信息进行计算；如果还不确定使用什么特征进行训练，也可以使用 Halcon 提供的一些算子辅助进行参数的选择，如 select_feature_set_mlp 算子等。

12.1.8 选择合适的训练样本

分类就是将具有某些相同特征的对象划分到一起的过程。同一类的特征数据必然有某种相似性，但又有其特异性。为了学习这些相似性和特异性，分类器需要一些有代表性的样本，这些样本不仅要表现出属于该类别的明显特征，也要体现出该类别中的多样性。

例如，一个关于“硬币”的样本集，不仅要包含一些能表现“硬币”的关键特征的样本，还应当包含尽可能多的稍有变化的样本，如破损的、有污染的、方向旋转的样本等。如果只包含“标准”的样本，那么检测中如果遇到不那么“标准”的对象，如遇到有噪声或者角度位置发生变化的对象，那么可能会因为对象与“标准”的样本不一致而无法分类。因此，样本中应有在一定范围内变化的样本。

所以在训练时，每个分类下都应尽可能多地包含特征多变的训练样本。否则在分类时遇到未知的对象，会因为对象与样本差异较大而得不到理想的分类结果。但是，如果实在没有办法获得大量的训练样本，也可以用其他方法进行弥补。

一种方式是复制原有的数据，并在其中的关键特征上做轻微的改动，然后将改动后的数据加入训练样本集中。如何改动取决于待分类的物体及其待检测的特征。例如，检测带纹理的图像时，可以在复制样本中加入一些噪声；又如，关键特征是大小和方向的样本，可以在复制样本时轻微地改变其尺寸和旋转角度，然后加入训练集样本中。

另一种方式是缩小范围，适用于训练样本数量不足的情况。例如，对零件缺陷进行分类时，只有大量的正样本，负样本数量却不多。这时可以将分类分两步：第一步，使用二分法，检测样本是正样本还是负样本；第二步，剔除检测出的正样本，对这些负样本，即有缺陷的零件进行第二步分类。这时，仅使用带各种缺陷的样本进行训练和分类，分类将变得比较容易。

12.2 特征的分类

本节介绍如何对一般的特征使用各种分类器，这些一般特征包括但不限于颜色、纹理、形状、尺寸等。本节介绍的分类器包括 MLP、SVM、GMM 及 *k*-NN 分类器。

分类的步骤，首先是创建一个合适的分类器；然后考察对象的特征，将合适的特征向量添加到分类器中；最后使用样本数据进行训练，使分类器学会某种分类的规则。在检测时，提取检测目标对应于分类器中的特征值，使用训练过的分类器进行分类。使用完分类器后，从内存中清除它。

12.2.1 一般步骤

首先，创建合适的分类器，这里介绍的 MLP、SVM、GMM 及 *k*-NN 分类器的用法都是相似的。使用一种分类器，如果训练结果不够理想需要换其他的分类器，只需要更改分类器的名称，并调节算子中相应的参数即可。

以 SVM 分类器为例，创建一个 SVM 分类器大致有下列几个步骤。

（1）明确有哪些类别，并根据类别收集合适的图像作为样本数据集。

（2）创建分类器，可使用 create_class_svm 算子。

（3）获取明确了类别的样本的特征向量。

（4）将这些样本按分类序号添加到分类器中，可使用 add_sample_class_svm 算子添加样本。

（5）训练分类器，可使用 train_clss_svm 算子。

（6）保存分类器（供后续调用），可使用 write_class_svm 算子。

（7）获取未知分类的被测对象的特征向量。这些特征向量应当是之前训练分类器时使用过的特征向量。

（8）对被测对象的特征向量进行分类，可使用 classify_class_svm 算子进行分类。

（9）从内存中清除分类器，可调用 clear_class_svm 算子释放分类器占用的资源。

12.2.2 MLP 分类器

前面介绍了使用分类器进行分类检测的一般步骤，而不同的分类器又有着用法上的细微差别，如参数设置等。本节将介绍 MLP 分类器的用法以及参数选择等。

1. create_class_mlp 算子

该算子用于创建基于神经网络的 MLP 分类器，可以用于分类或者进行回归运算。它包括 3 层，一层输入层，一层隐藏单元层，一层输出层。该算子的原型如下：

```
create_class_mlp( : : NumInput, NumHidden, NumOutput, OutputFunction,
Preprocessing, NumComponents, RandSeed : MLPHandle)
```

该算子中除了 MLPHandle 是输出参数外，其他都是输入参数，分别介绍如下。

参数 1：NumInput，指明用于训练和分类的特征空间的维度数。默认是 20，也可以更大，甚至 500 都可以。

参数 2：NumHidden，表示神经网络中隐藏层的单元数量。该值会明显地影响分类结果，所以要谨慎设置。该值的取值范围与 NumInput 和 NumOutput 相似。NumHidden 值取得越小，用于分类的超平面就越简单，有时能得到更理想的结果；如果该值取得太大，反而会有过拟合的可能，如可能会把噪声点也用于训练分类器的边界，这样在分类时，如果待检测对象不包含这些非关键的点，有可能会分类失败。

换句话说，过拟合影响了分类器的泛化能力。如果要调整 NumHidden 的值，建议使用独立的测试数据进行测试，如进行交叉验证等。

参数 3：NumOutput，表示输出的分类数量。

参数 4：OutputFunction，表示神经网络的输出单元使用的函数，可选的有 softmax、logistic、linear。绝大多数情况下，输出函数都可以选 softmax。logistic 用于处理多个逻辑独立的属性的分类问题，这种情况非常少见。linear 用于最小二乘法，而不是用于分类，因此可以忽略。

参数 5：Preprocessing，该参数表示在训练和分类之前对特征向量进行预处理。预处理可以加快训练或者分类的速度，有时也有助于提升分类的准确率。其可选的方法有 canonical_variates、none、normalization、principal_components。其中，canonical_variates 只能在 OutputFunction 参数设置为 softmax 时使用，用于特征向量线性可分的情况。这种方法也称为线性判别分析法，它将特征向量归一化，并对归一化特征向量进行变换，使其在某个特征空间的所有分类中都得到一个相关关系。同时，这种变换最大化地区分了每个分类的均值，在特征向量为线性可分时推荐使用。

如果选择 none，将不会进行任何预处理。

大多数情况下选择 normalization，表示将特征向量归一化为 0 到 1 之间的数。这种处理既不会改变特征向量的长度，又能够有效地提升速度，因此是预处理的首选。

如果特征向量是高度相关的，并且又希望处理速度非常快，可以选择 principal_components。这种方式基于主成分分析法，它降低了特征向量的维度，对特征向量进行归一化和额外的变换，使协方差矩阵变成对角矩阵。这样做可以减少数据量，且不会损失大量的信息。

参数 6：NumComponents，在 Preprocessing 选择 canonical_variates 或者 principal_components 时使用。因为这两种预处理方法可能会减少特征空间的维度，NumComponents 就表示减少后的特征向量的维度数。

参数 7：RandSeed，该参数用于初始化 MLP 中的权重值，该值表示随机种子数，存储在 RandSeed 中。

参数 8：MLPHandle，是唯一的输出参数。这是分类器的句柄，用于后续对分类器进行各种操作，如调用、修改、删除等。

2. add_sample_class_mlp 算子

该算子用于将单个样本添加到 MLP 分类器中。由于基于多层神经网络的 MLP 需要大量的训练样本，因此在训练时，可以连续调用 add_sample_class_mlp 算子，将不同的训练样本添加进分类器。该算子的原型如下：

```
add_sample_class_mlp( : : MLPHandle, Features, Target : )
```

该算子中的 3 个参数都是输入参数，具体介绍如下。

参数 1：MLPHandle，表示分类器的句柄，用于把样本添加进指定的分类器。

参数 2：Features，表示样本的特征向量，该向量类似于一个数组，其中的每个值表示一种特征，其维度数应当与 create_class_mlp 算子中的 NumInput 的值相同。需要注意的是，特征向量是 real 类型，如果要传入的特征值是 int 类型的，需要先进行转换。

参数 3：Target，表示输出的目标向量。其维度数应当与 create_class_mlp 算子中的 NumOutput 的值相同。如果这个算子用于分类，相应的 create_class_mlp 算子中的 OutputFunction 值为 softmax，那么 Target 向量的取值可以为 0.0 或者 1.0。这其中只有一个元素取 1.0，该元素的序号表示目标所属的种类，确切地说，表示的是某个分类的 ID 号。OutputFunction 值为其他两种情况的，因为与分类关联不大，所以不做讨论。

3. train_class_mlp 算子

将训练样本添加进分类器之后，接下来将进行样本的训练。训练 MLP 模型，首先要确定 MLP 神经网络的一些参数，因此可能需要大量的样本。这是一个复杂的训练过程。Halcon 使用 train_class_mlp 算子进行 MLP 分类器的训练。该算子的原型如下：

```
train_class_mlp( : : MLPHandle, MaxIterations, WeightTolerance,
ErrorTolerance :Error, ErrorLog)
```

该算子中除了 Error、ErrorLog 为输出参数外，其他都是输入参数。

参数 1：MLPHandle，表示 MLP 分类器的句柄。该句柄与之前的 create_class_mlp 算子和 add_sample_class_mlp 算子中的 MLPHandle 句柄是一脉相承的，用于分类器的标识与调用。

参数 2 ～ 4：表示控制 MLP 非线性优化算法的一系列参数。

MaxIterations：表示优化算法的最大迭代次数，默认为 200。多数情况下，算法会在迭代了 MaxIterations 次后结束，因此该值设置为 100 ～ 200 是够用的。

WeightTolerance：表示优化算法的两次迭代之间的权重差异阈值。如果权重小于该值，优化算法将终止。默认为 1.0，一般无须改变。

ErrorTolerance：表示优化算法的两次迭代之间的误差均值的阈值。如果均值小于该值，算法也会终止。一般默认为 0.01，且无须改变。

参数 5：Error，表示 MLP 在最佳权重下的训练数据的平均误差。

参数 6：ErrorLog，该参数将 MLP 的训练数据的平均误差作为迭代次数返回。该参数用于判断是否应使用不同的 RandSeed 对同样的样本进行二次训练。如果把 ErrorLog 看作一个函数曲线，那它应当在开始时急剧下降，然后越来越平稳。如果 ErrorLog 从头到尾都走势陡峭，那通常需要重新调用一次 train_class_mlp 算子。

4. evaluate_class_mlp 算子

evaluate_class_mlp 算子用于评估一个特征向量属于某个类别的概率。如果只有两个可能的类，则不需要评估，因为在最终分类时也需要计算特征向量属于某个分类的概率。该算子的原型如下：

```
evaluate_class_mlp( : : MLPHandle, Features : Result)
```

该算子的前两个参数为输入参数，最后一个参数为输出参数。

参数 1：MLPHandle，表示 MLP 分类器的句柄，即 train_class_mlp 算子创建的句柄。

参数 2：Features，表示输入的待评估的特征向量。这里的特征向量应当和 add_sample_class_mlp 算子中的训练样本的特征向量相同。

参数 3：Result，表示由 MLP 评估后输出的结果。这里的结果取决于 create_class_mlp 算子中的 OutputFunction 参数的值。如果该参数的值是 softmax，则返回的 Result 就是属于每个分类的概率值，这是大多数情况；如果该参数的值不是 softmax，则属于比较少见的情况或者是与分类无关的情况，这里不做讨论。

5. classify_class_mlp 算子

完成了分类器的创建和训练，接下来就可以对未知对象进行分类了。classify_class_mlp 算子用于实现这一功能。该算子使用训练过程中学习到的分类边界对特征向量进行分类。只有当 create_class_mlp 算子中的 OutputFunction 参数值是 softmax 时，才会用到该算子。该算子的原型如下：

```
classify_class_mlp( : : MLPHandle, Features, Num : Class, Confidence)
```

参数 1：MLPHandle 为输入参数，表示 MLP 分类器的句柄，即 create_class_mlp 算子创建的句柄。句柄包含分类器所需的全部分类信息。

参数 2：Features，表示输入的待评估的特征向量。这里的特征向量应当和 add_sample_class_mlp 算子中的训练样本的特征向量相同。

参数 3：Num 为输入参数，指定要寻找的最佳分类的数量。如果指定为 1，表示只寻找概率分数最高的那个类别；如果指定为 2，表示返回两个概率比较高的分类，如类别重叠时可以这样指定。

参数 4：Class 为输出参数，返回 MLP 分类器对特征向量的分类结果。这个结果的数量与 Num 参数的值有关。如果 Num 设定为 1，那么就返回一个最高概率对应的分类；如果 Num 设定为 2，那么 Class 的第一个值为概率最高的分类，第二个值为概率第二高的分类。

参数 5：Confidence 为输出参数，表示分类的置信度。注意，由于这里采用 MLP 神经网络的计算方式，因此置信度的值可能受异常值的影响比较大。例如，一个远离训练样本的特征值可能会有非常高的置信值，尽管它和这些样本在超平面的同一侧，这是因为它明显地远离了样本中心，因此得到了很高的置信度；再如，在超平面的另一侧，接近超平面的部分，某个特征值接近样本中心，其置信度却非常低，原因可能是这个值非常接近两个分类重合的地方，所以区分度反而比较低。

6. clear_class_mlp 算子

分类器使用结束后应及时释放，此时可以使用 clear_class_mlp 算子释放分类器。该算子的原型如下：

```
clear_class_mlp( : : MLPHandle : )
```

该算子只有一个参数 MLPHandle，为输入参数，表示分类器的句柄。清除分类器之后，同时释放 MLP 分类器所占用的内存资源，MLPHandle 也因此变得无效了。

7. 举例说明

下文使用了一些零件样本进行训练，实现零件的分类，如图 12.4 所示。图 12.3（a）和（b）为输入的第一类零件样本，图 12.3（c）和（d）为输入的第二类零件样本，图 12.3（e）为对混合零件的分类图。图 12.3 中的两类零件分别用不同颜色的轮廓线进行了区分。

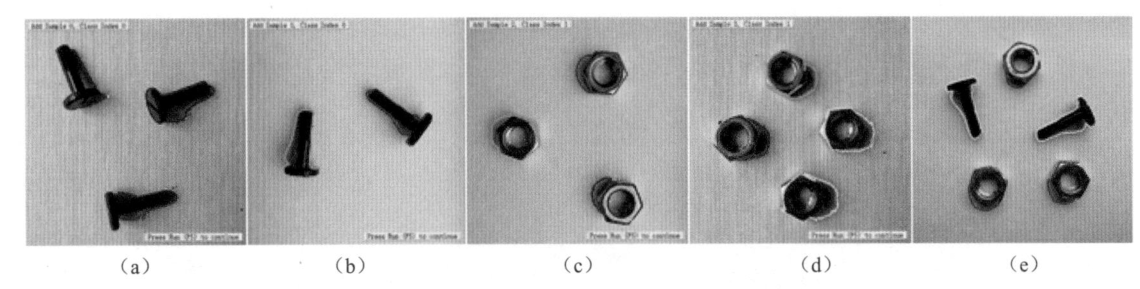

(a)　(b)　(c)　(d)　(e)

图 12.3　使用 MLP 分类器对零件进行分类

实现代码如下：

```
*关闭当前窗口
dev_close_window ()
*创建新窗口
dev_open_window (0, 0, 512, 512, 'black', WindowHandle)
*设置显示颜色
dev_set_colored (6)
*设置绘制形状的方式
dev_set_draw ('margin')
dev_set_line_width (3)
*创建 MLP 分类器，输出方法选择 softmax，用于分类
create_class_mlp (1, 1, 2, 'softmax', 'normalization', 3, 42, MLPHandle)
*创建训练样本图像与其分类的对应关系
*图像和分类名称一一对应
FileNames := ['m1','m2','m3','m4']
Classes := [0,0,1,1]
for J := 0 to |FileNames| - 1 by 1
    *读取训练图像
    read_image (Image, 'data/' + FileNames[J])
    dev_display (Image)
    *对图像进行分割
    rgb1_to_gray (Image, GrayImage)
    threshold (GrayImage, darkRegion, 0, 105)
    connection (darkRegion, ConnectedRegions)
    select_shape (ConnectedRegions, SelectedRegions, 'area', 'and', 2000, 99999)
    fill_up (SelectedRegions, Objects)
    dev_display (Objects)
    disp_message (WindowHandle, 'Add Sample ' + J + ', Class Index ' +
Classes[J], 'window', 10, 10, 'black', 'true')
    *将分割后的对象 Objects 添加进分类器对应的分类 Classes[J] 中
    count_obj (Objects, Number)
    *提取特征（圆度）
    for N := 1 to Number by 1
      select_obj (Objects, Region, N)
```

```
            circularity (Region, Circularity)
            add_sample_class_mlp (MLPHandle, Circularity,Classes[J])
        endfor
        stop()
              disp_continue_message (WindowHandle, 'black', 'true')
    endfor
    dev_clear_window ()
    disp_message (WindowHandle, 'Training...', 'window', 10, 10, 'black', 'true')
    * 训练 MLP 分类器
    train_class_mlp (MLPHandle, 200, 1, 0.01, Error, ErrorLog)
    clear_samples_class_mlp (MLPHandle)
    * 读取输入的待检测图像
    read_image (testImage, 'data/m5')
    rgb1_to_gray (testImage, GrayTestImage)
    * 将图像进行分割
    threshold (GrayTestImage, darkTestRegion, 0, 105)
    connection (darkTestRegion, ConnectedTestRegions)
    select_shape (ConnectedTestRegions, SelectedTestRegions, 'area', 'and',
    1500, 99999)
    fill_up (SelectedTestRegions, testObjects)
    * 将分割后的对象 Objects 进行分类
    count_obj (testObjects, Number)
    Classes := []
    Colors := ['yellow','magenta']
    dev_set_colored (6)
    dev_display (testImage)
    * 提取特征（圆度）
    for J := 1 to Number by 1
        select_obj (testObjects, singleRegion, J)
        circularity (singleRegion, Circularity)
        classify_class_mlp (MLPHandle, Circularity, 1, Class, Confidence)
        Classes := [Classes,Class]
        dev_set_color (Colors[Classes[J-1]])
        dev_display (singleRegion)
    endfor
    * 清除 MLP 分类器，释放内存
    clear_class_mlp (MLPHandle)
```

该例子使用 Circularity（圆度）作为特征对零件进行分类。执行上述代码，可以看出不同种类的零件被归到不同的分类中，对于一张混合零件的测试图，也能区分每个零件的种类。但值得注意的是，实际检测的效果与训练的样本密切相关，如果待检测的目标形态与训练样本差异比较大，或者目标之间出现遮挡等情况，影响了待测目标的正常形状，有可能会导致分类失败。因此，训练样本应与检测样本尽可能相似，或者增加更多其他的特征。

12.2.3 SVM 分类器

使用 SVM 分类器时应注意调整其相应的参数，其中比较重要的参数有如下几种。

1. NumFeatures

该参数在 create_class_svm 算子创建 SVM 分类器时使用，作为输入参数，表示用于训练和分类的特征向量的维度。与 MLP 分类器中的这一参数相似，它没有特殊的限制，即使设为 500 也可以支持。

2. kernelParam

该参数也是在 create_class_svm 算子使用的。由于 SVM 分类器有可能会使用核函数将特征空间转换到更高维的空间中，以便这些特征变得线性可分，因此这里的 kernelParam 或者 kernelType 参数就是用来表示将特征空间映射到高维度空间的方式。多数情况下，推荐使用一种基于高斯误差分布曲线的核函数，又称高斯径向基核函数（rbf）。

3. Nu

该参数是核函数中的一个参数。当核函数为 rbf 时，该参数表示 γ，用于调节线性不可分的类的重叠情况。它的值可能是 0～1 的一个 real 值，可以将其设置为特定数据集的预期误差率。例如，当预期的最大训练误差率为 5% 时，Nu 值可以设为 0.05。

当分类实现之后，还可以通过调节参数来提升速度，这里需要调节的参数如下。

1. Preprocessing

该参数是 create_class_svm 算子中的输入参数，与 create_class_mlp 算子中的 Preprocessing 参数用法相似，也有 none、normalization、principal_components、canonical_variates 4 个可选项。大多数情况下选择 normalization，这样既能够有效提升速度，又不会丢失关键的特征信息，因此是预处理的首选。

2. MaxError

MaxError 是 reduce_class_svm 算子中输入的一个参数。reduce_class_svm 算子用于减少训练中返回的支持向量的个数，有助于加快在线分类的速度，但是支持向量个数的减少会使超平面复杂性降低，可能会导致分类准确率变差。所以，常用的方法是，从 MaxError 的小值开始逐步增加，同时观察测试的分类准确率，不断调整该参数。

12.2.4 GMM 分类器

使用 GMM 分类器时应注意调整其相应的参数，其中比较重要的参数有如下几种。

1. NumDim

该参数在创建 GMM 分类器时使用，是 create_class_gmm 算子的输入参数，表示用于训练和分类的特征向量的维度。值得注意的是，GMM 分类器只能用于特征向量维度比较低的分类。如果分类的情况不够理想，需要检查特征向量的数量是否过多。建议 NumDim 的值不超过 15，如果要检测的特征维度大于这个值，那么可以选择其他几种分类器，如 MLP、SVM、*k*-NN 分类器等。

2. NumCenters

一个 GMM 分类器中的类别可能包含不同的高斯分布中心，NumCenters 即用于指定每个类别的高斯中心点的个数，它是 create_class_gmm 算子中的输入参数。有几种方式可以指定该值，既可以直接指定一个数字作为中心点的数量，也可以指定一个范围作为数量的上下限；既可以指定所有类别的中心点数量，也可以对单个类别单独设置。一般的做法是，使用一个高的值作为上限，使用一个期望的中心点数量值作为下限。如果分类成功，再尝试缩减这个范围。

3. CovarType

该参数是 create_class_gmm 算子的输入参数，用于在创建 GMM 分类器时定义用于计算概率的协方差矩阵的类型。它有 3 个可选的值，默认为 spherica，表示协方差矩阵是单位矩阵的标量倍数；如果设为 diag，则表示协方差矩阵为对角矩阵；还可以设为 full，表示协方差矩阵为正定矩阵。

4. ClassPriors

该参数是 train_class_gmm 算子的输入参数，表示先验类的概率类型。默认值是 training，表示先验类的概率来自训练样本数据中的类的概率。

如果要提高分类器的速度，可以通过两个参数来实现。

1. CovarType

create_class_gmm 算子中的 CovarType 参数的不同取值对分类速度有着明显的影响。从 spherica 到 diag 再到 full，计算的复杂程度是递增的，因此需要考虑在提升速度与增加分类器的灵活性之间寻找一个平衡。

2. Preprocessing

该参数也是 create_class_gmm 算子的输入参数，定义了用于训练与分类的特征向量的预处理方法。该参数与 create_class_mlp 算子中的 Preprocessing 参数用法相似，也有 none、normalization、principal_components、canonical_variates 4 个可选项。大多数情况下选择 normalization，这样既能够有效提升速度，又不会丢失关键的特征信息，因此是预处理的首选。

12.2.5 *k*-NN 分类器

k-NN 分类器中也有如下几个需要注意的参数。

1. NumDim

该参数在创建 *k*-NN 分类器时使用，是 create_class_knn 算子的输入参数，表示用于训练和分类的特征向量的维度。

2. classify_class_knn 算子中的 method

该参数用于控制 classify_class_knn 算子的返回结果的类型。

（1）如果设为 classes_distance，则 classify_class_knn 算子返回 *k* 个邻域样本中与待分类样本的距离最近的类。

（2）如果设为 classes_frequency（这个是默认选项），则会根据邻域出现的类的频率进行排序，并返回排序后的类别数组。

（3）如果设为 classes_weighted_frequencies，则按照邻域出现的类的频率加权排序，返回加权值最大的类。

（4）如果设为 neighbors_distance，则返回最近邻域的序号及其距离。该方法一般用于以上选项都不合适的情况，使用该方法可以获得最邻近的邻域的距离信息，以便实现某些自定义的分类操作。

如果要提高分类器的速度，还需要注意以下几个参数。

1. *k*-NN 中的 *k*

该参数在 set_params_class_knn 算子中设置，表示分类过程中取的邻域像素的数量。*k* 的取值直接关系到分类的计算量。一般来说，*k* 取的值越大，则算法的鲁棒性越好，类别之间的边界越清晰，能更好地对抗噪声，但是相应的计算时间也越长。为了兼顾速度与准确率，一种比较好的做法是，尝试不同的 *k* 值，测试其运行时间和准确率，根据可接受的运行时间选择最佳的 *k* 值，此时的分类结果为最佳。

2. max_num_classes

该参数控制的是返回类别的数量。该值是一个上限值，默认为 1，表示默认情况下只返回得分最高的一个分类。如果需要更多的分类信息，如分类的分数值，可以将该值设为大于 1 的数，并在 classify_class_knn 算子的输出参数 Rating 中查看不同分类的分数。

3. 邻域搜索的精度

领域搜索的精度主要是指 set_params_class_knn 算子中的 num_checks 和 epsilon 参数，这两个参数用于实现搜索的速度和准确率之间的平衡。num_checks 用于设置内部搜索的最大运行次数，默认为 32。如果要加快分类速度，该值需要调低。而 epsilon 用于设置搜索的停止标准，默认为 0.0。如果要加快搜索速度，该值可以设得高一点。通常来说，调整 num_checks 参数比调整 epsilon 参数影响更大。

12.3 光学字符识别

OCR（光学字符识别）是一种更进一步的分类方法，用于识别字符。识别的第一步，是将独立的字符区域从图像中提取出来，然后将其指定给某个字符的种类。MLP、SVM 和 *k*-NN 分类器都可以用于 OCR。

12.3.1 一般步骤

OCR 的检测分为离线训练和在线检测两部分。

1. 离线训练

离线部分一般指的是字符的训练过程，包括如下几个步骤。

（1）读取样本图像，并对样本中的已知字符进行区域分割，分割的单位是单个字符的包围区域。这时可以使用 draw_rectangle1 等算子选择出单个字符的区域。

（2）将分割出的区域和对应的字符名称存储在训练文件中。可以使用 append_ocr_trainf 算子，将字符区域存在指定的以“.trf”结尾的训练文件中。

（3）检查训练文件中的对应关系，即图像与字符的名称应一一对应。

（4）训练分类器。首先创建一个分类器，然后进行训练。可以使用 create_ocr_class_mlp 算子训练基于 MLP 的分类器，使用 trainf_ocr_class_mlp 算子训练基于“.trf”训练文件的分类器，得到分类器句柄 OCRHandle。

（5）保存分类器。使用 write_ocr_class_mlp 算子保存句柄为 OCRHandle 的分类器，分类器的名称为以“.omc”结尾的文件。

（6）清除分类器。

2. 在线检测

在线部分的 OCR 指的是对字符进行检测，即分类，一般流程如下。

（1）读取分类器。使用 read_ocr_class_mlp 算子读取以“.omc”结尾的分类器文件。

（2）对待检测的字符进行区域分割，提取出独立的字符区域。

（3）使用分类器对字符区域进行分类。MLP 分类器使用 do_ocr_multi_class_mlp 算子进行分类，返回对应的分类结果，结果形式为类别名称 class 和 confidence。

（4）清除分类器。

值得一提的是，Halcon 据目录下的 OCR 文件夹中内置了许多针对数字、字母和喷码等字符的分类器，包含对多种标准的、非中文的字符类的识别，有时可以直接调用这些分类器文件，以省去自己训练的步骤。如果要识别的字符不属于这些情况，如中文字符或者手写等特殊情况，那么最好自己训练。

12.3.2 OCR 实例

本书举一个简单的 OCR 实例，来说明如何使用 MLP 分类器进行字符识别。也可以将 MLP 换成 SVM 等其他合适的分类器，过程都是类似的。

首先给定一个样本图像，包括要识别的字符，该图像用于训练已知字符和名称的对应关系；然后给定一个打乱了字符顺序的测试图像，用于测试 MLP 分类器的字符识别效果。整个流程分为以下几个步骤。

1. 创建训练文件

这一步主要是把训练图像中的汉字部分图像和文字符号关联起来。例如，在图像中找到了几个汉字区域，提取出 ROI，并把这些汉字区域存储下来，然后建立对应的文字数组，在数组中存入与 ROI 一一对应的汉字字符，这样就建立了汉字区域与文字之间的关联。创建训练文件，即以“.trf”结尾的文件，来存储这种关联。

2. 训练 OCR 分类器

这一步可以选择两个分类器，即 SVM 和 MLP 分类器。这里以 MLP 分类器为例。训练 OCR 分类器比较简单，主要是用以下 3 个算子。

（1）create_ocr_class_mlp：创建基于神经网络的 MLP 分类器。该分类器是一个以“.omc”为扩展名的文件。

（2）trainf_ocr_class_mlp：训练 MLP 分类器。

（3）write_ocr_class_mlp：保存分类器。

3. 识别汉字字符

导入测试图像，检验分类器的检测效果。首先对图像进行预处理，提取出需要检测的文字区域，然后用 read_ocr_class_mlp 算子读取分类器，用 do_ocr_multi_class_mlp 算子进行文字识别。

如图 12.4 所示，图 12.4（a）为训练样本图像，采集的是暗背景上的发光汉字；图 12.4（b）为将训练样本分割后的图像；图 12.4（c）为检测图像；图 12.4（d）为检测结果。

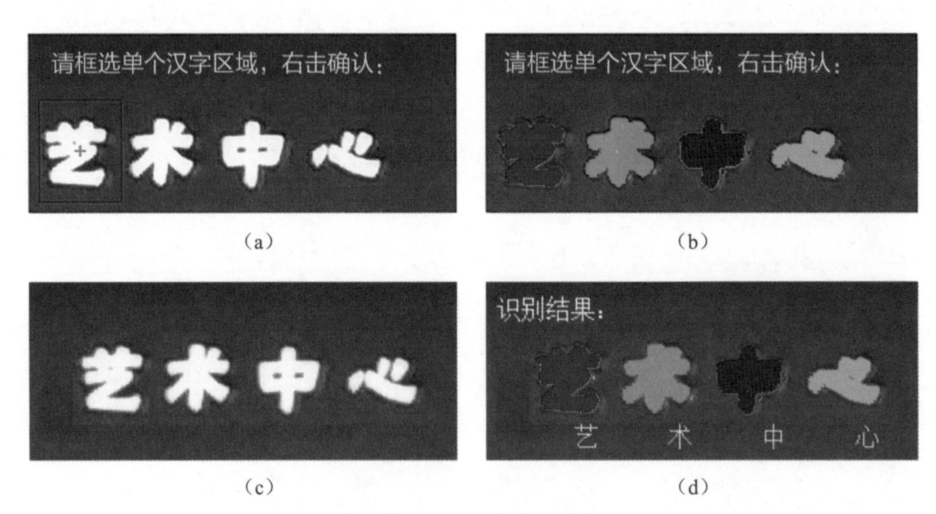

图 12.4 使用 MLP 分类器进行 OCR

上述过程的实现代码如下：

```
dev_close_window()
read_image (Image, ' data/modelWords')
get_image_size(Image,width,height)
dev_open_window (0, 0, width, height, 'black', WindowHandle)
rgb1_to_gray (Image, GrayImage)
gen_empty_obj (EmptyObject)
for Index := 1 to 4 by 1
    disp_message (WindowHandle, '请框选单个汉字区域，右击确认：','window', 12,
12, 'yellow', 'false')
    draw_rectangle1 (WindowHandle, Row1, Column1, Row2, Column2)
    *根据绘制的矩形生成对应的矩形
    gen_rectangle1 (Rectangle, Row1, Column1, Row2, Column2)
    reduce_domain (GrayImage, Rectangle, ImageReduced1)
     *阈值处理
    threshold (ImageReduced1, Region1, 128, 255)
     *准备接收所有提取的字符区域
    concat_obj (EmptyObject, Region1, EmptyObject)
endfor
words:=['艺','术','中','心']
*排序
sort_region (EmptyObject, SortedRegions1, 'character', 'true', 'row')
for Index1:=1 to 4 by 1
select_obj (SortedRegions1, ObjectSelected1, Index1)
append_ocr_trainf (ObjectSelected1, Image, words[Index1-1], ' data/yszx.trf')
endfor
read_ocr_trainf_names (' data/yszx.trf', CharacterNames, CharacterCount)
create_ocr_class_mlp (50, 60, 'constant', 'default', CharacterNames, 80,
'none', 10, 42, OCRHandle)
trainf_ocr_class_mlp (OCRHandle, ' data/yszx.trf', 200, 1, 0.01, Error, ErrorLog)
write_ocr_class_mlp (OCRHandle, ' data/yszx.omc')
*导入另一张做检测的图
read_image (ImageTest, ' data/testWords')
rgb1_to_gray (ImageTest, Image1)
threshold (Image1, testwordregion, 125, 255)
*对符合条件的字符区域进行分割
connection (testwordregion, ConnectedwordRegions)
*筛选符合条件的字符形状区域
select_shape (ConnectedwordRegions, SelectedwordRegions, 'area', 'and', 700,
2500)
*从左到右排序
sort_region (SelectedwordRegions, SortedRegions2, 'upper_left', 'true', 'column')
count_obj(SortedRegions2, Number)
*开始字符识别
read_ocr_class_mlp (' data/yszx.omc', OCRHandle1)
```

```
do_ocr_multi_class_mlp (SortedRegions2, Image1, OCRHandle1, Class, Confidence)
*显示结果
disp_message(WindowHandle, '识别结果：', 'image', 10, 10, 'white', 'false')
for i:=1 to 4 by 1
   disp_message(WindowHandle, Class[i-1], 'image', 90, 60*i, 'yellow', 'false')
endfor
```

在这个例子中，首先对待检测的字符进行训练，将单个字符图像与字符的值对应起来，训练一个分类器；然后在检测过程中读取检测图像与分类器，即可得到理想的结果。如果检测效果与理想状态有差异，可以检查训练的字符图像与检测的字符图像是否存在较大差异，或者分割的字符形状区域是否理想。

实际检测中，也可能出现图像背景较复杂的情况，这会增加识别文字的难度。例如，前景字符与背景的灰度相近，无法如本例一样通过形态学操作分割出字符形状。这时可以使用字符分割相关的算子，如使用 segment_characters 算子进行分割。也可以在识别前使用 create_text_model_reader 算子创建文字模型，然后使用 set_text_model_param 算子进行详细的参数设置，如单个字符的宽度、高度、光照、最大最小对比度等。提取出合适的字符区域，最后用分类器进行识别，这样能提高识别的准确性。

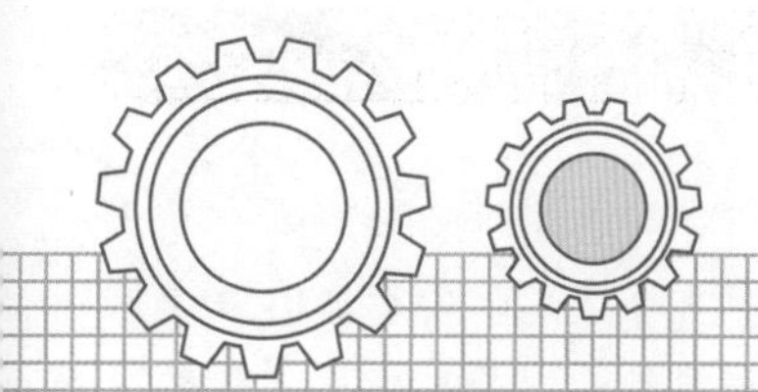

第13章 相机标定与三维重建

13

机器视觉的本质，是通过图像获取三维世界的真实信息。在这个过程中有两个问题需要思考，一是相机坐标系中的物体如何与真实世界坐标系中的物体进行对应，二是如何校正镜头的各种畸变。相机标定就是解决这两个问题的方法。通过标定可以获得相机的内部参数与外部参数，不但能建立图像与世界的联系，还能校正图像的畸变。

相机标定是三维重建的基础，而三维重建用于还原三维世界中物体原本的坐标、深度、位姿等信息。三维重建的基本原理是用相机拍摄目标，然后使用立体视觉、激光三角测量、DFF（Depth from Focus，焦距深度）等方法还原出被拍摄对象的点的三维坐标信息。该三维坐标信息可以用于测量对象位置，重建三维对象等。本章将围绕相机标定与三维重建展开讨论。

本章主要涉及的知识点如下。

- 立体视觉的基础知识：介绍立体视觉的原理和常用术语。
- 相机标定：标定可以建立二维图像中的点与三维空间中的点的对应关系。
- 双目立体视觉：介绍如何使用由两个或者多个相机组成的立体视觉系统测量物体。
- 激光三角测量：使用 sheet-of-light 技术确定物体的深度等位置信息。
- DFF 方法：介绍一种利用在不同焦距下拍摄的图像来重建三维表面信息的方法。

注意

本章的相机标定与三维重建都是基于单通道灰度图像的，彩色图像需要先转为灰度图像再处理。

13.1 立体视觉的基础知识

在工业检测中，有许多任务会用到立体视觉，如3D位姿识别、3D测量、机器手抓取等。使用Halcon开发立体视觉算法，可以获取检测对象的三维坐标信息，实现测量、姿态估计，或者进行三维重建。本节将介绍三维空间坐标和3D位姿的基础知识，为理解后文的相机标定与三维重建做好基础知识准备。

13.1.1 三维空间坐标

在开发立体视觉算法之前，首先应对相机进行标定，特别是一些对测量精度要求高的任务，标定尤为重要。而标定的意义在于将二维图像中的点与三维空间中的真实物体所处的点坐标关联起来。理解三维空间坐标是立体视觉的基础，这里要介绍的三维空间坐标，就是点在世界坐标系中的三维位置。第5章已经介绍了基本的坐标系和点的坐标的仿射变换，这里再次进行总结。

1. 三维坐标系

二维空间的点，如图像平面上的点 P_i 的坐标由两个值组成，即代表 X 轴坐标位置的 x_i 和代表 Y 轴坐标位置的 y_i。三维空间中的点坐标由3个值组成，即（x_w, y_w, z_w），这3个值也可以表示为一个三维向量。例如，世界坐标系中的点 $\boldsymbol{p}_w$，其坐标表示成向量可以写为式（13.1）。

$$\boldsymbol{p}_w = (x_w, y_w, z_w)^{\mathrm{T}} \tag{13.1}$$

点的坐标系常用的有3种，即图像坐标系、相机坐标系及世界坐标系。

图像坐标系是二维的，点的坐标表示点在图像中的位置，这个坐标系的原点一般在图像的左上角。X 轴为行方向，沿着原点向右递增；Y 轴为列方向，从原点开始向下递增。

相机坐标系的原点位于相机光心，其 X 轴与 Y 轴方向与图像坐标系的方向相同，Z 轴从相机光心出发，沿相机光轴向拍摄物方向正方向延伸。相机坐标系通过透视投影将图像投射到图像坐标系中。在这个过程中，相机坐标系中的 z_c 轴坐标值不再需要，x_c 和 y_c 值也经过了等比例缩放，转化为图像坐标系中的 x_i 和 y_i。该缩放系数与相机的焦距和实际采集距离相关，13.3.2小节将介绍具体公式。

世界坐标系即真实世界中的坐标，其原点也是以相机光心为原点的。标定的意义就在于，通过图像上一个点的坐标（x_i，y_i）推算出该点在世界坐标系中的坐标（x_w, y_w, z_w）。

从相机坐标系变换到世界坐标系为刚体变换，只有平移和旋转两种变换方式。一般来说，使用 $\boldsymbol{T}$ 向量表示平移，$\boldsymbol{R}$ 向量表示旋转。

2. 平移变换

点的平移变换，就是在点的坐标向量上加上平移向量。坐标系统的平移变换就是在其原有的位置坐标向量的基础上加上平移向量。如果有多个坐标轴的平移变化，可以依次在每个轴的坐标向量上加上平移向量，平移的顺序不影响变换的结果。例如，点 p_1 的坐标为（x_p, y_p, z_p），平移向量为 $\boldsymbol{T}(x_t, y_t, z_t)$，则平移后的点 p_2 的坐标为（$x_p+x_t, y_p+y_t, z_p+z_t$）。

3. 旋转变换

点的旋转就是使用其坐标向量乘以一个旋转矩阵。如果要旋转一个坐标系统，那么矩阵的列向量对应于原始坐标系中旋转坐标系的轴向量。例如，将点 p_1 进行旋转，旋转矩阵为 $\boldsymbol{R}$，则旋转后的点 P_R 坐标为 $\boldsymbol{P}_R = \boldsymbol{R} \cdot P_1$。

旋转矩阵中的每个列向量分别对应不同的坐标轴。如果要进行多次旋转，要注意旋转矩阵的排列顺序。Halcon 中使用 rotate_image 算子实现坐标的旋转。

13.1.2 3D 位姿

第 5 章介绍了 2D 图像的仿射变换。在 3D 变换中，仿射矩阵参数可能会比较复杂。而 3D 位姿是一种更简单的刚体变换的表达方法，只需要用 6 个参数就可以表达一个位姿，其中 3 个参数用于表达位移，另外 3 个参数用于表达旋转。即使是围绕任意轴的旋转也可以用围绕坐标系中 3 个轴的旋转序列来表达。

在 Halcon 中，可以使用 create_pose 算子创建 3D 位姿。如果要实现从仿射矩阵到 3D 位姿的变换，也可以使用 hom_mat3d_to_pose 算子和 pose_to_hom_mat3d 算子。

create_pose 算子用于创建一个 3D 位姿，它的原型如下：

```
create_pose( : : TransX, TransY, TransZ, RotX, RotY, RotZ, OrderOfTransform,
OrderOfRotation, ViewOfTransform : Pose)
```

前 9 个参数为输入参数，最后一个参数为输出的 3D 位姿。

参数 1 ～ 3：分别为针对 X、Y、Z 轴的平移的量。

参数 4 ～ 6：分别为围绕 X、Y、Z 轴旋转的值，范围为 0 ～ 360。

参数 7：OrderOfTransform 为变换的顺序，即旋转和平移的顺序。可选的值有 Rp+T、R(p-T)，默认为前者，表示正向顺序。如果选择后者，则旋转和平移的顺序将反向，并且平移值为负。

参数 8：OrderOfRotation 为旋转的顺序。如果选择 gba，表示旋转顺序是先绕 X 轴旋转，然后绕 Y 轴旋转，最后绕 Z 轴旋转，即按 R_x、R_y、R_z 的顺序进行。如果选择 abg，则表示先绕 Z 轴旋转，然后绕 Y 轴旋转，最后绕 X 轴旋转。

参数 9：ViewOfTransform 为变换的参考角度。可选的值有 point 和 coordinate_system，前者表示点的旋转，如果选后者，旋转的值将为负值。

参数 10：Pose 为输出的 3D 位姿。

注意

常规情况下，推荐使用 OrderOfTransform='Rp+T'，且 ViewOfTransform='point' 的组合。其他参数的选择可用于非常规的情况。

实际描述一个 3D 位姿时，可以使用先位移后旋转的方式，即先将目标的原始坐标系原点（或旋转中心）平移到坐标系原点，然后再进行旋转，这样的描述比较不容易有偏差。

13.2 相机标定

如果要从图像中获取准确的三维世界的真实信息，用于测量或者定位等，则首先必须对相机进行标定校准。相机的标定可以建立二维图像中的点与三维空间中的点的对应关系。

13.2.1 相机标定的目的和意义

在实际拍摄中，相机畸变是经常会遇到的一个问题，如径向畸变、切向畸变等。径向畸变又分为枕形畸变和桶形畸变，而切向畸变一般是镜头不完全平行于图像造成的。透镜的形状或者工艺差异也可能引起图像一定程度的畸变，因此需要通过标定获取相机内部参数并进行图像畸变校正。

为了将图像坐标系中的像素距离与世界坐标系中的坐标距离对应起来，需要了解相机的外部参数信息，通过坐标系的变换，换算其在世界坐标系中的实际距离。这一般体现在双目相机的立体视觉应用中，即通过获取相机的外部参数，进行坐标的变换。

相机标定就是获取摄像机内部参数和外部参数的过程。标定对预测量具有重要的意义，准确的标定能提高测量的准确性，减少误差。

此外，对于立体视觉中的双目相机而言，标定更是不可或缺的，它用于获取相机之间的相对位置关系，即相机的外部参数。

Halcon 支持两种类型的镜头标定，一种是类似于人眼的针孔相机模型的镜头，另一种是远心镜头。

针孔相机模型是理想的透视模型，其会因为透视的关系得到近大远小的图像，也会因为镜头的偏差产生畸变，即几何失真。不同于第 5 章提到的由于透视变化引起的梯形失真，几何失真是从图像中心到边缘的一种变形，越靠近边缘，变形会越严重。

远心镜头则不会因为镜头移动而产生透视误差，图像大小不会受到拍摄距离的影响，在固定的成像距离范围内，其放大率一致且畸变极小。

13.2.2 标定的参数

1. 内部参数

通过标定得到的相机内部参数描述了所使用的相机的特性，一般与相机自身的内部结构有关，尤其是传感器的尺寸和所使用的镜头。内部参数一般包括相机的焦距、畸变系数、像素间距、中心点坐标、图像的宽和高等。这些参数虽然可以在相机资料中查到，但是如果非常注重测量精度，还是建议先标定一次，因为理论上的数据与实际的参数不一定完全一样，经过标定可以对这些参数的误差进行修正。

不同的相机，其内部参数也不相同，这取决于相机和镜头的类型，以及选择的畸变类型。一般来说，不同相机的畸变系数差别会比较大，其他的内部参数大多可以从相机传感器或镜头的说明书中获得，其中采集图像的宽和高应当是明确的值。

2. 外部参数

相机的外部参数表示相机在世界坐标系中的三维位置，如相机的 X 轴坐标、Y 轴坐标、Z 轴坐标，以及相机的朝向（如围绕 X 轴、Y 轴、Z 轴旋转的角度）等。

3. 相机类型与畸变模型

对于面阵相机来说，有两种畸变模型可选，即 division 模式和 polynomial 模式。其中 division 模式使用一个 Kappa 系数表示径向畸变，适用于精度要求一般、采集图像数量不多的情况。polynomial 模式使用 3 个参数 K1、K2、K3 表示径向畸变，另外两个参数 P1、P2 表示切向畸变。polynomial 模式可以准确地对畸变失真进行建模，精度会比较高，花费的时间也会更长。这两种模型可以在相机参数初始化时进行选择。例如：

面阵相机的 division 模式中有以下 8 个参数：

```
StartCamPar := [Focus, Kappa, Sx, Sy, Cx, Cy, ImageWidth, ImageHeight]
```

参数 1：Focus 为相机的焦距。如果是远心相机，则焦距为 0。

参数 2：Kappa 为畸变系数，初始值可以设为 0。

参数 3 ～ 4：Sx、Sy 对应相机的缩放系数。如果是针孔相机，对应的是相邻像元的水平和垂直间距；如果是远心相机，对应的是像素在世界坐标系中的宽和高。这两个值的初始值取决于相机芯片的尺寸，可以从相机说明书中获取。

参数 5 ～ 6：Cx、Cy 表示图像的原点坐标，初始值可以认为是图像的中心点，即坐标分别为图像宽度和高度的一半。

参数 7 ～ 8：ImageWidth、ImageHeight 表示采集的图像的宽和高。

如果相机的参数列表是这样：

```
StartCamPar := [Focus, K1,K2,K3,P1,P2, Sx, Sy, Cx, Cy, ImageWidth,
ImageHeight]
```

有 12 个参数，那么对应的是面阵相机的 polynomial 模式。这里不一样的地方在于畸变系数多了几个，K1、K2、K3、P1、P2 初始值可以设为 0。

通常情况下可以选择 division 模式进行校准，如果对精度有非常高的要求，可以使用 polynomial 模式。

此外，如果有 11 个参数，则对应的是线阵相机，11 个参数如下：

```
StartCamPar := [Focus, Kappa, Sx, Sy, Cx, Cy, ImageWidth,
ImageHeight,Vx,Vy,Vz]
```

线阵相机比面阵相机多了 Vx、Vy、Vz 3 个参数，分别表示 *X* 轴、*Y* 轴、*Z* 轴方向的运动速度的初始值。其中 Vx、Vz 一般初始化为 0。而 Vy 初始值为线扫的运动速度，也可以通过式（13.2）推算。

$$Vy = \text{物体的真实长度（m）} / \text{物体在图像坐标系中的长度（行）} \quad (13.2)$$

注意

Vx、Vy、Vz 的初始值务必要准确，否则可能会导致标定失败。

13.2.3 准备标定板

使用 Halcon 进行标定的步骤一般如下。

（1）使用 Halcon 中的 Calibration 助手进行标定，得到相机的参数。

（2）使用畸变校正相关的算子进行图像的校正。

因此，标定要做的首要的事情是选择一块合适的标定板。通常情况下，标定板有很多种类，如棋盘格、点阵等。在 Halcon 中，最简单的标定材料是 Halcon 标准标定板。如果要使用 Halcon 的标定算子，则需要使用 Halcon 的点阵标定板。

在 Halcon 中，可以使用 gen_caltab 算子快捷地生成标定板图像，用于标定板的制作。该算子能生成标定板描述文件和以“.ps”结尾的图像文件，使用 Photoshop 可以打开以“.ps”结尾的图像进行查看。生成的标定板图像如图 13.1 所示。

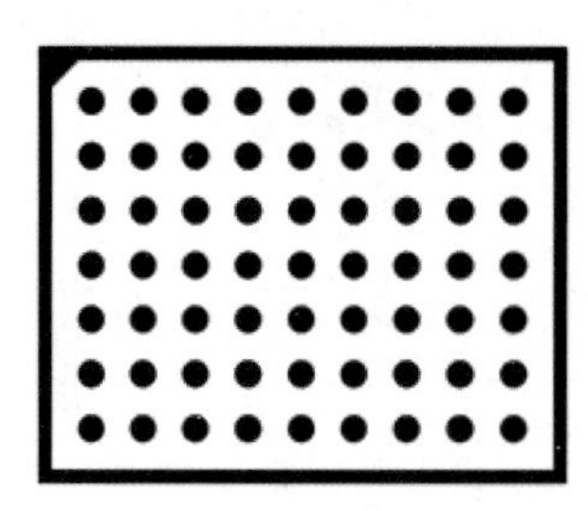

图 13.1 使用 gen_caltab 算子生成的标定板图像

gen_caltab 算子的原型如下：

```
gen_caltab( : : XNum, YNum, MarkDist, DiameterRatio, CalPlateDescr,
CalPlatePSFile: )
```

其中 XNum、YNum 分别表示每行和每列的圆点标记的数量。MarkDist 表示两个标记点之间的间隔距离，单位是 m。DiameterRatio 用来设置标记点的直径，表示一个比例关系，直径的长度就是用间距 MarkDist 乘以比例 DiameterRatio 的结果。 CalPlateDescr 为标定板描述文件的存放路径。CalPlatePSFile 为生成的图像文件，即“.ps”文件的存放路径，可以直接用 Photoshop 打开进行编辑。

图 13.1 中使用的标定板横向为 9 个点，纵向为 7 个点，具体参数如下：

```
gen_caltab( 9, 7, 0.1, 0.5, 'caltab.descr', 'caltab.ps')
```

其输出的标定板横向和纵向的标记点数量分别为 9 和 7，点之间的间距为 0.1m，点的直径为 0.05m。实际打印尺寸宽度为 1.0202m，高度为 0.8202m。根据标定精度和使用环境的需要选择合适的材料制作标定板。

13.2.4 采集标定图像的过程与操作细节

在标定的过程中，可以在相机的视野范围内灵活地调整标定板的摆放位置，如图 13.2 所示。

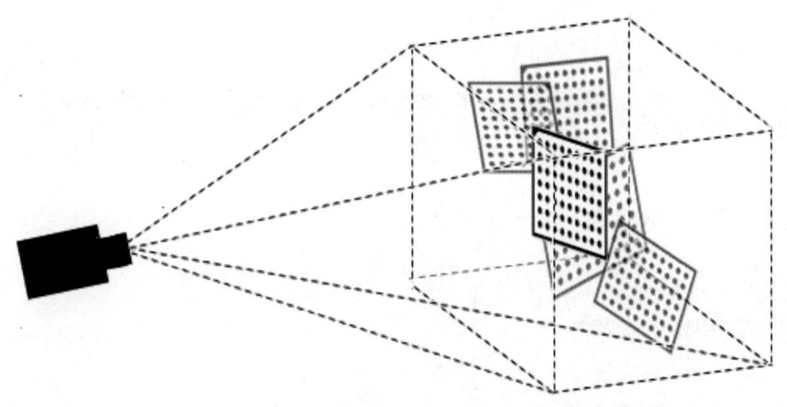

图 13.2 使用标定板进行相机标定

根据笔者经验，在标定过程中有以下几个细节需要注意。

（1）标定的图像数量要适当，图像数量太少或太多都会影响标定的结果。理想情况下 10 ～ 20 张即可。

（2）标定板应清晰洁净，尽可能避免杂点和噪声的干扰。

（3）对焦应清晰，图像中标记点的边缘应明确可辨。

（4）标定板姿态应多样化。可以尝试不同程度的倾斜与旋转，尽可能采集多个角度的画面。需要注意的是，在任何姿态下均应保证全部标记点清晰可见，倾斜范围可控制在 45° 以内。

（5）标定板图像应尽可能出现在视野中的各个位置。

（6）标定板与镜头的距离也需要注意，其会影响到标定板图像在视野中的大小。避免离镜头太近或者位置太偏，否则会造成标记点拍摄不全。整个标定板区域最好不要小于图像视野的 1/4。

（7）标定板的材质和环境光线可能会影响标定效果，所以太亮或反光的情况应尽量避免。如果太暗，则可能造成标定板底色灰度较低，与黑色标记点产生混淆。白底的灰度至少要高于128，以便与黑色标记点产生明显的灰度差。标定的光线环境与实际测量的光线环境也应当一致。

（8）从开始标定到使用标定结果进行测量的期间，相机的焦距或者光圈不应发生变化，如果变化了，相机的内部参数会改变。如果标定后移动了相机的位置或者变换了方向，则相机的外部参数会发生变化，这都需要重新进行标定。

标定获得的世界坐标系的精度与图像的数量和姿态的多样性有关，在合理范围内（一般在20张以内），图像的数量越多，标定板的姿态变化越丰富，也就越容易得到准确的标定结果。同时，在相机视野范围内，标记点分布均匀也有助于获得良好的标定结果。

13.2.5 使用 Halcon 标定助手进行标定

采集完标定图像后，可以使用 Halcon 标定助手进行标定操作。如果没有采集图像，可以使用标定助手中的实时采集功能，实时连接相机进行标定图像采集。选择“助手”→“打开新的Calibration”选项，即可打开标定助手界面，如图13.3所示。

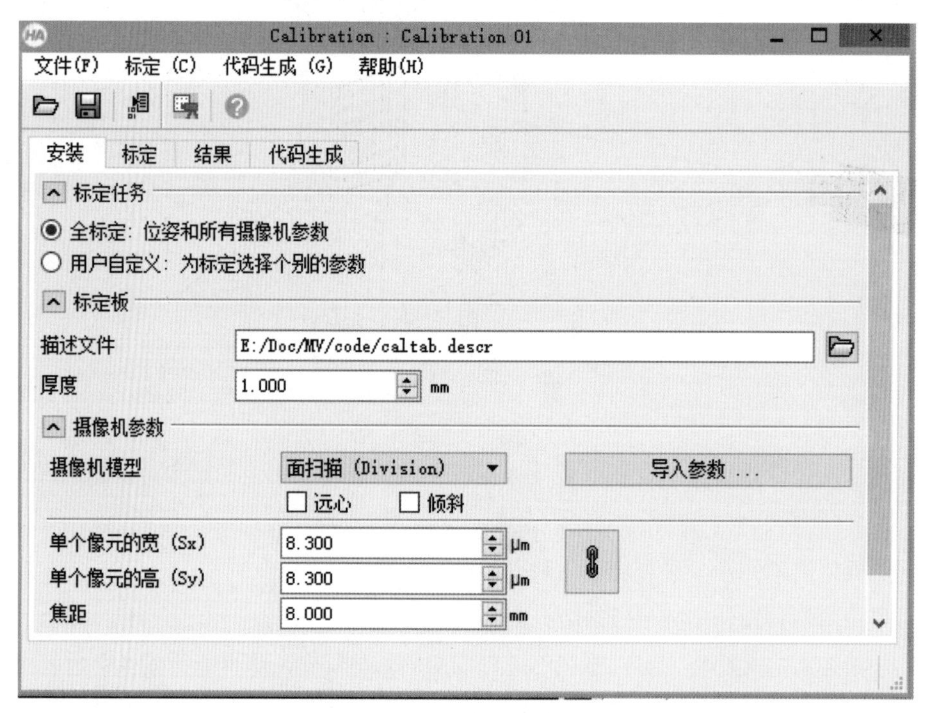

图13.3 标定助手界面

在“安装”选项卡中设置标定板的描述文件、厚度、单个像元的宽和高、焦距等参数。

然后选择“标定”选项卡，如图13.4所示。

图 13.4 “标定”选项卡

选中“图像文件”单选按钮，导入标定的图像，即导入采集的标定板中各个角度的图像。也可以选中“图像采集助手”单选按钮，选择实时采集标定板图像。导入标定图像后，如果图像状态栏提示“标志点提取失败”，则需要检查原因，如重新检查标定板描述文件是否正确、是否与标定图像一致等；如果状态栏提示“确定”，则图像没有问题；如果提示“检测出品质问题”，则根据品质问题的提示选择是否需要调整图像。在“品质问题”中可以看到对标定图像质量的评价，警告级别默认为 70%。可以根据评价来调整或重新采集合适的标定图像。如果对精度要求不是很高，显示检测出品质问题时也可以酌情接受。然后还需要选择一张图像并将其设置为参考位姿，在检测相机位姿时，会以这张图像的位姿为参考基准。在“显示参数”和“标定板提取参数”中可以设置标定参数，一般保持默认的设置就可以。完成后，单击“标定”按钮，即可自动进行标定。

标定完成后，在“结果”选项卡中将显示标定的参数结果，可以看到相机的参数和位姿等信息。如果要将这些参数应用于程序中，可以单击“代码生成”选项卡下“标定”栏中的“插入代码”按钮，即可将代码插入程序中，代码如下：

```
CameraParameters := [0.0186517,-518.695,1.48e-005,1.48e-005,
243.968,254.876,640,480]
CameraPose := [-0.290035,0.245518,7.90914,343.278,26.9863,18.2183,0]
stop ()
```

其中，CameraParameters 为摄像机参数，数组中各项数值含义如下。

（1）0.0186517：相机的焦距，单位是 m。

（2）-518.695：相机的畸变系数 Kappa，单位是 m^{-2}，这里表示的是 division 模式的径向畸变系数。对于不同的相机类型，畸变系数的表达方式也不相同。

（3）1.48e-005：单个像元的宽，单位是 m。

（4）1.48e-005：单个像元的高，单位是 m。

（5）243.968：中心点的 *X* 轴坐标，单位是像素。

（6）254.876：中心点的 *Y* 轴坐标，单位是像素。

（7）640,480：图像的宽和高，单位是像素。

CameraPose 为选定的位姿的标定板的角度。其中前 3 个参数分别表示相机中心点的 *X* 轴、*Y* 轴和 *Z* 轴坐标，后 3 个参数分别表示该标定板围绕 *X* 轴、*Y* 轴和 *Z* 轴旋转的角度。

注意

当设备固定后，相机位姿也是固定的。

获得了相机的内部参数和外部参数以后，可以进行下一步的实际应用，如测量真实世界中的距离、校正畸变图像等。

这里举一个例子，利用标定结果的内部参数与外部参数，进行图像的径向和视角的畸变校正。图 13.5（a）是标定的相机采集到的图像，作为输入图像；图 13.5（b）是校正后的结果 .

（a）

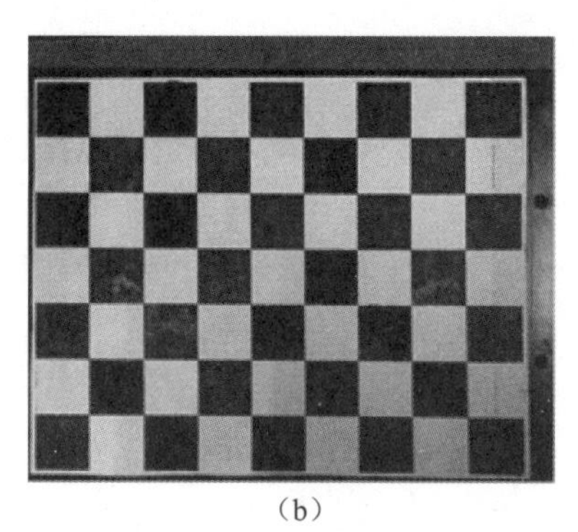

（b）

图 13.5　图像的校正

图 13.5 中的畸变校正代码如下：

```
*使用相机参数校正畸变
* CameraParameters 为相机的内部参数
CameraParameters := [0.0271606, -518.0, 1.48e-005, 1.48e-005, 271.343,
260.681, 640, 480]
* CameraPose 为相机的外部参数，即位姿
CameraPose := [0.258487, -0.018, 4.954, 2.0, 14.0, 2.4, 0]
stop ()
*读取待校正的图像
read_image (Image, 'data/chess')
scaleParam := 1920/1080.0
*调整原点的位姿
set_origin_pose (CameraPose, -1,-0.7, 0, rectificationPose)
*生成用于校正的映射图，用来描述图像坐标系与世界坐标系之间的映射
gen_image_to_world_plane_map(rectificationMap,CameraParameters,
rectificationPose, 640, 480, 640, 480, scaleParam/ 640, 'bilinear')
*利用映射图 rectificationMap 进行图像的校正
map_image (Image, rectificationMap, rectifiedImage)
```

就这样，图像的畸变即可得到校正，为后续的识别及测量做好准备。

13.2.6 使用 Halcon 算子进行标定

如果不使用 Halcon 标定助手，也可以利用 Halcon 算子编写代码完成标定。这里以 Halcon 中的 camera_calibration_multi_image.hdev 程序为例，来说明使用算子代码进行标定的过程。

首先初始化一个相机的参数。例如：

```
StartCamPar := [0.012, 0, 0.00000375, 0.00000375, 640, 480, 1280, 960]
```

然后建立一个 CalibDataID，该参数相当于一个标定对象的集合，包含相机标定所需的信息，如下所示：

```
create_calib_data ('calibration_object', 1, 1, CalibDataID)
```

接着设置相机的类型。根据拍摄图像所用的相机类型进行选择，这里选择 area_scan_division，设置为面阵 division 类型的相机。如果是线阵相机，应选择 line_scan。其他相机类型，如远心面阵相机等，可根据帮助文档进行选择。如下所示：

```
set_calib_data_cam_param (CalibDataID, 0, 'area_scan_division', StartCamPar)
```

设置标定板数据的路径：

```
set_calib_data_calib_object (CalibDataID, 0, 'calplate_80mm.cpd')
```

接下来读取采集的标定板的图像。读取到图片之后，使用 find_calib_object 算子提取标定板图

像的角点中心、轮廓等信息，计算这些点与世界坐标系的对应点坐标，并将检测到的这些信息自动存储在数据模型 CalibDataID 中，如下所示：

```
NumImages := 7
for I := 1 to NumImages by 1
    read_image (Image, ImgPath + 'calib_image_' + I$'02d')
    find_calib_object (Image, CalibDataID, 0, 0, I, [], [])
    get_calib_data_observ_contours (Caltab, CalibDataID, 'caltab', 0, 0, I)
    get_calib_data_observ_points (CalibDataID, 0, 0, I, Row, Column, Index,
StartPose)
endfor
```

读取完标定图像后，可以使用 calibrate_cameras 算子对相机进行标定，用于计算相机的内外参数，如下所示：

```
calibrate_cameras (CalibDataID, Errors)
```

可以使用 get_calib_data 算子获取标定的结果，包括相机的内部参数以及表示位姿的外部参数。如果第二个输入参数选择 camera，表示获取相机内部参数；如果选择 calib_obj_pose，表示获取相机的位姿（外部参数）。需要注意的是，相机或镜头的种类不同，如远心相机、线阵相机等，第二个输入参数的属性名称也会有差别，应根据相机及镜头的类型进行选择。如下所示：

```
get_calib_data (CalibDataID, 'camera', 0, 'params', CamParam)
get_calib_data (CalibDataID, 'calib_obj_pose', [0,1], 'pose', Pose)
```

获取到相机的内部参数与外部参数后，接下来的应用步骤就与 13.2.5 小节的例子完全相同，可以进行标定后的操作，如图像校正、测量等。

13.2.7 使用自定义的标定板

工程中经常会遇到这个问题：如果不想使用 Halcon 的标准标定板，用已有的其他样式的标定板是否可行。官方文档中给出过这个问题的答案：可以。可以选择使用自定义的标定板，甚至是任意形式的标记点图像，但是这样一来，标定的步骤会更复杂一些。

使用自定义标定板，首先需要计算出标记点在世界坐标系中的精确的三维坐标。这一坐标信息可以通过多种方式获得，如使用 OpenCV 或其他软件工具，也可以使用 Halcon 中的图像滤波、特征点提取等基本算子开发算法，以获得标记点的坐标。然后将所有标记点的三维坐标存入 Tuple 数组并传递给 set_calib_data_calib_object 算子中的 CalibObjDescr 参数，其中 X、Y、Z 坐标按点的原始顺序存放。

这里需要注意，使用自定义标定板时，无法使用 find_calib_object 算子进行匹配。因此，需要使用自己开发的算法或者其他方式进行特征点的提取和匹配，由此确定二维图像中的点与三维空间坐标中的点的对应关系。最后通过 set_calib_data_observ_points 算子将这些信息存储在自定义的标定数据模型中即可。

13.3 双目立体视觉

如果无法通过二维平面完成检测任务，如检测目标的表面高度，则可以考虑使用双目视觉进行测量。结合相机的内部参数与外部参数，可用双目相机测量目标对象中特定点的三维坐标，从而获取其相对于相机的距离以及深度信息，也可用其测距或者进行三维重建。本节将介绍双目立体视觉的原理与测量方法。

13.3.1 双目立体视觉的原理

我们平时使用单目相机拍摄的物体是二维的，即只能看到水平和垂直方向上的变化，无法通过单目去判断物体与相机之间的距离。而人类观察世界的方式是通过双目的，人之所以能感受到立体视觉，是因为人的左右眼之间有 6 ～ 7cm 的间隔。因此，左眼与右眼所看到的影像会有些微的差异，这个差异就是“视差”。因为两眼的视角不同，所以我们很容易判断物体的远近，以及多个物体的前后关系。图 13.5 所示的是一个简化的双目视觉场景。

图 13.6　双目立体视觉原理

根据两视点或者多视点的图片，匹配同一点在不同图像上的位置，再根据视差和三角形相似性原理，结合相机焦距，就可以推算其 Z 轴坐标，由此可确定物体表面的任意点的三维坐标。

除了使用双目相机外，也可以使用多目相机采集多个视点的立体图像，用于重建各个视角的三维场景，甚至物体的多个面。

如果使用双目相机测量物体的深度或者距离，需要考虑两个摄像头之间的间距。间距越大，可测的距离就越远。

13.3.2 双目相机的结构

双目立体视觉使用两个摄像机对同一场景进行拍摄。与人眼观察世界的方式类似，双目相机也应当处于同一水平面上，并且两个相机的内部参数必须完全相同。相机的摆放方式可以为平行式、交叉汇聚式等。如果没有两个相机，也可以使用单个相机，通过设置位移方式，在两个不同的位置对同一对象采集图像。本节仅讨论理想情况，即两个相机平行放置的情况，相机的内部参数相同，两个相机所在的平面应与其中一个相机的 X 轴方向保持水平，如图 13.7 所示。

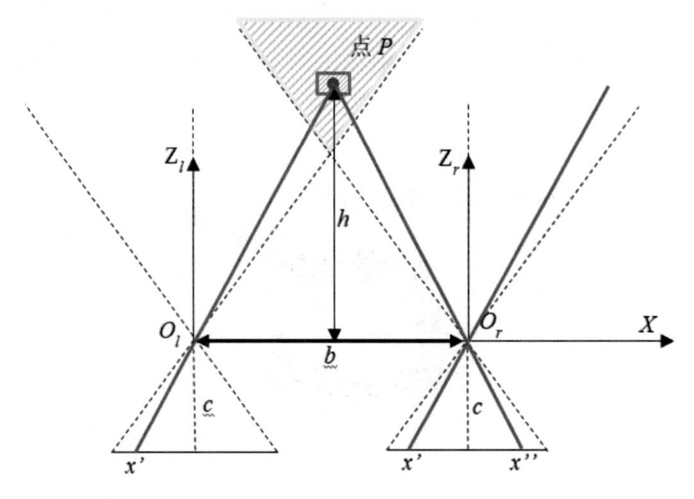

图 13.7 双目立体视觉成像

假设 P 点为测量的目标点，其三维坐标为（X, Y, Z），计算方法如式（13.3）。

$$
\begin{aligned}
X &= \frac{h}{c}x' \\
Y &= \frac{h}{c}y' \\
Z &= h = \frac{bc}{x'-x''}
\end{aligned}
\tag{13.3}
$$

其中，h 为 P 点距离相机焦点平面的距离，即 P 点的 Z 坐标值；c 为相机的焦距，这里假设左右相机的焦距是一致的；b 为两个相机之间的基线距离；x' 为 P 点在左路相机图像中的 X 轴坐标；x'' 为 P 点在右路相机图像中的 X 轴坐标。

x' 与 x'' 的差值即为视差。在得到视差之后，再结合标定获得的相机参数，如基线距离、相机焦距，就可以确定 P 点的三维坐标。

在测量过程中可能存在误差，如计算视差的误差将影响 P 点坐标的计算结果，图 13.8 体现了视差的误差对 P 点的 X 坐标计算结果的影响。

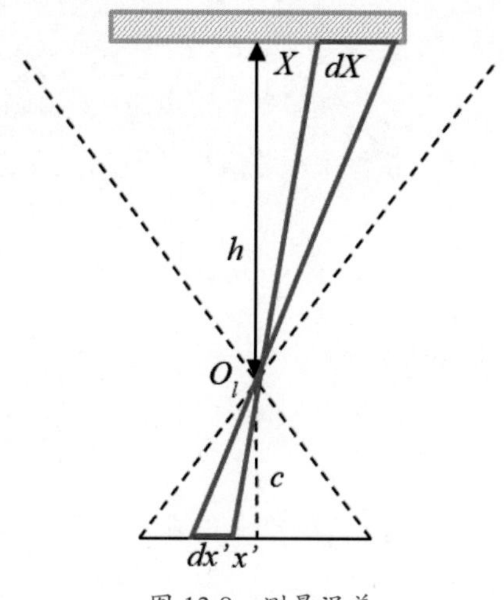

图 13.8 测量误差

误差计算公式为式（13.4）。

$$dX = m dx' \tag{13.4}$$

其中，dX 为 X 坐标的误差；dx' 为单目图像中 x 坐标的误差；m 为缩放系数，即物距 h 与焦距 c 的比值。

该公式又可表示为式（13.5）。

$$S_X = mS_{x'} \tag{13.5}$$

其中，S_X 为 X 坐标的误差；$S_{x'}$ 为单目图像中 x 坐标的误差；m 为缩放系数（h/c）。

而对于双目图像而言，影响精度的还有一个因素，设为 q，即物距 h 与基线 b 的比值。因此，X 坐标的误差又可以估计为式（13.6）。

$$S_X = qmS_{x'} \tag{13.6}$$

而 Z 轴误差可以估计为式（13.7）。

$$S_z = \frac{z^2}{bc} S_{px'} = \frac{h}{b}\frac{h}{c} S_{px'} = qmS_{px'} \tag{13.7}$$

式中，b 为两部相机的基线距离；px' 为左右图像中测量的 x' 与 x'' 的差值，$S_{px'}$ 为 px' 的误差。

举例说明，假设 $S_{px'} = 0.004\text{mm}$，$h = 5\text{m}$, $b = 1.2\text{m}$，$c = 40\text{mm}$，则有式（13.8）。

$$\begin{gathered} m = \frac{h}{c} = 125 \\ S_z = m\frac{h}{b} S_{px'} = 125 \times \frac{5}{1.2} \times 0.004 \approx 2.1\ (\text{mm}) \\ S_x = S_y = mS_{x'} = mS_{px'} = 125 \times 0.004 = 0.5\ (\text{mm}) \end{gathered} \tag{13.8}$$

得到 Z 坐标误差为 2.1mm，X、Y 坐标误差为 0.5mm。

由上述公式可以看出，在基线距离和焦距固定的情况下，物体距离成像面越远，测量的坐标误差会越大。如果物距范围已知，而基线距离不固定，为了使测量到的精度更高，基线距离和相机焦距应尽可能更大。一般来说，物距 h 与基线 b 的比例在 1.5 ～ 3.0 时测量精度会比较稳定，精度误差会比较小；当基线距离与被测距离的比例小于 3.0 时，被测距离越大，测量误差也会越大。但基线距离增大的同时应考虑视场范围的变化，如果基线距离过大，则双目相机的公共视场范围就会变小，这可能会导致被测物体难以在两个相机中完整成像。因此，确定基线距离应综合考虑被测目标的距离、焦距、容许的精度。

13.3.3 双目立体视觉相机的标定

双目相机的内部参数的标定与常规的单目相机标定方法相同，二者的区别主要在于外部参数，即两个相机之间的相对位置关系。

双目相机的标定方法与单目相机基本相同，但有以下几个方面需要注意。

（1）相机安装的位置应考虑与被测物体的距离。两个相机之间的基线间距越大，可测距离就会越远。在搭建系统之前应使用几何原理计算相机之间的相对位置，以及距离和允许的测量误差，以设置合适的基线距离。

（2）相机位置确定后，应将两个相机进行固定。除了相对位置需要固定以外，两个相机还应当处于完全一致的水平面上，同时避免发生相对旋转与前后位置偏差。在标定及实际测量过程中，应保证相机平台的水平位置、相机之间的相对位置及相机焦距不再发生变化。

（3）将标定板放置在两个相机都能够完全拍到的位置上。在给标定板变动位姿时应注意，无论如何移动，两个相机都应能看到所有的标记点。

（4）两个相机的光照环境应尽可能一致。如果因为光线的干扰造成两个相机画面一明一暗，可能会影响匹配的效果，因此应注意调节光线。

13.3.4 校正立体图像对

标定结束后，可以使用双目相机拍摄被测物体，获取立体图像对。此时注意不要改变相机的内部参数或者移动相机，以免使通过标定获得的相机内部参数和外部参数失效。同时，确保光线环境与标定时的环境尽可能一致，避免反光等会导致图像灰度发生明显变化的情况。如果被测物体上有重复的图案，应尽可能调整摆放位置，避免重复的图案沿水平方向出现在图像上。因为立体匹配需要在同一行的位置去搜索目标特征点，这样做是为了避免匹配到错误的点。拍摄获得的两张图像就是立体图像对，一般将第一个相机拍摄的图像称为左图，另一个称为右图。

双目相机拍摄的图像也会有单目相机图像可能出现的畸变，此外还可能会由于双目立体视觉平台固定的细微偏差，造成两张图像水平不一致。这种情况非常常见，多因机械结构的差异引起。因此，在标定之后，需要对立体图像对进行校正，使两张图中对应的特征点位于同一水平位置。

由于标定过程中已经获得了相机的内部参数和外部参数，因此可以使用这些信息进行立体图像对的校正。在 Halcon 中可以使用 gen_binocular_rectification_map 和 map_image 算子实现立体图像对的校正。其中，gen_binocular_rectification_map 算子用于生成一个映射关系，该算子需要传入通过标定得到的相机内部参数和双目相机的相对位置关系（外部参数），然后输出两个图像的映射图 MapL 和 MapR 并将输出结果传递给 map_image 算子。

由此可以获得相机校正后的图像对。校正后，两张图中对应同一个特征点的像素应当处于同一水平位置，确切地说，就是在图像坐标系中的行坐标相同。这是为下一步的立体匹配和提取视差做准备，因为立体匹配是取参考图像中点所在的行，在另一张图中的同一行搜索对应的像素。因此，校正图像是匹配成功的前提。

如果标定效果不够好，也将体现在校正图像上。如果校正后的图像不够水平，或者有缺失、视野扩大等其他明显异常，则可以考虑重新对双目相机进行标定。

注意

如果由于移动等原因使相机相对位置变动了，则需要重新标定。

13.3.5 获取视差图

为了获得测量对象的深度信息，需要先求出立体图像对的视差图，这就需要对校正后的图像对进行立体匹配。立体匹配的原理是，通过找出一张图（如左视点图）的特征点，并且在对应的另一张图（如右视点图）中搜索该点，从而获得该点的对应坐标和灰度。

在 Halcon 中可以使用 binocular_disparity 算子进行立体匹配并生成视差图。如图 13.9 所示，其中图 13.9（a）和图 13.9（b）分别为左右立体图像对，图 13.9（c）为生成的视差图像，图 13.9（d）为匹配分数图像。

（a）

（b）

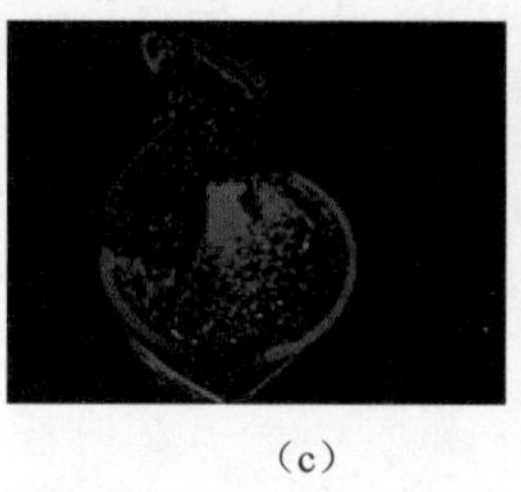
（c）

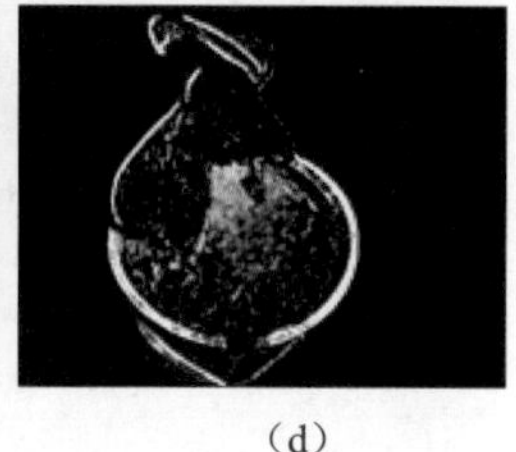
（d）

图 13.9 利用左右立体图像对生成视差图

binocular_disparity 算子的原型如下：

```
binocular_disparity(ImageRect1, ImageRect2 : Disparity, Score : Method,
MaskWidth,MaskHeight, TextureThresh, MinDisparity, MaxDisparity, NumLevels,
ScoreThresh,Filter, SubDisparity : )
```

该算子使用一个类似于卷积核的搜索窗在检测图像上搜索参考图像中对应行中的点。利用相关性匹配寻找对应点之间的匹配关系，并计算对应点之间的视差。其中各参数的含义如下。

参数 1 和 2：ImageRect1 和 ImageRect2 分别表示输入的校正后的立体图像对中的左图和右图。其中 ImageRect1 作为参考图像，ImageRect2 作为检测图像。两张图都应是单通道灰度图像。

参数 3：Disparity 表示输出的视差图像。视差图像中坐标为（x，y）的点的灰度值，对应于参考图像中坐标为（x，y）的点的灰度值与检测图像中对应该坐标点的灰度值之差。

参数 4：Score 表示输出的匹配分值图像，包含参考图像上每个点的匹配最佳结果。

参数 5：Method 表示匹配所用的方法，这里指的是参考图像和检测图像中对应的矩形框的匹配方式。其有 3 个可选项，分别是对应像素差的绝对值的 SAD 方法，对应像素差的平方和的 SSD 方法，以及基于图像相关性的 NCC 方法。前两者是直接对比搜索窗内的像素灰度值，由于算法简单，速度也会比较快；而 NCC 方法则考虑了搜索窗内的像素灰度均值和方差。所以，当左右两张图像的光照和对比度有偏差时，建议选择 NCC 方法。该参数的默认值也是 NCC。

参数 6 和 7：MaskWidth 和 MaskHeight 分别表示搜索窗的宽和高。为了确保其中心点完全居中，搜索窗的宽和高应当取奇数。该搜索窗会在指定的行内滑动，将覆盖范围内的像素与参考图像中的目标点进行匹配，匹配成功的点将标记在视差图像中。窗口尺寸越大，视差图像会越平滑，但也可能会模糊一些细节；窗口尺寸越小，视差图像可能会有较多的噪声，但是图像的细节会更清晰。其默认值为 11。

参数 8：TextureThresh 表示搜索窗内灰度值的最小统计分布，这对于纹理比较少的局部区域十分有用，能增加匹配结果的可靠性。由于匹配过程依赖于图像纹理，因此在缺少纹理变化的区域可能会没有视差。该阈值默认为 0。

参数 9 和 10：MinDisparity 和 MaxDisparity 分别表示视差值的最小与最大范围。这个范围如果没有完全覆盖两张图的实际视差范围，可能会导致视差图像不完整；相反，如果这个范围设置得太大，也可能会使匹配时间增加或者导致匹配出错。

所以，这个视差范围应谨慎设置。在不确定视差最大最小值时，可以使用一个简单的方法进行估算，即将校正后的左图和右图打开放在一起，观察图像，判断距离相机最近的点 N 的大致位置，粗略测量该点的纵坐标，并在两张图中的这个位置找到对应的点 N1、N2。同理，观察图像中距离相机最远的点 F，粗略测量该点的纵坐标，并在两张图中的这个位置找到对应的点 F1、F2。最小视差可用 N1、N2 的灰度差表示，最大视差可用 F1、F2 的视差表示，默认值为 -30 和 30。

参数 11：NumLevels 表示图像金字塔的层级。MinDisparity 和 MaxDisparity 两个参数仅作用于图像金字塔的最高层。对于图像中纹理变化差异比较大的情况，匹配时间会随层级数增长。如果层级设定得太大，也可能会导致上层图像的纹理缺失。其默认值为 1。

参数 12：ScoreThresh 表示匹配分数的阈值，即视差图像中仅包含匹配分值超过该阈值的点。值得注意的是，选择不同的匹配方法，阈值的取值范围也不同。如果选择 SAD 方法，对应的视差值是灰度值直接相减的结果，因此 ScoreThresh 的取值范围是 [0,255]；如果选择 SSD 方法，ScoreThresh 的取值范围是 [0,65025]；如果选择 NCC 方法，ScoreThresh 的取值范围是 [-1,1]。默认情况下选择的是 NCC 方法，因此 ScoreThresh 的默认值为 0.5。

参数 13：Filter 表示滤波器，可以选择 left_right_check，进行一个从右图到左图的反向检查，或者省略这一步，直接选择 none。

参数 14：SubDisparity 用于设置视差图中子像素的精度，可以选择 interpolation 表示插值，或者省略这一步，直接选择 none。

获取视差图像的代码举例如下：

```
*读取双目图像
read_image (Image1, 'data/stereo-left')
read_image (Image2, 'data/stereo-right')
*进行立体匹配并返回视差图和匹配分数图
binocular_disparity (Image1, Image2, Disparity, Score, 'ncc', 11, 11, 0,
-80, 10, 1, 0.3, 'left_right_check', 'interpolation')
```

首先读取双目图像，如果图像有畸变或者不在同一水平线上，需要先进行畸变校正；然后进行立体匹配并返回视差图和匹配分数图。实际操作中可根据视差图的效果和拍摄情况对参数进行适当调节。

如果想要获得物体的深度信息，也可以使用 binocular_distance 算子，该算子与 binocular_disparity 算子的作用类似，该算子返回的是深度图像，区别是该算子需要额外输入 3 个参数，即两个相机的内部参数和外部参数（相对位置关系）。这 3 个额外参数可以在标定环节获得。深度图像是由视差图像结合相机参数计算出来的，因此这两个算子看起来非常相似。而且二者的匹配分值图像是完全一致的，因为匹配过程完全相同。

13.3.6 计算三维信息

在得到视差图像后，如果要进行三维重建，还可以使用一些算子计算其三维坐标。例如，使用 disparity_to_point_3d 算子可以计算选定的视差图中的点的三维坐标，也可以使用 disparity_image_to_xyz 算子将整张视差图像转换为 3D 点图。该算子的原型如下：

```
disparity_image_to_xyz(Disparity : X, Y, Z : CamParamRect1, CamParamRect2,
RelPoseRect : )
```

其各参数的含义如下。

参数 1：Disparity 为输入视差图像，即经双目立体视觉系统校正后的视差图。根据图像的像素信息，计算每个点的 *X*, *Y*, *Z* 坐标，并输出 3 张图。

参数 2 ～ 4：*X*, *Y*, *Z* 为计算后输出的 3 张图，3 张图的灰度分别表示视差图中对应位置的点在 *X*, *Y*, *Z* 轴的坐标。

参数 5 和 6：CamParamRect1 和 CamParamRect2 为输入参数，分别表示两个相机的内部参数。

参数 7：RelPoseRect 为外部参数，但这里的外部参数不同于单目相机标定的外部参数，它表示第 2 个相机相对于第 1 个相机的位姿变化。相机的参数可以通过双目相机标定的方法获得。

如果想要将获得的三维信息可视化，可以使用 visualize_3D_space 算子，需要输入 disparity_image_to_xyz 算子输出的 X, Y, Z 轴的坐标灰度图。具体参数应查询文档，绘制与显示过程可能会非常耗时。

13.3.7 多目立体视觉

多目立体视觉使用两个以上的相机，可以呈现出更多的视角，不仅能反映物体的表面信息，甚至还能还原整个三维场景。

多目相机的标定与前文提到的双目相机标定大致相同。使用 calibrate_cameras 算子进行标定，并使用 get_calib_data 算子获取标定的结果参数。

多目相机在搭建环境时，应确定其中一个相机作为参考相机，为其赋予序号 0，其他几个相机也依次编号，并根据参考相机调整位置。在通过 get_calib_data 算子获取标定参数时，也需要将参考相机的编号作为输入参数传入算子，这样才能得到参考相机的位姿。得到位姿后，使用 set_camera_setup_param 算子建立起多目相机的坐标系。

接着使用 create_stereo_model 算子建立立体多相机模型。此时应当明确需要重建的是面还是点，重建三维表面可选择 surface_pairwise 作为参数传入 create_stereo_model 算子，重建三维点可选择 points_3d。

模型建立后可使用 set_stereo_model_param 算子调整模型中的参数，然后通过 set_stereo_model_image_pairs 算子指定参考哪些图像对进行重建，并调用 reconstruct_surface_stereo 算子进行表面重建。该算子的重建结果是一个 3D 模型，该模型由点及其法线或者网格构成，可以在 reconstruct_surface_stereo 算子的参数中选择输出模型的构成方式。

多目相机在立体匹配环节使用 binocular_disparity_mg 算子或者 binocular_distance_mg 算子获得视差图。如果是多目线阵相机，可以使用 binocular_disparity_ms 算子或者 binocular_distance_ms 算子获得视差图。如果只需计算其中某一对视点图像的视差，也可以使用 binocular_disparity 算子。

点的重建可以参考样例中的 reconstruct_points_stereo.hdev 文件，该过程需要使用算法提取对应的特征点的坐标。如果是标准的 Halcon 标定板，可以使用 find_calib_object 算子和 get_calib_data_observ_points 算子获取对应的特征点坐标；如果是自定义的标定板，需要自己编写特征点提取算法。获得坐标以后，将其按顺序存入 Tuple 参数，然后将 Tuple 参数传给 reconstruct_points_stere 算子，用来进行点云的重建。

如果需要将重建结果可视化，可以使用 visualize_object_model_space 算子。其具体参数和用法可查询 Halcon 参考手册。

13.4 激光三角测量

使用立体视觉进行三维重建，适用于测量范围比较大的场合，精度不够高。如果需要进行近距离的精确测量，可以使用 sheet-of-light 技术，又称激光三角测量或者片光技术。sheet-of-light 是使用特定的光源，如安全的红外光源，投射到物体表面后，由摄像头采集图像。根据物体光信号的变化情况，确定物体的深度等位置信息。使用这种方式进行三维重建，精度可以达到非常高的级别，但是需要额外的硬件进行配合。

13.4.1 技术原理

sheet-of-light 的基本思想是，将一片很薄的发光直线，如激光等，投射到待重建的对象表面，然后用相机对这条投射的线进行成像。激光线的投影建立了一个如同光片的平面，相机的光轴和光平面呈 $\alpha°$。物体表面的高度决定了相机视野和光平面的交点。

如果激光线投射到物体表面的高度不同，则发光线条不会是一条直线，而是一条表现物体表面高度轮廓的线。通过这条轮廓线，可以得到物体表面的高度差。为了重建物体的整个表面，或物体表面的高度轮廓，可以移动物体使其相对于测量系统做位移，如图 13.10 所示。

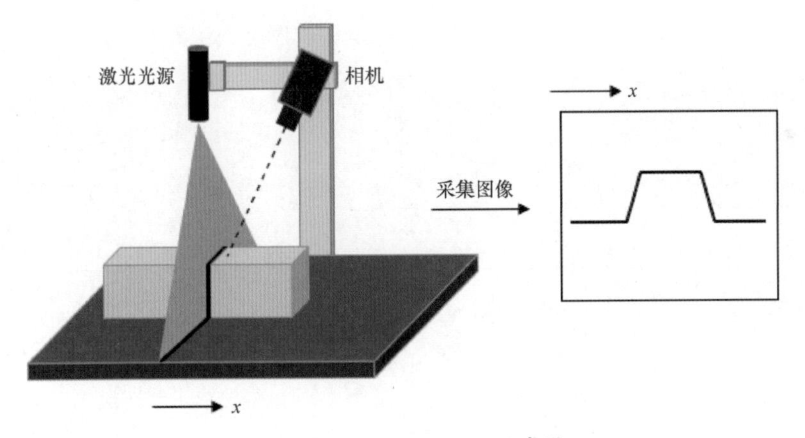

图 13.10　sheet-of-light 示意图

sheet-of-light 既适用于校准过的测量系统，也适用于未校准的测量系统。如果系统经过了校准，那么测量结果可以返回视差图、世界坐标系中的构成高度轮廓线的点的三维坐标，以及由这些点坐标构成的 3D 物体模型。

视差图中的每一行存储一条轮廓线的值，注意这里相机必须是固定的，这样每一行扫描到的轮廓线才能和视差图像中对应的行平行；而被测物体应当是运动的，这样才能获得完整的轮廓线。

如果系统未经过校准，则不会返回点在世界坐标系的三维坐标，但是仍然可以得到视差图像，以及测量结果的置信分数。注意，这里的视差图像与双目视觉中的视差图像有所不同，双目视觉中的视差图体现了左右图中对应的像素的灰度差值，而片光测量结果的视差图中保存的是被检测到的轮廓线的子像素。

13.4.2 使用 Halcon 标准标定板标定 sheet-of-light

标定 sheet-of-light 的过程分为如下几步。

（1）标定相机。

（2）确定世界坐标系中的光平面方向。

（3）标定物体的相对位移。

其中，相机的标定参考前文中的标定方法，标定后返回相机的内部参数以及相机的位姿参数。为了确定光平面的方向，需要至少3个关键点。其中P1、P2这两个点是世界坐标系中Z坐标为0的点，另一个点 P3 是 Z 坐标不为 0 的点。因此，可以使用 Halcon 标准标定板做 3 次标定图像采集。前两次把标定板放在 Z 坐标为 0 的平面上；第 3 次放在不平行于 Z 轴，却与光平面倾斜相交的位置上。

在标定时需注意，标定的光平面与实际测量时发射的光平面应是同一平面。而且标定板摆放时要避免垂直于光平面，以防止光的散射使拍摄到的线条变宽。

在 Halcon 的样例程序 calibrate_sheet_of_light_calplate.hdev 中详细介绍了如何对 Sheet-of-light 测量系统进行标定，这里简单对样例程序进行注解。

首先，设置相机内部参数的初始值，同时设置标定板的厚度。例如：

```
StartParameters := [0.0125,0.0,0.0,0.0,0.0,0.0,0.000006,0.000006,376.0, \
120.0,752,240]
CalTabDescription := 'caltab_30mm.descr'
CalTabThickness := .00063
```

然后，读取相机的标定图像。这些图像不是针对光平面的，而是出于标定相机的目的拍摄的，参考 13.2 节的标定方法。假设标定图像的数量为 20 张，依次读取并获取特征点。

```
NumCalibImages := 20
for Index := 1 to NumCalibImages by 1
    read_image (Image, 'sheet_of_light/connection_rod_calib_'+ Index$'.2')
    find_calib_object (Image, CalibDataID, 0, 0, Index, [], [])
endfor
```

获得这些图像后，使用 calibrate_cameras 算子进行相机标定，得到相机的内部参数与外部参数。

```
calibrate_cameras (CalibDataID, Errors)
get_calib_data (CalibDataID, 'camera', 0, 'params', CameraParameters)
```

注意

这里选择的位姿参考图像决定了相机的位姿，也决定了测量中使用的世界坐标系原点。

为了确定光平面在世界坐标系中的位置，需要用到两张标定图像。在这两张标定图像中，标定板应处于不同的高度。其中一张用于定义世界坐标系，而另一张的位姿用于定义一个临时坐标系。这两张图中的原点位置都要根据标定板的厚度做一点偏移。

```
Index := 19
get_calib_data (CalibDataID, 'calib_obj_pose', [0,Index], 'pose',
CalTabPose)
set_origin_pose (CalTabPose, 0.0, 0.0, CalTabThickness, CameraPose)
Index := 20
get_calib_data (CalibDataID, 'calib_obj_pose', [0,Index], 'pose',
CalTabPose)
set_origin_pose (CalTabPose, 0.0, 0.0, CalTabThickness, TmpCameraPose)
```

这两张图应当同时采集光平面的激光线的图像，并且在这两张图中，激光线明显地投射在标定板上。有了之前标定得到的位姿，使用 compute_3d_coordinates_of_light_line 算子计算构成激光线的点的三维坐标。获得的点云由世界坐标系下光平面中的 *Z* 坐标为 0 的点（P1, P2），以及临时坐标系中 *Z* 坐标为 0 的点（P3）组成。

```
read_image (ProfileImage1, 'sheet_of_light/connection_rod_lightline_019.png')
compute_3d_coordinates_of_light_line (ProfileImage1, MinThreshold,
CameraParameters, [], CameraPose, X19, Y19, Z19)
read_image (ProfileImage2, 'sheet_of_light/connection_rod_lightline_020.png')
compute_3d_coordinates_of_light_line (ProfileImage2, MinThreshold,
CameraParameters, TmpCameraPose, CameraPose, X20, Y20, Z20)
```

然后，使用 fit_3d_plane_xyz 算子根据点云拟合出一个平面，这就是要求的光平面。使用 get_light_plane_pose 算子获得光平面的位姿：

```
procedure fit_3d_plane_xyz (X, Y, Z, Ox, Oy, Oz, Nx, Ny, Nz, MeanResidual)
get_light_plane_pose (Ox, Oy, Oz, Nx, Ny, Nz, LightPlanePose)
```

接下来，标定对象的相对线性位移。这时需要两张位移幅度不同的图像，出于标定精度的考虑，最好不要使用两张连续移动的图像，而是使用已知移动步长的两张图。

```
read_image (CaltabImagePos1, 'sheet_of_light/caltab_at_position_1.png')
read_image (CaltabImagePos20, 'sheet_of_light/caltab_at_position_2.png')
StepNumber := 19
```

已知步长为 19，读取两张有位移的图像之后，即可获取标定板的位姿。

```
find_calib_object (CaltabImagePos1, CalibDataID, 0, 0, NumCalibImages + 1, [],
[])
get_calib_data_observ_points (CalibDataID, 0, 0, NumCalibImages + 1, Row1,
Column1, Index1, CameraPosePos1)
```

```
find_calib_object (CaltabImagePos20, CalibDataID, 0, 0, NumCalibImages + 2,
[], [])
get_calib_data_observ_points (CalibDataID, 0, 0, NumCalibImages + 2, Row1,
Column1, Index1, CameraPosePos20)
```

计算出移动了19步的位移变量。注意，这里假设没有发生任何旋转，因此所有的旋转向量都设为0。

```
pose_to_hom_mat3d (CameraPosePos1, HomMat3DPos1ToCamera)
pose_to_hom_mat3d (CameraPosePos20, HomMat3DPos20ToCamera)
pose_to_hom_mat3d (CameraPose, HomMat3DWorldToCamera)
hom_mat3d_invert (HomMat3DWorldToCamera, HomMat3DCameraToWorld)
hom_mat3d_compose (HomMat3DCameraToWorld, HomMat3DPos1ToCamera,
HomMat3DPos1ToWorld)
hom_mat3d_compose (HomMat3DCameraToWorld, HomMat3DPos20ToCamera,
HomMat3DPos20ToWorld)
affine_trans_point_3d (HomMat3DPos1ToWorld, 0, 0, 0, StartX, StartY, StartZ)
affine_trans_point_3d (HomMat3DPos20ToWorld, 0, 0, 0, EndX, EndY, EndZ)
MovementPoseNSteps := [EndX - StartX,EndY - StartY,EndZ - StartZ,0,0,0,0]
```

最后用所有步数的移动向量除以步数，就得到了单步位移向量：

```
MovementPose := MovementPoseNSteps / StepNumber
```

13.4.3 使用sheet-of-light进行测量

使用sheet-of-light进行测量的主要步骤如下。

（1）对测量系统（包括激光平面、相机）进行标定。

（2）使用create_sheet_of_light算子创建sheet-of-light模型。

（3）采集每个轮廓线的图像。

（4）使用measure_profile_sheet_of_light算子测量每张图中的轮廓线。

（5）使用get_sheet_of_light_result算子获取测量的结果。如果需要访问结果中的3D模型，可以使用get_sheet_of_light_result_object_model_3d算子。

如果该测量系统没有经过标定，但获取了视差图，那么还需要知道X轴、Y轴、Z轴坐标或者3D模型，然后做一个标定。使用set_sheet_of_light_param算子添加已知的相机参数。调用apply_sheet_of_light_calibration算子，然后通过get_sheet_of_light_result算子或者get_sheet_of_light_result_object_model_3d算子获得结果中的X轴、Y轴、Z轴坐标或者3D模型。详细的标定过程可以参考Halcon样例hdevelop\Applications\Measuring-3D\calibrate_sheet_of_light_calplate.hdev。

（6）使用clear_sheet_of_light_model算子从内存中清除sheet-of-light模型。

13.5 DFF 方法

DFF（Depth from Focus，焦距深度）是一种使用在不同焦距下拍摄的图像来重建 3D 表面信息的方法。该方法使用的是一种称为“Z 轴图像”的采集图。Z 轴是相对垂直于图像平面的，可以用于表现物体的深度。该方法通过调整相机在 Z 轴上的位置，获取被拍摄物在不同 Z 轴位置的图像样本序列。

整个序列覆盖了物体在 Z 轴上的全部信息。这些图在焦距处清晰，其他位置处模糊。因此，通过每个像素的清晰图对应的拍摄位置，重建出一张每个像素都十分清晰的图像，并对像素的深度信息进行焦距分析，得出物体每个表面点的深度信息，即深度图。进而结合二维点坐标，进行三维重建。

该方法的精度和所需时间与图像的数量有关。拍摄的图像越多，精度就越高，但是计算时间也会越长。

为了在保持景深不变的情况下拍摄不同焦距的图像，需要用到远心镜头，或者类似于远心镜头的微距镜头等。其目的是让拍摄出的图像内容不变，同一位置对应的像素表现的是同一个对象，图像间的差异仅在于模糊与清晰的程度。而如果用普通镜头拍摄，随着焦距的不同，得到的图像视野范围会发生变化，因此图像之间失去了可匹配及可对比的条件。

DFF 方法适用于景深比较小的场合，因为这种方法是通过分析不同焦距的图像清晰度来推算深度的。如果景深比较大，那么自然需要拍摄更多的图像，会增加处理时间；又或者不增加拍摄图像的数量，但图像间的焦距差距更大了，计算精度会下降。因此，DFF 方法适合景深范围比较小的场合，即物体离相机比较近的场合。

在采集图像时，光圈尽量调大一些，因为这样可以使景深变浅，进而获得更高的精度。同时不要过度曝光，避免反射等情况，以保证图像的质量。采集的张数应为 10 ～ 150 张，根据测量所需的精度和景深的程度决定。

DFF 方法的具体操作步骤如下。

（1）读取拍摄的不同焦距的图像。假设有 Num 张，新建一个多通道图像 Image，将拍摄的图像依次添加到多通道图像 Image 的每个通道中。这样每个通道中图像的内容都是相似的，只有局部清晰程度的差别。

```
for I := 1 to Num by 1
    access_channel (Image, Image1, I)
endfor
```

（2）利用每个通道中图像的清晰度差别计算图像的深度。使用 depth_from_focus 算子对所有清晰部分的像素灰度进行计算，生成深度图和置信分值图。使用 select_grayvalues_from_channels 算子，得到每个点都最清晰的图像，命名为 SharpenedImage。

（3）如果要将深度效果进行 3D 显示，可以先对深度图进行平滑处理，如使用 mean_image、scale_image_max 等算子对图像进行增强或者平滑处理。

（4）使用 compose2 算子，将深度图以三维方式显示出来。

DFF 方法比立体视觉或者 sheet-of-light 方法获得的精度还要高，只需要单个相机就可以完成，但该方法需要用到远心或者微距镜头，以实现几乎平行于拍摄面的投影，所以只适合较小的物件，如半导体器件等。

除了使用 Halcon 提供的方法外，还可以使用其他方式，如直接使用传感器设备（如可测深度的摄像头）测量图像的深度，也可以获取拍摄对象的深度图像。

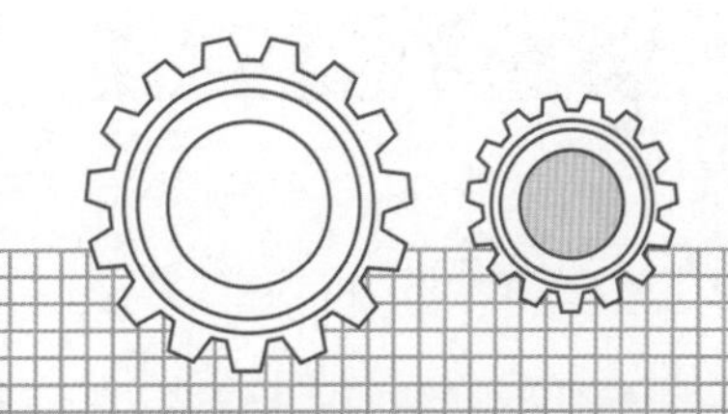

第14章 机器视觉中的深度学习

14

深度学习技术是目前图像处理的热门方向，随着计算机硬件水平的不断进步，其计算能力也大幅提升，由此为深度学习的快速发展提供了条件。深度学习是模仿人类大脑认识世界的方式，使用神经网络算法对视觉图像的各层级的特征进行提取。它突破了传统的分类与检测算法的计算性能的局限性，尤其在分类、物体识别、分割等方面表现良好。Halcon 从 17.12 版本开始支持深度学习的新版本，目前的 Halcon 18.11 版本已经支持在 GPU 上进行训练，在 GPU/CPU 上进行检测。本章将介绍如何在 Halcon 中应用深度学习算法进行训练、评估和检测。

本章主要涉及的知识点如下。

- 深度学习的基本概念：介绍 Halcon 中关于深度学习的基本术语和应用方向，如何搭建深度学习环境，以及通用的深度学习算法流程等。
- 分类：介绍如何在 Halcon 中使用深度学习算法进行分类，对输入的图像进行处理，并且输出一系列属于指定类别的分值。
- 物体检测：从图像中找到属于指定类别的目标，并标出它们在图中的位置。
- 语义分割：对图像中的每一个像素都分配一个给定的分类，用于实现对图像的高层次理解。

注意

本章关于深度学习的算子基于 Halcon 18.11 版本。

14.1 深度学习的基本概念

深度学习意味着一系列机器学习的方法集合，其算法结构类似于多层级的神经网络。通过对大量的训练样本图像的学习，提取其各个层次的特征，使网络具有判别和推理的能力。本节将简单介绍 Halcon 中深度学习的应用方向、环境安装方法、通用的算法流程及基本概念等。

14.1.1 Halcon 中深度学习的应用

在 Halcon 中，深度学习主要用于以下 3 个方向。

（1）分类：用于判断一张图像属于给定分类中的哪一个，如良品和次品图像的分类。

（2）物体检测：根据指定的物体种类，在图像中检测出物体并定位。

（3）语义分割：对图形中的每个像素进行分类，判断其所属的区域类别。

这 3 种不同的深度学习方法都具有完成特定任务的网络。在网络训练时，只考虑输入与输出，因此也称为端对端学习。基本上，训练使用的输入内容，如图像和相关信息是可见的，训练算法通过调整网络来区分不同的类的差别，以及它们各自对应的检测对象。不需要手动进行特征分类就可以得到良好的分类结果，只需要选择合适的数据和参数。其中，物体检测和语义分割一般在通用深度学习模型中实现。

14.1.2 系统需求

基于卷积神经网络的深度学习可以使用网络进行功能训练，也可以应用网络进行预测，二者对系统的需求不同。

训练网络需要 NVIDIA 的 GPU，GPU 的计算能力至少需要 3.0，且支持 CUDA 10.0，并且需要使用 cuDNN 7.3 和 cuBLAS 10.0 库。同时，建议使用 SSD 硬盘，以加快训练的速度。

应用网络进行实际检测时，可以使用 32 位或者 64 位的 CPU，也可以使用 NVIDIA 的 GPUs，其系统需求与功能训练一样。

14.1.3 搭建深度学习环境

截至笔者完成本书时，Halcon 的最新版本为 18.11.1.0。因此，本小节以该版本为例，介绍如何配置 Halcon 深度学习的运行环境。

如果之前使用的 Halcon 版本比较低，并不支持深度学习，可以直接选择安装最新的 Halcon 版本。Halcon 从 17.12 版本开始支持深度学习，从 Halcon 18.05 开始，深度学习支持用 CPU 做预测，但训练仍依赖 GPU。因此，如果有这些版本，也可以根据自己的需求选择是否安装最新版本。同时，还需要在官网下载 Halcon 深度学习图像库。下载得到的主程序安装文件和深度学习图像库安装文件如图 14.1 所示。

halcon-18.11.1.0-windows	1,818,968 KB
halcon-18.11.1.0-windows-deep-learning	1,798,999 KB

图 14.1 Halcon 主程序安装文件和深度学习图像库安装文件

依次进行两个文件的安装，根据提示选择安装的位置、许可证的位置等。大部分可以参考默认选项进行。

安装完成后，如果安装过 Halcon 旧版本，而计算机的环境变量仍与旧版本的软件关联，可能会造成版本关联错误。因此，需要将环境变量修改成新的 Halcon 版本的安装位置，如图 14.2 所示。

HALCONARCH	x64-win64
HALCONEXAMPLES	C:\Users\Public\Documents\MVTec\HALCON-18.11-Steady\exa...
HALCONIMAGES	%HALCONEXAMPLES%\images
HALCONROOT	C:\Program Files\MVTec\HALCON-18.11-Steady

图 14.2 修改 Halcon 相关的环境变量

环境变量修改完之后，理想情况下，即可直接打开软件运行示例。试着运行一个深度学习的示例程序，选择“文件”→“浏览 HDevelopment 示例程序”选项，选择一个深度学习示例程序进行查看，如深度学习分类示例 classify_fruit_deep_learning.dev。运行程序，测试是否能正常运行。

有时系统会提示 CUDA out of date，这时可以尝试重新启动计算机。假如重启后错误依然存在，可以根据 Halcon 的提示信息寻找问题所在。如果提示是 CUDA 版本问题，则可以在 NVIDIA 官网上下载新的 CUDA Toolkit。如果是 cuDNN 的版本问题，可以安装更新版本的 cuDNN。如果提示显卡驱动问题，可以在 NVIDIA 官网上根据自己的计算机 GPU 型号更新对应的显卡驱动。例如，笔者安装好的深度学习库文件在 Halcon 根目录 \bin\x64-win64\thirdparty 路径下，该路径下的文件在前一步安装主软件时自动生成了 thirdparty 文件夹，并随之安装好了所需的库文件（没有手动安装库文件）。其文件结构如图 14.3 所示。

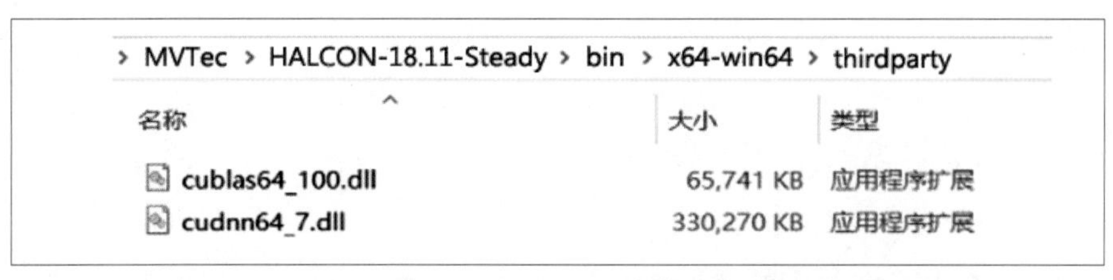

图 14.3 thirdparty 安装文件

安装后，运行示例时还可能出现如下错误提示，如图 14.4 所示。这是由于同一批处理的图像数量太多，或者图像尺寸比较大，GPU 内存不足以继续完成任务，因此可以选择更换更大内存的

GPU，或者减少同一批处理的图像数量。

```
An error occurred during runtime initialization.

Error 4104: 'Out of compute device memory'

Install a GPU with more RAM or reduce the batch size.

Note that changing the batch size will have an influence on
the results.
```

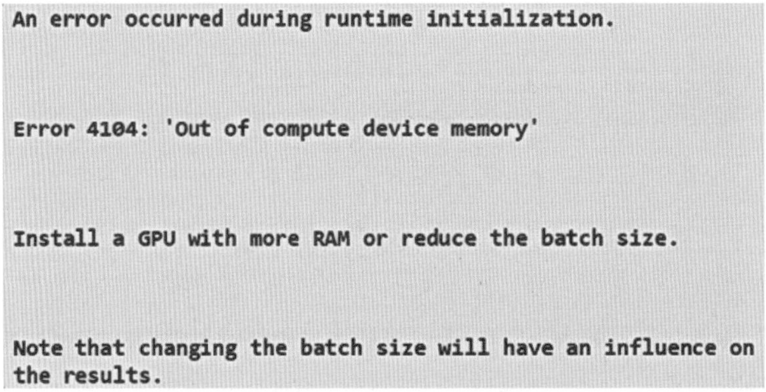

图 14.4　运行中关于 batch size 的错误提示

这时找到源代码中关于 BatchSize 的赋值代码，试着将其值改小。例如，上文提到的示例文件中 BatchSize := 64，将其修改为 BatchSize := 32，这一步会减少同一批处理的图像数量，减轻内存的压力，但是相应地也会延长训练消耗的时间。

14.1.4 Halcon 的通用深度学习流程

由于各种深度学习方法解决的具体任务和所需的数据各不相同，因此需要根据具体的任务需求决定采用哪种深度学习方法。方法确定以后，即可根据具体方法的需求去准备数据和图像了。本小节介绍一个通用深度学习流程。

1. 准备网络和数据

网络应根据具体的任务进行选择，而数据则根据网络的需求来决定。准备工作一般包括以下几个方面。

（1）获取神经网络。这里的网络可以是预先训练好的，如果没有也可以创建一个。Halcon 中提供预训练的网络，如在 Halcon 自带的样例文件中可以找到名为 pretrained_dl_classifier_compact.hdl 的分类器，可以直接使用；也可以使用算子创建一个网络或者读取之前保存好的网络。

（2）明确网络需求。建立网络时需要明确该网络要解决的问题，根据问题的类型选择解决的方法。例如，如果要做分类检测，需要明确有哪些分类，每个类的样本分别是什么。这些将反映在训练数据集上，其中的图片应能反映各个分类样本的真实图像。又如，如果做物体检测，那么数据集中还需要包含标记信息。

（3）数据预处理。深度学习网络会对图像有一些要求，如图像的尺寸、灰度值的范围等。因此，需要对图像做一些预处理，以提升网络的学习速度，节约时间。

（4）数据集分割。根据深度学习的通用流程，建议将数据集分为 3 部分，即训练数据集、验证数据集和测试数据集，分别供不同的学习阶段使用。

2. 训练网络并评估训练过程

当网络和数据集都准备好了以后，即可开始针对任务需求进行训练。训练网络的主要步骤如下。

（1）设置适合训练需求的网络参数。

（2）对数据进行增强和扩充。

（3）开始训练并对训练过程进行评估。

3. 应用网络与评估网络

在使用网络进行实际检测之前，应当先在测试数据集上对网络进行评估。深度网络的评估将在 14.2.2 小节介绍。

4. 实际检测

当网络训练好以后，测试效果时，可以将一些新的图像输入网络进行预测。进行预测之前，也应当根据网络的需要对图像进行预处理，这一点与训练时相同。

14.1.5 数据

数据在深度学习中表示图像和图像中的信息，这些信息需要以网络能理解的方式进行提供。不同的神经网络对于所需的信息以及提供这些信息的方式有不同的要求，详情可参考所选的网络的说明。

网络还会对图像的尺寸、通道、灰度值范围、图像类型有要求，具体的值可以通过 get_dl_model_param 算子或者 get_dl_classifier_param 算子进行查询。图像信息的需求也取决于网络，如图像的边界包围框等。为了满足这些需求，数据需要进行预处理。

Halcon 中有相应的程序可以方便地实现对数据集的预处理，如使用 preprocess_dl_samples 算子和 preprocess_dl_classifier_images 算子等。可以根据网络的需要对图像进行预处理，如调整图像的大小等，将加快后续的处理速度。预处理完成后，使用 write_object 算子将图像存储为 HOBJ 文件。

在训练网络时，会评估网络的检测效率或者对网络进行测试。因此，数据集应该预先被分成 3 个子集，分别用于训练、验证和测试。这 3 个子集中的数据应当是相互独立的，并且分布方式应大致相同。简单来说，各数据子集之间应当没有任何关联，并且每个子集都应包含所有分类的样本，这样才能保证验证和测试的准确性。

拆分数据集的过程也可以使用 Halcon 中的 split_dl_dataset 算子和 split_dl_classifier_data_set 算子完成。拆分得到的最大的一个数据子集将用于训练，成为训练数据集，因为训练需要尽可能多的数据。训练数据集应当是标注过的，是已知分类的，并且图像与所表达的信息的标签相对应。借助这些数据，网络在训练时会学习有哪些类，以及每个类的对应图像是怎样的。每个类别需要大量的样本图像。

训练结束后，需要评估网络的性能或者验证优化网络的操作是否有效，这时需要用到验证数据集。为了测试网络在真实检测场景中的预测性能，需要使用测试数据集。对于这些数据的数量如何确定，则需要参考相关的统计数据。

如果数据集中的图像数量比较少，也可以适当做一些“数据增强”。这部分可以理解为将现有的图像做一些微小的变化，如旋转、平移、裁剪，甚至增加噪声等，使之成为新的图像，然后加入训练集中。在 Halcon 中可以使用 augment_images 算子进行图像增强，增强的方式有旋转、剪切、镜像、光照变化等。神经网络在理论上也能对这些增强过的图像进行准确的分类。因此，对这些数据的轻微修改也能训练网络的学习能力。

另外，应当选择内容有代表性的图像加入数据集，而不要选“完美”的图像。例如，检测对象为“螺母”，则选择的训练样本应为检测场景中可能出现的螺母类型，包括各种形态与各个角度的样本，甚至包括有缺陷的样本。否则，在验证与测试时遇到不“完美”的图像，会出现问题。

14.1.6 网络与训练过程

Halcon 的深度学习网络类似于一个“黑盒”，它读取输入的图像，经过多层网络的计算推理，输出图像的预测结果。这些结果包括每个分类的置信分数，即图像有多大的概率属于这个分类。很难去解释每一层网络在这个过程中的具体工作，但是可以通过观察预测值与实际值的差异，不断调节网络的权重等参数，使差异逐渐缩小，从而提高网络的学习能力。

深度学习网络包括若干个层次的滤波器，它们的分布和连接有其特有的方式。总体来说，每一层如同一个大的模块，用于完成特定的任务。可以把每一层看作一个容器，用于接收输入图像，根据特定的算法完成某种转换，并提取目标的某种特征，然后将返回的结果作为下一层网络的输入，如图 14.5 所示。因此，不同的层可以用于实现不同的算法，提取不同维度的特征。每一层的输出称为特征图，不同层的特征图具有不同的尺寸。每一层网络都有自己的权重参数，这些参数可以在训练网络的过程中进行修改。

图 14.5 深度学习网络

要训练某个任务，还需要添加损失函数。损失函数的类型很多，其选择取决于具体任务的需求。损失函数用于衡量网络的预测值与真实值的差异状况。可以调整和优化网络的各种参数，如滤波器的权重等，以使损失函数的值最小化，这样也可以提高网络性能。在实际应用中，这种优化操作是通过计算梯度和更新不同层的权重来实现的，不断使用训练数据集重复迭代，实现网络的优化。

14.1.7 随机梯度下降法

随机梯度下降法是使用比较广泛的一种网络优化算法。该算法的目的是通过不断更新模型参数，使损失函数逐渐达到极小值，如图 14.6 所示。

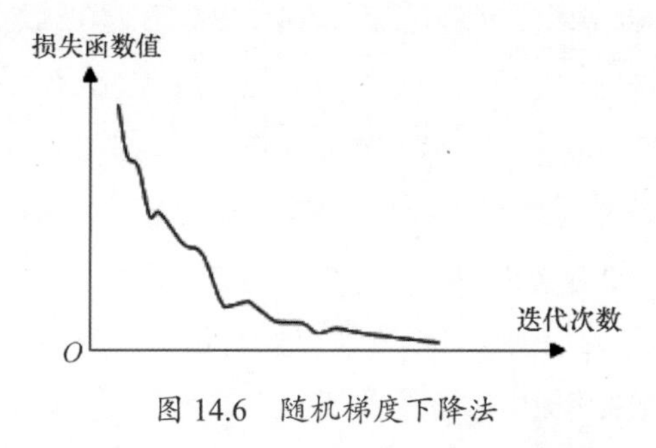

图 14.6 随机梯度下降法

Halcon 中使用的随机梯度下降法的大体思路是，在训练数据集中，随机取出一部分数据集对网络进行训练，这样能加快每次学习的速度，并以此对滤波器的权重进行更新。

随机梯度下降法的目的在于找到一个网络权重值，使得损失函数值最小。将一部分训练数据输入网络，计算损失函数，然后采用随机梯度下降法更新一次权重，如此循环迭代。每次将一部分样本数据输入网路，直到所有训练样本都处理完毕，然后重新开始读取随机样本进行处理。

训练的终止条件可以有多种，如达到设定的最大迭代次数，或者损失函数小于特定的值等。可以在权重更新后进行判断，也可以在更新多次之后判断。如果前后两次计算出的权重向量的绝对误差足够小，则迭代终止。

除了网络自身的参数，如权重等会影响训练过程之外，另外一些参数也会影响训练过程，这些参数称为超参数。它们是在开始训练之前就设定了值，并不会在训练的过程中进行优化，如 learning_rate、batch_size 图像数量等。

14.1.8 迁移学习

在训练过程中，使用一种称为迁移学习的技术，可以减少所需的资源数量。迁移学习指的是，将从一个训练数据集上训练好的网络迁移到目标数据集上。在训练中，可以在网络的第一层检测低层级特征，如边缘和形状等。在后续层提取更复杂的特征，同时特征图的尺寸也更小。对于一个相对比较大的神经网络来说，低层级的图像特征已经相当通用了，相应层的权重在针对不同任务时也不会发生太大的变化，这就引出了迁移学习技术。当使用已经训练好的网络重新进行训练以完成其他任务时，复制之前训练的模型，除输出层外的其他层级的权重参数也仍然保留，只需要在模型中新建一个输出层并随机初始化其参数。

比起从头开始训练目标数据集，这样做可以节省大量的训练过程。虽然从头训练是基于更多的样本训练出来的网络，理论上来说应该会有更高的可靠性，但是否需要从头进行训练还应取决于具体的任务。

14.1.9 设置训练参数：超参数

超参数是一种人为设置的参数，它不同于网络模型参数可以在训练中进行估计和优化，超参数并不会在训练的过程中学习得到，也不会随着网络的优化而调整，但是仍可以根据训练的效果设置一定的更改策略，明确在训练过程中何时以及如何去修改这些参数。

网络模型的优化方式，是通过比较预测结果与实际图像分类之间的偏差，得到一个损失函数。然后通过不断调整网络每层的滤波器的权重，使损失函数值达到最小。

batch 表示将训练集图像再细分为若干个子集，也可以理解为一批图像。为了实现损失函数不断优化的过程，需要从训练数据集中取一部分数据作为训练子集。对这部分训练子集，计算损失的梯度下降，使损失函数曲线按照梯度的方向不断移动，渐渐接近损失函数的最小值。

同时，不断调整滤波器的权重，并更新网络。不断会有新的数据子集进入该过程，直到所有的训练数据都处理完成。这个训练子集称为 batch，包含同一批处理的一些图像。它的数量称为 batch_size，即一次迭代中同时处理的图像的数量。而迭代的次数称为 Epochs，它决定了算法要在训练数据集上循环迭代的次数，可以理解为一个周期，相当于全部样本完成一次训练。由于数据集是有限的，很可能在神经网络中将所有数据训练一遍还不够，有时需要将整个训练数据集在同样的网络中经过多次传递，因此可能会有多个 Epoch。

如果 batch_size 太小，训练速度会比较慢；太大则会加快训练速度，但是会导致内存占用比较高。可以根据图像的尺寸和显卡的承受能力调整这个值。一般情况下，可以选择 32～256。

在每次计算完损失梯度后，为了优化网路，可以更新滤波器的权重。在更新过程中有两个重要的超参数：学习率 learning_rate 和动量 momentum。同时，为了防止网络的过拟合，可以使用 weight_prior 参数对模型进行正则化。这些参数都可以在 train_dl_classifier_batch 算子和 train_dl_model_batch 算子中找到。

（1）learning_rate 表示学习率，它用于调整损失函数梯度下降过程中的步长。在梯度下降的过程中，步长取决于学习率，后续会根据这个步长不断地迭代。如果学习率比较高，会导致损失函数出现比较大的偏移，如越过了最低点，甚至无法收敛；如果学习率太低，又会导致学习速度比较慢，效果也会比较差。因此，可以在训练开始时使用较高的学习率，然后在训练过程中不断降低该值，或者根据损失函数的收敛状况调整学习率。例如，当损失函数下降比较慢时，可以适当提高学习率；当损失函数已经收敛到趋近于最低点，训练即将结束时，可以降低学习率。

（2）momentum 表示动量，用于明确前一次更新的影响因子，取值区间为 [0,1)。简单来说，在更新损失函数的参数时，仍需要参考上一步更新的步骤。如果 momentum 设为 0，则前一步的迭代不会影响后续迭代，这时可以修改梯度，并且由梯度决定更新的向量。因此，这个参数可以用于修改梯度下降的方向和速度。

（3）weight_prior 参数用于正则化损失函数，可以防止神经网络过拟合。该参数如果太小，模型可能会过拟合；如果太大，模型可能会欠拟合。因此，选择该参数的值时，需要在模型通用性、过拟合和欠拟合之间进行权衡。

除了训练数据和超参数，还有许多方面都会影响训练的结果。如果增加大量的训练数据，可能也会提高网络的性能。

14.1.10 验证训练结果

验证训练结果即评估网络的性能如何，有如下方式。

1. 训练中的验证

为了验证网络的表现情况，可以观察不同的样本对训练过程的影响。通过调整 learning_rate 和 momentum 两个参数，可以观察迭代过程中错误率和学习率曲线的变化情况。如果知道图像的实际标注信息，可以与网络模型的预测结果做个对比，得出正样本与负样本的预测正确率。

2. 欠拟合和过拟合

一个网络在学习过程中遇到新的样本时的学习能力称为泛化。好的网络模型泛化性能良好，可以在实际检测中对新样本进行良好的预测。因此，在评价网络性能时，泛化能力是一个重要的考量，由此有两个术语：欠拟合和过拟合。这二者都是网络模型性能不佳的原因。

欠拟合常常是由于训练样本不足等原因，导致模型在训练集上的误差比较大。这种情况常出现在刚开始训练网络时，也很容易被发现，需要调整训练的样本或者增加特征维度。

过拟合是由于模型过度学习了训练样本，导致泛化能力变差，以至于在新的样本上表现欠佳。过度学习有可能学习过多的特征，甚至可能把样本图像的噪声等细节也当成特征，由此导致过拟合。这种情况也是应当避免的。过拟合在测试数据集上的表现是，一开始模型的错误率不断下降，到了某个临界点后，错误率又开始上升。过拟合是一种常见的导致深度学习效果不佳的原因。如图 14.7 所示，其中一条曲线在达到一个最低点后开始上升，表示发生了过拟合。

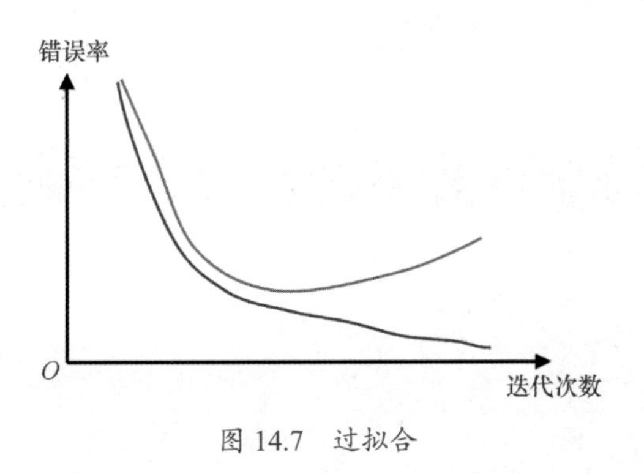

图 14.7　过拟合

3. 混淆矩阵

如果知道图像的实际标注信息，可以与网络模型的预测结果进行对比，得出正样本与负样本的预测正确率。混淆矩阵就是这样一种直观地显示判断结果的工具。在 Halcon 中，混淆矩阵的每一列表示原本图像的真实分类，每一行表示网络预测的结果。混淆矩阵显示了以下 4 种分类结果。

（1）真正例（TP）：属于某类并被预测为某类。

（2）假正例（FP）：不属于某类却被预测为某类。

（3）真反例（TN）：不属于某类，也没有被预测为某类。

（4）假反例（FN）：属于某类，却被预测为不属于某类。

表 14.1 是评估分类检测效果的一个混淆矩阵示例。假设一类、二类、三类实际样本各 10 个，每行分别表示一类、二类、三类预测结果，每列的和分别表示各类样本的实际数量。

表 14.1 混淆矩阵

预测	实际		
	一类	二类	三类
一类	7	2	0
二类	2	5	2
三类	1	3	8

假设该检测是针对一类样本的，属于一类样本的为正样本，其他类别为反例。从表 14.1 中可以看出，有 7 个一类样本被正确识别为一类样本（TP）；同时，有 2 个非一类样本被错误识别成了一类样本（FP）；还有 3 个一类样本被错误识别成了其他样本（FN），其中 2 个被预测为二类样本，1 个被预测为三类样本。还有 18 个真反例（TN）。

使用混淆矩阵，可以计算精度和召回率。精度和召回率是评估网络性能的重要指标，这将在 14.2.5 小节详细介绍。

14.2 分类

使用深度学习进行分类，就是对输入图像进行处理，并且输出一系列属于指定类别的分值。分值越高，属于该类的可能性也越大。这一过程是使用分类器进行的。

基于深度学习的分类器可以使用神经网络进行训练。Halcon 提供了一些预训练好的网络模型，这些分类器对大量已知分类的图像数据进行了训练，并且经过了评估和测试，效果良好。这些分类器可以对一般的通用特征进行分类，如果需要在自己的检测任务中使用，则可以针对任务的具体图像特征重新训练。

14.2.1 准备网络和数据

在分类检测开始前，首先需要明确有哪些分类，以及每个分类的典型图像。数据集也分为两种，一种是用于训练的图像，要准备带“标签”的图像，如一张希望被检测为“螺钉”的图像，标签就为“螺钉”；另一种就是直接采集的图像。

训练数据集中的图像用于让网络学习要分类的目标是什么样的。在分类检测中，图像是作为一个整体进行分类的。因此，训练数据集中需要包含图像和真实值的标签。

注意

训练集中的分类图像应当具有代表性。

在开始训练之前，先准备好网络和数据，操作过程如下。

（1）读取 Halcon 中预训练的网络。使用 read_dl_classifier 算子读取预训练的网络，并获得网络的句柄，如 DLClassifierHandle。该句柄可在预训练数据集、设置网络参数、训练网络、应用网络进行检测时使用。

（2）读取用于训练的数据。read_dl_classifier_data_set 算子将获得许多图像和它们对应的标签，以及备选的一些分类的名称。每个分类至少要有一张图用于训练。

（3）获取网络模型对图像的需求。使用 get_classifier_param 算子，将获得图像的一些属性要求，如图像的宽和高、灰度值的范围等。

（4）对图像进行预处理。建议在开始训练前对所有图像按照网络的要求进行预处理，以加快网络训练的速度。可以使用 preprocess_dl_classifier_image 算子完成这一操作。

（5）除了对图像进行预处理外，还需要对数据集进行分割，分为训练、验证、测试数据集 3 部分。可以使用 split_dl_classifier_data_set 算子完成这一操作。

（6）指定分类的种类。使用 set_dl_classifier_param 算子指定分类的种类。

14.2.2 训练网络并评估训练过程

当网络读取完毕并且准备好了数据集和分类之后，即可开始训练。

首先，设置超参数，如使用 set_dl_classifier_param 算子设置 batch_size 和 learning_rate 参数。

然后，训练网络，使用 get_dl_classifier_param 算子获取网络的各项参数，进入 Epoch 周期开始循环。在一个 Epoch 周期中，会根据同一批训练的图像数量进行多次迭代。每次迭代都使用 train_dl_classifier_batch 算子进行网络训练。这一过程在 Epoch 周期中可以重复进行多次，直到对训练结果满意为止。

最后，如果想要直观地查看训练结果，可以将训练结果可视化。在 Halcon 中使用 plot_dl_classifier_training_progress 算子，可绘制训练过程中的错误。如图 14.8 所示，该图是在 Halcon 样例 classify_fruit_deep_leariningh.hdev 的基础上，将 batch_size 修改为 32，迭代周期修改为 50 后，得到的训练结果。

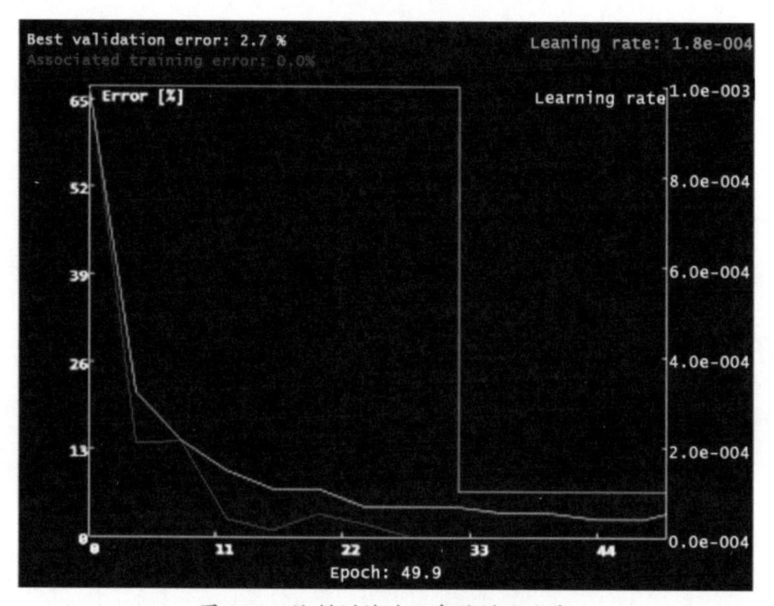

图 14.8 绘制训练过程中的错误曲线

图 14.8 中的两条不断下降的曲线分别为训练过程和验证过程中的错误率曲线，可以看出二者收敛得很好，处于不断趋于 0 的状态；而另一条线先保持水平，到一定迭代次数后才发生急剧下降的是学习率曲线，表示训练过程已经趋近于稳定。

14.2.3 分类器的应用与评估

分类器训练完成后，为了更好地应用于实际检测，需要先使用测试数据集评估分类器的性能。

首先在一个包含了任意数量的图像的数据集上应用分类器。然后使用 apply_dl_classifier 算子接收输入的数据集图像，该算子的运行时间取决于输入同一批 batch 中包含的图像数量。返回结果是一个句柄，如 DLClassifierResultHandle。最后使用 get_dl_classifier_result 算子查看预测结果和置信分数。

在应用 apply_dl_classifier 算子后，可以使用 evaluate_dl_classifier 算子评估分类器的性能。为了使评估结果可视化，可以使用混淆矩阵。混淆矩阵的生成需要用到 gen_confusion_matrix 算子或者 gen_interactive_confusion_matrix 算子，后者与前者相比多了用户交互功能。如图 14.9 所示，该混淆矩阵是在 Halcon 样例 classify_fruit_deep_leariningh.hdev 的基础上，将 batch_size 修改为 32，迭代周期修改为 50 后产生的。

Validation data					Ground truth labels
	apple_braeburn	apple_golden_delicious	apple_topaz	peach	pear
apple_braeburn	19	0	0	0	0
apple_golden_delicious	0	22	0	0	0
apple_topaz	3	0	24	0	0
peach	0	0	0	22	0
pear	0	0	0	0	22
Predicted classes					

图 14.9 分类显示的结果以混淆矩阵形式显示

在应用分类器检测图像之后，可以使用 get_dl_classifier_image_results 算子查看某种分类结果的返回图像；或者使用 dev_display_dl_classifier_heatmap 算子，以热点图的形式显示图像中哪些区域与分类检测的结果相对应。

14.2.4 实际检测

当分类器训练好，并且评估结果也符合要求以后，可以使用分类器进行实际检测，对新的样本图像进行分类。在检测前，根据网络的需要，先对图像进行预处理，然后在 Halcon 中使用 apply_dl_classifier 算子，即可进行分类。

14.2.5 评估分类检测的结果

对图像的分类结束后，会得到图像分类的一系列置信分数。所有的图像都会被分类，根据预测效率可以进行评估。评估的方式主要有以下几种。

（1）混淆矩阵：会给出 4 种评估结果，即真正例（TP）、假正例（FP）、真反例（TN）、假反例（FN）。根据这 4 种结果可以计算精度和召回率。

（2）精度：指的是所有被识别为正样本的图像中，识别正确的比例。精度的计算公式为式（14.1）。

$$\text{精度} = TP/(TP+FP) \tag{14.1}$$

（3）召回率：指的是被正确识别出来的正样本数量占全部正样本的比例。召回率的计算公式为式（14.2）。

$$\text{召回率} = TP/(TP+FN) \tag{14.2}$$

（4）F-Score：该分值是对精度和召回率的一个平衡。F-Score 的计算公式为式（14.3）。

$$\text{F-Score} = 2（\text{精度} \times \text{召回率}）/（\text{精度} + \text{召回率}） \tag{14.3}$$

以表 14.1 为例，真正例（TP）有 7 个，假正例（FP）有 2 个，假反例（FN）有 3 个，其余的 18 个样本是真反例（TN），则有式（14.4）。

$$\begin{gathered}\text{精度} = 7/（7+2）\approx 0.778 \\ \text{召回率} = 7/（7+3）= 0.7 \\ \text{F-Score} = 2（0.778\times 0.7）/（0.778+0.7）\approx 0.74\end{gathered} \tag{14.4}$$

如果一个分类器具有高精度、低召回率，那么该分类器可能识别出了很少的正样本，但是这些正样本的正确率很高；反之，如果该分类器具有低精度、高召回率，那么该分类器能识别出大部分的正样本，但是这些正样本的结果中也有可能包含了很多误识别的负样本。所以比较理想的情况是，分类器实现高精度、高召回率。

14.3 物体检测

与分类相比，物体检测更加复杂，它包含两个任务，一是检测目标是什么，二是检测目标在哪里。换句话说，物体检测不但要从图像中找到属于指定类别的目标，还要标出它们在图像中的位置。

实际检测中，会给出一组指定的分类，模型会在这些分类的范围内进行分类比对，并输出目标属于每个类的置信分数。检测结果会用矩形框的形式在图中绘制出目标所在的区域。这些矩形框的边与水平或垂直方向平行，同时与物体的边界相切，可以称为边界框或者包围框（Bouncing Box）。同时，这些矩形框也可能会存在一些遮挡关系，需要做一些排序或者筛选。

14.3.1 物体检测的原理

物体检测包括两方面的任务，首先是找到目标对象的位置，然后是分类。因此，用于物体检测的深度学习网络的工作过程可以分为以下 3 个部分。

（1）生成不同的特征图。这些特征图有不同的尺寸，每种尺寸的图像包含不同的特征信息，这取决于网络的层次有多少。网络的层次越多，特征图的尺寸种类也越多。同一层中的特征图，其宽和高的尺寸也相同。

（2）将不同网络层中的各个特征图结合起来，就得到了包含高层级和低层级的特征图。简单来说，类似于形状匹配中用到的金字塔，金字塔的每一层都是不同尺寸的特征图，层级越高，尺寸越小，包含的特征信息也不一样。

（3）以所选择的特征图作为输入，学习如何在图像中对潜在的目标进行定位和分类。这部分还包括对重叠物体的检测，输出结果是目标的位置、所属的分类以及概率分数。

上面介绍了物体检测的基本过程，接下来对最后一部分进行详细介绍，也就是从输入特征图到目标被检测出来的过程。

首先，在得到特征图之后，深度学习网络会对特征图中的每个像素建议一组潜在匹配对象的边界包围框，框的边平行于坐标轴。这样可能会得到许多重叠的矩形边界框，因此网络还需要学习如何从这些框中找到最适合目标物的那一个，并根据像素所属的目标的轮廓调整包围框的尺寸，使其更好地包裹整个目标物体。

通过设置 aspect_ratios 参数，可以改变这些包围框的形状；设置 num_subscales 参数，可以改变包围框的尺寸。其具体参数和用法可以参考 get_dl_model_param 算子。这些参考包围框的位置就是潜在目标对象的基本位置。

神经网络会预测要如何调整包围框，才能更完美地包围整个检测对象。它会去比较特征图提供的参考包围框与实际检测到的物体的边界框的差距。

由于使用了不同尺寸的特征图，根据目标的大小与整张图的比例，可以考虑使用低层级的特征图还是高层级的特征图。低层级的特征图可能尺寸比较大，包括的细节也更多，高层级的特征图则相反。可以通过 min_level 或者 max_level 来控制，这些参数决定了金字塔的层级。

得到边界框之后，就有了对目标对象的大致定位了。但是对于这个目标是什么，还需要进行分类。因此，接下来就需要对边界框内的图像进行分类。这时可以参考 14.2 节中关于“分类”的内容。

实际检测中常见的情况是，对于一个目标，可能会出现多个包围框。这时可以使用非极大值抑制算法，该算法可以去除冗余的窗口，只保留预测分值最高的那一个。非极大值抑制算法在此不做展开，在应用上，可以通过设置 set_dl_model_param 算子中的 max_overlap 以及 max_overlap_class_agnostic 参数进行筛选，实现冗余包围框的移除。

输出结果为各目标的包围框，除了标定物体的定位外，也标注了对物体进行分类的预测结果。

注意

在 Halcon 中使用深度学习进行物体检测，使用的是比较通用的深度学习模型。

14.3.2 物体检测的数据集

与分类检测类似，物体检测的数据集也包括用于训练、验证和测试的数据集 3 类。其中前两类数据库中的图像还包括与检测目标相关的信息，如图像中有哪些目标、这些目标出现在什么位置（用包围框标记）。用于测试的数据集就是原始图像。

用于训练和验证的数据集需要提供目标的相关信息，如有哪些目标、属于什么分类、在图像中出现在什么位置。通过使用标签指明类别，以及使用水平垂直的包围框来包围目标物体，可以提供这些信息。这些信息可以帮助网络学习如何分类，以及如何寻找目标。

一种比较方便的做法是，使用 read_dl_dataset_from_coco 算子创建一个用于物体检测的 DLDataset 字典，存储训练网络所需的数据信息，如文件路径、类名、预处理参数信息等。再从 DLDataset 字典中创建单张图像的数据字典 DLSample，它包括图像的 ID、标注框坐标等信息，也是网络模型的输入。如果使用 preprocess_dl_samples 算子对图像做预处理，DLSample 将会自动创建完成，也可以使用 gen_dl_samples 算子从 DLDataset 中进行创建。

数据集中图像的数量需要足够多，因为在分割为训练、验证、测试 3 部分数据后，仍应保证有足够的数据用于 3 种任务。同时，这些图像数据应当相互独立且均匀分布。

在不同的检测任务或者而不同的网络中，网络对数据也有各自的要求，如图像的尺寸、维度等。

可以使用 get_dl_model_param 算子查询网络对图像的要求，然后根据这些要求，对数据集内的每幅图像进行相应的预处理，如使用 preprocess_dl_samples 算子进行预处理操作。

训练过程结束后，结果数据以字典的形式返回。DLTrainResult 参数作为训练过程的输出参数，包含总的损失函数的值，以及模型中包含的其他损失函数的值。

验证和测试过程输出的结果则是针对每副样本图像返回一个 DLResult 字典。该字典包括输出图像、其所属分类的置信分数以及每个检测目标的边界包围框等信息。同时可以选择使用非极大值抑制，防止多个边界框包围同一目标。生成的包围框是由其左上角坐标和右下角坐标确定的。

网络处理图像是使用数据字典，接收图像使用 DLSample 字典，返回结果使用 DLResult 和 DLTrainResult 句柄。

14.3.3 模型参数

物体检测需要的参数除了深度学习通用的参数以外，还包括以下参数。

（1）class_weight：一个 Tuple 数组，用于存放 class_id 对应的类的损失函数权重因子。

（2）min_level 或 max_level：用于确定特征金字塔的层级。层级越高，图像下采样的次数越多，顶层细节越模糊。因此，检测尺寸比较小的物体时，应使用低层级。

（3）max_overlap：该参数定义了两个属于相同类别的边界包围框之间的最大重合比例。如果两个同类别的边界包围框重合面积大于 max_overlap 定义的值，则只保留置信分数比较高的那个边界包围框。其默认值是 0.5。

（4）max_overlap_class_agnostic：该参数与 max_overlap 类似，定义的也是边界包围框之间的最大重合比例，但不同的是，该参数不关心两个边界框是否属于同一类，即判断重合面积的两个框与其所属的类别无关。这样就可以判断属于不同类的两个不同边界框的相交情况，将保留置信分数比较高的那个边界包围框。

（5）max_num_detection：定义了一张图中的最大检测次数，即边界包围框的个数。其默认值是 100。

（6）min_confidence：限定了分类的最小置信分数，也就是包围框中的目标在分类时输出的置信分数。如果低于 min_confidence 设定的值，该包围框会被抑制。其默认值是 0.5。

14.3.4 评估检测结果

与分类检测不同，物体检测不但要检测出目标属于哪个分类，还要在图像中将目标的位置找出来。因此，分类中的评估方式不能直接用于物体检测。物体检测有其独特的衡量网络性能的指标和方法，比较常用的是平均精度均值（mean Average Precision，mAP）和交并比（Intersection over Union，IoU）。

1. 平均精度均值

平均精度均值是预测目标的位置和类别的物体检测算法的性能衡量标准。

由于预测过程可能会返回大量的矩形边界框，每个边界框的置信分数也不一样，因此可以使用置信分数排序，只保留高于某个置信分数值的矩形边界框，然后求精度，如式（14.5）。

预测精度 = 图中某类别正确预测的数量 / 图中实际包含该类的目标数量　　(14.5)

对于某一类别，可以计算每张图中的预测精度，对所有图像的预测精度取平均值，得出平均精度（Average Precision，AP），如式（14.6）。

平均精度 = 验证集中所有图像上某类的预测精度之和 / 验证集中有某类目标的图像数量　(14.6)

平均精度是针对单独的某个类的，如果有 n 个类，对这些类的平均精度再取均值，即得到平均精度均值，如式（14.7）。

平均精度均值 = 所有类别的平均精度之和 / 类别的数量　　(14.7)

一般来说，影响平均精度均值的因素可能如下。

（1）训练集数据不够多，因此导致预测性能不佳。

（2）数据存在多变性，因此可能导致某些类别比较高，另一些比较低。可以先查看平均精度，判断不同类别的预测性能是否存在较大的差异。

（3）训练数据质量不高，如数据分布不均匀等。

（4）图像的标注信息不够准确。

2. 交并比

交并比是预测的包围框与真实目标的边界包围框的重合比例。真实的边界包围框信息包含在验证数据集的图像信息中。该比例越高，表示预测结果越准确，网络的性能也就越好。这也是一项评估物体检测准确度的标准。该值默认为 0.5，即如果交并比大于 0.5，可认为是正确的检测结果，反之则是错误的结果。

除此之外，还可以通过速度或者每帧图像的处理时间来评估网络性能。速度达到一定程度的网络，才能够应用于实时在线检测。

14.3.5 物体检测步骤

物体检测的一般步骤如下。

1. 创建模型和数据集的预处理

使用 create_dl_model_detection 算子创建一个深度学习模型，这里选择的是比较通用的模型。该模型返回一个句柄 DLModelHandel，包含模型的参数信息。如果有已经创建好的模型，也可以使用 read_dl_model 算子直接读取使用。

使用 read_dl_dataset_from_coco 算子确定要从训练数据集中读取哪些图片，并定义需要搜索的目标对象。同时，该算子会创建一个 DLDataset 数据字典，其中会存储数据的信息。

使用 split_dl_dataset 算子对数据集进行分割，分成不同的样本集。

使用 get_dl_model_param 算子获取网络对图像的要求，如宽和高的尺寸、灰度值范围等。然后使用 preprocess_dl_dataset 算子对数据集进行预处理，有利于加快训练速度。

如果要查看预训练好的数据集，可以使用 dev_display_dl_data 算子。

2. 训练模型

在 TrainingParam 中设置训练的参数，包括超参数等。使用 train_dl_model 算子训练模型。在训练过程中，可以观察损失函数曲线的变化。该算子需要检测网络的句柄 DLDetectionlHandel、数据集的信息 DLDataset、训练参数 TrainingParam，以及 Echoch 的次数等信息。

3. 评估模型

为了评估训练效果，需要对模型进行评估。在 Halcon 中可以使用 evaluate_dl_model 算子进行网络模型的评估。该算子需要一个字典参数 GenParamEval 来提供评估过程所需要的参数。同样，该评估结果也能可视化显示，使用 dev_display_detection_detailed_evaluation 算子观察评估结果。

4. 实际检测

实际检测前，需要先对数据集进行预处理。使用 get_dl_model_param 算子获取网络对图像的要求，如宽和高的尺寸、灰度值范围等。

使用 set_dl_model_param 算子设置网络参数，如超参数等。还需要设置 batch_size，以控制每批次检查的图像数量。

使用 gen_dl_samples_from_images 算子为每张图创建一个 DLSample 数据字典。

使用 preprocess_dl_samples 算子对每张图像进行预处理，这一步和训练过程中的图像预处理类似。

使用 apply_dl_model 算子应用网络模型对图像进行检测，最后从 DLResultBatch 数据字典中获得该批图像的识别结果。

14.4 语义分割

语义分割对图像中的每一个像素都分配一个给定的分类，用于实现对图像的高层次理解，是深度学习的一个重要应用方向。

14.4.1 语义分割概述

使用物体检测，可以识别出图像中的目标并且以边界框的形式绘制出目标的位置。但是人类理解视觉图像的方式更类似于一种像素级的精度，即对于图像中的每一个像素大脑都会进行分类判断，确定其属于哪一类。

深度学习也可以实现类似的功能。例如，在自动驾驶领域，使用深度学习对拍摄到的车辆行驶前方的图像进行分割，以区分出道路、车辆、行人、路标、树木、建筑等。这种对每个像素进行分类的过程就是语义分割。与分类检测、物体检测相比，该方法对图像的理解更精细，也更接近人类理解世界的方式。

语义分割的输出图像是对输入图像的每个像素用不同的颜色标记其所属的不同分类，因此输出图像和输入图像的尺寸是完全一致的。但是由于需要将单独的像素映射成某个类，因此卷积得到的特征图会相当复杂。为了降低图像中的特征图维度，可以使用编码器 - 解码器架构。其中编码器用于降低输入图像的空间维度，如在图像分类中进行图像局部特征的粗略提取，也可以理解为“卷积”或者“下采样”，结果是图像的宽高都变小了。而解码器类似于“反卷积”或者“上采样”，用于恢复目标的细节和空间维度，将图像扩充至原来的大小，再将每一个点与所属的分类关联起来。

注意

由于是按像素点进行分类的，因此重合的两个同类目标会被认为是同一目标。

14.4.2 语义分割的数据集

与分类检测和物体检测类似，语义分割的数据集也分为用于训练、验证和测试的数据集 3 类。其中前两类数据集中的图像包括与语义分割相关的标记信息，如每个像素所述的类别等。用于测试的数据集就是实际检测采集的原始图像。

1. 数据字典

训练和验证数据集中包含图像和对应的信息，这些信息通过数据字典 DLDataset 提供。

数据的处理也是通过数据字典进行传输的，如数据字典 DLSample 用于接受输入数据，而 DLResult 和 DLTrainResult 用于保存输出的数据。

2. 类

类的信息存放在数据字典 DLDataset 中，通过 set_dl_model_param 算子传送给网络。不同的检测目标有不同的类。值得一说的是，由于图像的复杂性，可能在一张图中，感兴趣的或者说有意义的目标只有几个，而其他的部分并不值得做具体的细分。因此，这些不希望网络去学习的部分可以被声明为 backgroud 或者 ignore 的类。这二者稍有区别，backgroud 作为背景类，仍然是需要识别和归类的；而声明为 ignore 类的像素，是可以在计算和评估中忽略的。

3. 图像

在不同的检测任务或者不同的网络中，网络对数据也会有不同的要求，如图像的尺寸、维度等。可以使用 get_dl_model_param 算子查询网络对图像的要求，然后根据这些要求，使用 preprocess_ dl_samples 算子对每张图像进行相应的预处理。

4. 网络的输出

训练结束后，结果数据以数据字典的形式返回。DLTrainResult 参数作为训练过程的输出参数，包含总的损失函数的值，以及模型中包含的其他损失函数的值。

验证和测试过程的输出结果则是以数据字典 DLResult 的形式返回的。由于是针对每个像素的分类，与常规的分类方法类似，返回的结果应当是所属分类和置信分数，因此每个输入图像会返回两幅结果图。数据字典 DLResult 中存储了两幅结果图的句柄，其中一幅是分割的结果图，表示每个像素属于哪个分类；另一幅是每个像素分类的置信分数图。

14.4.3 模型参数设置

对于语义分析模型，模型参数和超参数也是通过 set_dl_model_param 算子设置的。语义分割需要的参数除了深度学习通用的参数以外，还有 class_weight 参数。class_weight 是一个超参数，用于存放训练过程中每个类对应的权重因子。通过设置不同类的权重，可以使网络根据类的权重，即重要程度进行学习。换言之，在训练某些像素时，分类过程将集中在某些重要的类上。

使用 gen_dl_segmentation_weight_images 算子，可以根据 class_weight 计算出每幅图的每个像素的权重图 weight_image，这幅权重图存放了每幅训练图像的样本，其中每个像素对应图像中该位置的像素在训练时的权重。

注意

由于语义分割需要占用大量的内存，因此每一批训练的图像数量可以少一点，即 batch_size 尽量设置得小一些。

14.4.4 语义分割的一般流程

应用深度学习进行语义分割的一般流程是：数据预处理→训练模型→评估模型→实际检测。

1. 数据预处理

进行数据预处理之前，首先要明确的是，需要从哪些图像中获取什么样的信息。可以使用 read_dl_dataset_segmentation 算子获取图像信息并创建数据字典 DLDataset，该结构存储了所有数据集的信息。

然后使用 split_dl_dataset 算子将数据集进行分割，将数据集分为 3 部分，分别用于训练、验证和测试。该算子输入的分割参数是百分比，如训练数据集设为 70%，表示将 70% 的数据用于训练数据集。

接着对数据集进行预处理。使用 create_dl_preprocess_param 算子创建预处理的参数，这些参数根据数据字典中的参数进行设置，包括图像的宽度、高度、通道数、灰度变化范围等，不明确的可以使用 get_dl_model_param 算子进行查询。所有的预处理参数将存储在数据字典 DLPreprocessParam 中。这些参数会在后续的图像预测阶段被访问。

接着对图像进行预处理，使用 preprocess_dl_dataset 算子，根据预处理参数处理数据，如改变图像的尺寸等，这个过程会比较耗时。

在对每幅图像进行预处理的同时，也会产生一幅 weight_image 图像，这幅权重图中存储了每个像素对应图像中该位置的像素在训练时的类的权重。

2. 训练模型

首先，使用 read_dl_model 算子读取一个网络模型，并使用 set_dl_model_param 算子设置模型的参数，如图像的尺寸、有哪些分类等。在训练过程中，如果要查看模型的参数，可以使用 get_dl_model_param 算子。

然后，使用 creat_dl_train_param 算子设置训练过程中的参数。这些参数将被存储在数据字典 TrainingParam 中，包括超参数、训练中迭代相关的参数、用于可视化训练结果的参数以及关于输出序列化的参数等。如果需要做数据增强，也可以设置关于图像增强的参数。

参数设置好之后，即可使用 train_dl_model 算子训练模型。训练过程中需要的参数如下。

（1）模型的句柄 DLSegmentationHandle。

（2）包含数据信息的数据字典 DLDataset。

（3）训练参数 TrainingParam。

（4）训练的周期数，即 Epoch 的数量，或者说整个训练数据集的迭代次数。

3. 评估模型的训练效果

在训练完成后，为了评估网络的性能，应进入评估阶段。评估阶段也应当先设置参数，如使用 set_dl_model_param 算子设置超参数等，然后使用 evaluate_dl_model 算子对网络进行评估，评估的结果将存储在数据字典 EvaluationResults 中。可以使用 dev_display_segmentation_evaluation 算子对评估结果进行可视化显示。

4. 实际检测

与分类和评估方法类似，在开始实际检测之前，需要先通过 set_dl_model_param 算子设置参数，为网络做好准备。

然后，为了对图像进行预处理，使用 gen_dl_samples_from_images 算子为每幅图创建一个数据字典 DLSample，该字典用于存储单个图像的信息。

接着，为了使图像满足网络的处理需求，使用 preprocess_dl_samples 算子对输入图像进行预处理，并将预处理的参数存储在数据字典 DLPreprocessParam 中，供预测过程中访问。

这一步完成后即可开始进行实际图像检测，使用 apply_dl_model 算子将数据传入网络中开始检测。预测结果可以在数据字典 DLResultBatch 中查看。

14.4.5 评估语义分割的结果

为了评估语义分割的结果，需要参考图像信息中的真实值（真实值信息在 segmentation_image 算子中定义）。根据与真实值的对比，可以评估模型的性能。Halcon 中评估单个图像中语义分割性能的参数主要有以下几个。

（1）pixel_accuracy：像素精度，即一幅图像中被正确预测出类别的像素和图中所有像素的比例。

注意

标记为 ignore 的类不需要参与计算。

（2）class_pixel_accuracy：该参数是针对每个类的，指归于某个类的像素数量与实际应该属于该类的像素数的比例。

（3）mean_accuracy：这是关于所有类的精度的，即将所有类的 class_pixel_accuracy 相加，除以类的总数，取均值即可得到。

（4）class_iou：指的是单个类的交并比，即一个类中正确检测出的像素数与预测结果属于这个类的所有像素的比例。

（5）mean_iou：这是关于全部类的，指的是将所有类的交并比 class_iou 相加，除以类的总数，即可得到所有类的交并比均值。

（6）frequency_weighted_iou：指的是出现的每个类对平均交并比 mean_iou 的影响权重。该参数表示各类像素占总像素的比例。如果某个类包含的像素特别多，那么该类的比例比较大，也会对交并比均值 mean_iou 产生较大的影响。

（7）pixel_confusion_matrix：指的是每个像素的混淆矩阵。这一点与分类检测类似。不同的是，分类检测是针对每个目标的混淆矩阵，而语义分割是针对单个像素的，反映的是每个像素的分类精度、召回率等情况。

本章列出的 3 种深度学习的应用都是使用输入数据和输出数据来训练网络，也可以理解为端对端的学习，即由输入数据得出输出结果。因此，该方法只有在拥有大量的高质量数据的前提下，才能使网络训练的效果良好。如果数据足够多，理论上可以训练出理想的从输入到输出的对应关系。因此，数据的采集和标注非常重要，该方法需要用大量的数据作为支撑。

应用案例篇

本篇主要介绍4个项目案例的开发过程，包括印刷完整性检测、布料表面缺陷检测、仪表数值智能识别、双目立体视觉与定位。根据具体的使用场景选择合适的图像处理算法和检测步骤，在具体剖析这4个项目案例时涉及系统功能、检测算法、具体实现的详细过程。

第15章 实例分析：印刷完整性检测

完整性检测是一种常见的机器视觉应用，在轻工业、包装、广告、农产品等行业都有大量的应用。尤其是印刷完整性检测，使用机器视觉技术能快速有效地提取出印刷不理想的部分。本章将通过一个实例介绍使用机器视觉对印刷完整性进行检测的具体方法，介绍基于图像处理的完整性检测的原理，以及检测的结构和实现代码。

本章涉及的主要知识点如下。

- 系统功能：介绍完整性检测的功能与目的，以及基本的系统结构。
- 检测算法：介绍完整性检测的实现算法。
- 实例分析：以一个印刷图像的例子来说明印刷图案完整性检测的具体操作方法。

注意

该例子也可以扩展到其他对象的完整性检测，如零件局部缺陷检测等。

15.1 系统结构

完整的印刷图形一般具有特定的形状，而缺印、多印或者墨色不均的缺陷图像会在形状和颜色上产生较大的差异。因此，可以使用形状和颜色作为判断图像完整与否的主要标准。

对于印刷检测而言，选用合适的相机非常重要。因为印刷检测会对局部像素的灰度进行严格的比对，如果有噪声、模糊等图像质量问题会明显影响检测结果，因此需要相机有高分辨率和高色彩保真度，才能准确地检测出墨水斑点、墨色不均、图案不完整等情况。相机像素分辨率决定了可控的最大缺陷的大小。此外，对于实时检测而言，速度也是非常关键的，相机速度要能跟上检测目标的移动速度。因此，可以选择高分辨率、高清晰度的线阵相机。

为了防止印刷材料的反光对图像的干扰，还应设置合理的照明系统。在保证亮度的同时，尽量保证光线均匀。

15.2 检测算法

印刷完整性检测算法是使用形状和颜色（灰度）作为完整性检测的主要品质特征，其原理是用检测图像与完整图像进行比对，如果发现有形状或者颜色（灰度）上的不同，则提取出差异部分。如果差异部分超出了设定的允许范围，则认为是不完整印刷缺陷；如果差异在允许范围内，则可以认为是良品。

首先使用比较理想的完整印刷图像作为参考图像，使用形态学算法从中提取出完整图案的形状区域作为 ROI（感兴趣区域），将其从原图中裁剪出来，并根据形状创建一个形状匹配模板。图 15.1（a）为输入的完整图像；图 15.1（b）为经过形态学处理提取出的 ROI 的边界；图 15.1（c）为从原图中分割出的 ROI，作为形状匹配的参考模板。

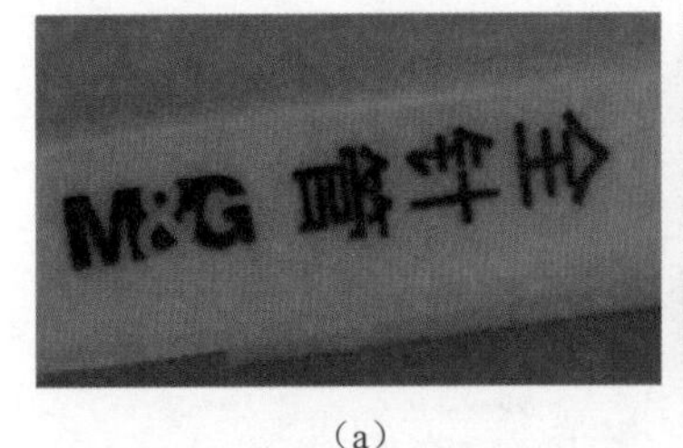

（a）　　（b）

（c）

图 15.1　从参考图像中提取 ROI

然后使用若干张完整图像进行形状模板匹配，目的是将 ROI 对齐。用对齐后的图像训练差异模型，得到一个完整图案形状的差异模型。

在实际检测时，首先从拍摄到的检测图像中提取 ROI，并进行形状模板匹配。通过匹配得到对齐的参数，再应用仿射变换使之与差异模板图像对齐。对齐之后，从图像中提取出 ROI，并与差异图像进行比对，即可得出检测结果，如图 15.2 所示。

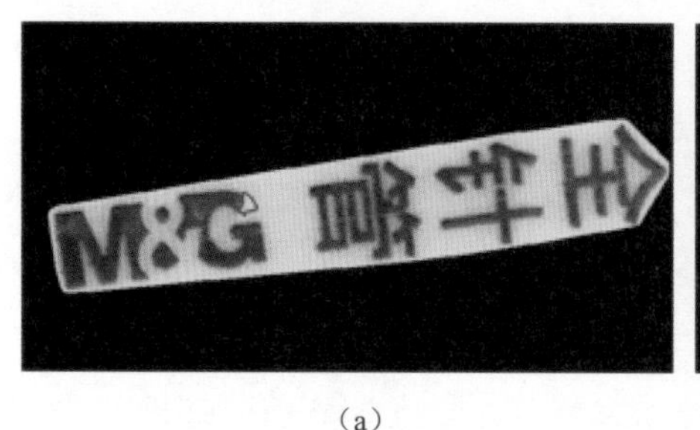

(a)

(b)

图 15.2　与差异模型进行对比，提取出差异

图 15.2（a）为检测图像中对齐后的 ROI，该图为印刷不完整图像，可见有一个角有漏印的情况；图 15.2（b）为 ROI 与差异模型对比得出的差异，将缺陷的轮廓高亮显示了出来。

15.2.1 差异模型

使用差异模型进行完整性检测，其基本理念是使用测试图像与理想图像进行对比，以检查是否有不同之处。在完整性检测中，可以使用差异模型比较是否有缺陷。

其中理想图像可以是预先确定的形状模板，可以通过一幅或者多幅参考图像训练得到。在训练的过程中，还可以通过多幅参考图像的比较，得到一个局部的，针对每个点的允许的灰度变化范围。这些差异信息将存储在一幅差异图像中。

在测试过程中比较点的灰度差异，并且将该差异与差异图像进行比对，如果超出了灰度的可接受变化范围，则认为有差异，并可以据此判断是否有缺陷。

15.2.2 算法步骤

通过差异模型进行完整性检测主要有以下几个步骤。

1. 获取图像

使用的图像分两类，一类是用于训练差异模型的图像；另一类是用于测试的图像，即实际检测图像。可以使用相机实时采集的图像，也可以从文件路径中读取采集好的图像。图像如果是彩色的，需要先转化为单通道的灰度图像；如果存在一定的噪声，可以进行平滑去噪等预处理；如果图像质量不佳或者 ROI 细节不够突出，也可以考虑重新采集或者改变打光方式，使检测部分的细节更加清晰。

2. 创建差异模型

图像预处理完成后，创建一个用于对比的差异模型，使用 create_variation_model 算子进行创建，返回模型句柄 VariationModelID。

3. 图像对齐

由于用于训练差异模型的图像对每个点的灰度偏差都要进行计算，因此，参考图像或者是待检测的 ROI 需要先经过严格的对齐，避免可能的旋转和位移影响检测的准确性。同样地，测试图像也需要先进行对齐，只有对齐后的图像才能进行点对点的灰度比较。

为了对齐图像，先确定一个 ROI，该 ROI 可以指定，也可以通过形态学运算获得。根据该 ROI 建立形状模板，并在待对齐图像上通过形状模板匹配获得该 ROI 及其仿射变换参数。

接着使用 affine_trans_image 算子将图像进行仿射变换，即可使图像中的 ROI 重合，与参考图像对齐，便于后续对比点的灰度。

4. 训练差异模型

好的图像样本也可能会有一定范围的工艺误差，为了使理想的差异模型适应正常的容许误差范围，可以使用多张良品样本图像对差异模型进行训练。在图像对齐后，使用 train_variation_model 算子可以对差异模型进行训练，计算差异图像。差异图像中的每个像素对应了允许的灰度误差范围。返回模型句柄 VariationModelID。

如果受条件所限没有多张良品样本图像，也可以使用单张良品图像作为理想图像，并使用一些图像平滑算子创建一张差异图像，在后面将二者关联起来。

5. 准备差异模型参数

如果是用多张图片训练得到的差异模型，可以使用 prepare_variation_model 算子设置模型参数。如果是用单张图像创建差异模型，可使用 prepare_direct_variation_model 算子将理想图像与差异图像关联起来。如果想要查看差异图像的两个阈值图像，也可以使用 get_thresh_images_variation_model 算子查看最小灰度和最大灰度范围的两张阈值图像。

6. 差异模型的比对

在检测时，先对拍摄到的检测图像进行形状匹配，找到 ROI，并应用仿射变换使之与参考图像中的 ROI 对齐，然后将 ROI 图像与差异模型进行对比。对比操作使用 compare_variation_model 算子，将得到存在差异的局部区域。

7. 清除模型

检查结束后，使用 clear_variation_model 算子清除模型，释放系统资源。

15.2.3 实例分析

图 15.3 所示的例子是检测拍摄的文具笔帽上的印刷图案是否存在缺陷。图 15.3（a）为印刷完整的参考图像；图 15.3（b）为从参考图像中提取的形状模板的轮廓；图 15.3（c）为印刷墨不足导致局部颜色较浅的缺陷图像；图 15.3（d）为检查出的墨色较浅的区域，并将墨色不均区域轮廓高亮显示；图 15.3（e）为印刷缺角的缺陷图像；图 15.3（f）为检测出的缺角图像，并将缺角轮廓高亮显示；图 15.3（g）为多了墨点的印刷缺陷图像；图 15.3（h）为检测出的墨水区域，并将墨点轮廓高亮显示。

注意

该例使用的图像均为单通道灰度图像。如果采集的图像是彩色的，需要先转换为灰度图像。

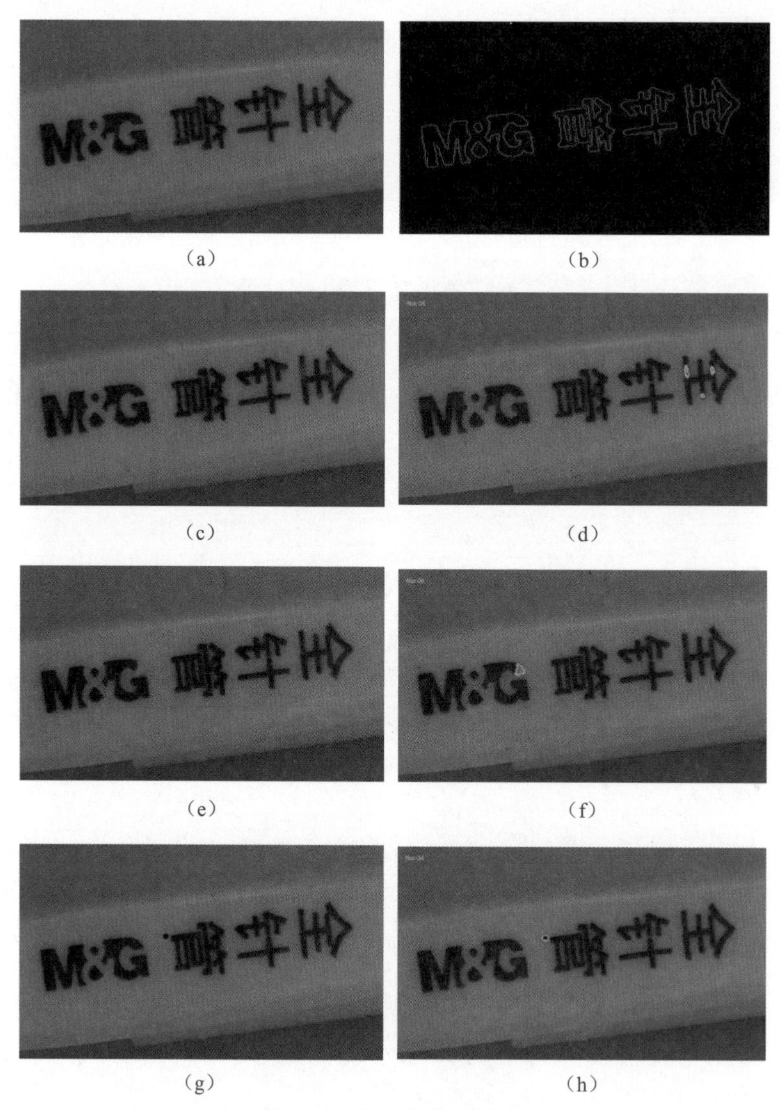

图 15.3　印刷完整性检测

图 15.3 中分别检测了墨色不均匀、印刷有缺口、多印了墨点 3 种情况，这 3 种缺陷均能正常检出。实现该过程的代码如下：

```
*清空显示窗口
dev_close_window ()
*读取参考图像。这里读取图像是为了创建模板
read_image (Image, ' data/pen01')
*参考图像因为拍摄的原因会有一些噪声，所以使用均值滤波对图像进行平滑处理
mean_image (Image, ImageMean, 3, 3)
*获取图像的宽和高用于窗口显示
get_image_size (Image, Width, Height)
*设置窗口显示参数，包括设置绘制线条的颜色和线宽等
dev_close_window ()
dev_open_window (0, 0, Width, Height, 'black', WindowHandle)
dev_set_color ('red')
dev_display (Image)
dev_set_draw ('margin')
dev_set_line_width(3)

*对原图进行阈值分割，粗略地提取出印刷图案的区域
threshold (ImageMean, Region, 0, 42)
*对印刷图案区域做一定的膨胀，使选区完全包围印刷图案部分
dilation_circle (Region, RegionDilation, 8.5)
*将选区转化为包围的形状
shape_trans (RegionDilation, RegionTrans, 'convex')
*将形状区域作为 ROI 从原图中分割出来
reduce_domain (ImageMean, RegionTrans, ImageReduced)

*检查形状模板参数，为后续的形状模板匹配设置合适的层级参数
*这里只用了 1 层的金字塔图像，因为该形状已经可以满足检测需求
inspect_shape_model (ImageReduced, ModelImages, ModelRegions, 1, 20)
*创建形状的轮廓，便于检查形状选择得是否完整
gen_contours_skeleton_xld (ModelRegions, Model, 1, 'filter')
*获取图像的面积和几何中心点坐标
area_center (RegionTrans, Area, RowRef, ColumnRef)
*创建形状模板
*金字塔层级为 1。因为测试图像与参考图像在光照、坐标方面的变化比较小，所以按默认值设置即可
create_shape_model (ImageReduced, 1, rad(-10), rad(10), 'auto', 'none',
'use_polarity', 20, 10, ShapeModelID)
*创建一个用于对比的差异模型，返回模型句柄 VariationModelID
create_variation_model (Width, Height, 'byte', 'standard', VariationModelID)
*训练部分
*使用良品的训练图像对检查模板进行训练
*为了将各个图像进行对齐，避免可能的位移和旋转，先对图像进行仿射变换
*对变换后的良品图像进行训练，得到良品的检查模板
```

```
for Num := 1 to 2 by 1
    read_image (Image, 'data/pen0' + Num)
    find_shape_model (Image, ShapeModelID, rad(-10), rad(20), 0.5, 1, 0.5,
'least_squares', 0, 0.9, Row, Column, Angle, Score)
    if (|Score| == 1)
        vector_angle_to_rigid (Row, Column, Angle, RowRef, ColumnRef, 0, HomMat2D)
        affine_trans_image (Image, ImageTrans, HomMat2D, 'constant', 'false')
        train_variation_model (ImageTrans, VariationModelID)
        dev_display (Model)
    endif
endfor
*检测部分
*准备检查模板。设置两个阈值：AbsThreshold、VarThreshold
*前者定义了检测图像与检查模板的灰度差的绝对值的允许阈值
*后者定义了检测图像与理想图像的差异程度的允许阈值
prepare_variation_model (VariationModelID, 20, 2)
stop ()
*读取待检测的图像，这里开始正式检测
*也可以连接相机进行拍摄。如果图像是彩色的，需要转换为单通道图像
for Num := 1 to 3 by 1
read_image (Image2, 'data/pen'+Num)
*进行模板匹配，寻找图中的形状
find_shape_model (Image2, ShapeModelID, rad(-10), rad(20), 0.5, 1, 0.5,
'least_squares', 0, 0.9, Row, Column, Angle, Score)
if (|Score| == 1)
    *如果匹配成功，则将图像进行仿射变换，用于和模板对齐
    vector_angle_to_rigid (Row, Column, Angle, RowRef, ColumnRef, 0,
HomMat2D)
    affine_trans_image (Image2, ImageTrans2, HomMat2D, 'constant', 'false')
    *然后裁剪出ROI，为后面的比对做准备
    reduce_domain (ImageTrans2, RegionTrans, ImageReduced2)
    *将裁剪后的ROI图像与检查模板图像进行比对，提取出有差异的部分
    compare_variation_model (ImageReduced2, RegionDiff, VariationModelID)
    *将差异部分分隔开来
    connection (RegionDiff, ConnectedRegions)
    *对差异部分进行筛选，根据差异的面积排除极微小的、无意义的差异部分
    select_shape (ConnectedRegions, RegionsError, 'area', 'and', 20, 1000000)
    *计算提取出的差异的个数，作为缺陷数量。这是为了判别最终结果
    count_obj (RegionsError, NumError)
    *将缺陷部位标记出来。如果是良品，则显示的是没有标记的测试图像
    dev_clear_window ()
    dev_display (ImageTrans2)
    dev_display (RegionsError)
    *输出结果
    *如果结果为0，可以认为是良品，没有缺陷
```

```
        *如果缺陷个数不为 0，则认为是次品
        set_tposition (WindowHandle, 20, 20)
        if (NumError == 0)
            write_string (WindowHandle, 'OK')
        else
            write_string (WindowHandle, 'Not OK')
        endif
    endif
    stop()
    endfor
    *清除差异模型，释放资源
    clear_variation_model (VariationModelID)
```

该代码以印刷中的缺陷图像为例，介绍了印刷完整性检测的基本方法。代码中训练检测部分只读取了两张模板图像进行测试，实际检测中可以读取更多的模板图像，以增强模板的鲁棒性。测试过程中也可以连接相机进行实时采集，并将检测部分的图像改为针对每张图像的检测循环。

16

第 16 章

实例分析：布料表面缺陷检测

表面检测是机器视觉的主要应用方向之一。使用软件算法代替人眼对工业产品表面进行检测，能及时发现问题，且在检测效率上有显著优势。本章将通过布料表面缺陷检测中的一些实例介绍 Halcon 在表面缺陷检测中的具体使用方法，通过实际拍摄的图像进行检测方法的说明，以及通过对检测过程的代码的举例，说明图像处理算法的原理和用法。

本章涉及的主要知识点如下。

- 检测算法：介绍表面检测算法的基本原理。
- 检测布料表面划痕：举例说明布料表面划痕的检测方法与流程。
- 检测布料表面破洞：举例说明布料表面破洞的检测方法与流程。
- 检测周期纹理图像的缺陷：介绍基于带通滤波器的傅里叶变换，并举例说明有周期纹理的布料表面印花缺陷的检测过程。
- 检测周期纹理图像的污染区域：举例说明有周期纹理的布料表面油污的检测方法与流程。

16.1 检测算法

本节的例子以傅里叶变换为基础，实现对布料表面缺陷，如划痕、破洞、纹理图像染色不均等的自动检测。通过对图像进行频域变换，使其突变的细节更加明显，进而提取出缺陷部分。

16.1.1 功能说明

使用采集设备采集布料表面的图像，并对表面进行检测，判断是否有划痕、破洞、染色不均匀等瑕疵。系统主要由图像采集、表面缺陷检测、结果显示 3 部分组成。

16.1.2 算法原理

表面检测有多种方法，如基于形态学的方法、基于直方图特征、基于纹理滤波等。本章介绍的例子是基于高斯 - 傅里叶变换，即基于频域变换提取特征图像，进而检测图像中灰度发生突变的区域。傅里叶变换的原理是，通过将图像转换到频域空间，增强图像中灰度变化剧烈的部分，使频域图像在平滑的同时保留低频信号，如突变部分等，同时减弱高频信号，如噪声、纹理等。这样图像中差异变化的区域被“放大”了，缺陷部分变得更加明显，然后就可以使用形态学方法将其提取出来。对于全局性的周期纹理图像，该方法能有效地将纹理背景与 ROI 区分开来。其一般步骤如下。

（1）创建一个合适的滤波器，如高斯低通滤波器、正弦带通滤波器、高斯差分滤波器等，可以用于对后续的傅里叶图像进行滤波，只保留需要的图像信息。

（2）对输入图像进行快速傅里叶变换。

（3）对傅里叶图像进行滤波操作，使之与高斯滤波器中的像素相乘，得到卷积后的傅里叶图像。

（4）将频域图像还原到空间域，可见图中灰度变化剧烈的区域被增强了，缺陷变得明显。

（5）使用形态学的图像处理方法，提取缺陷所在的区域，并将符合条件的缺陷标识出来。

16.2 检测布料表面划痕

针对布料表面的划痕检测是通过傅里叶变换，将图像转换为频域图像，并对变换后的频域图像进行某种滤波操作，使图像中变化区域的异常更加明显。然后将卷积后的频域图像还原为空间域图像。

图 16.1（a）是一块有划痕的布料图像，图 16.1（b）是将原始图像经过傅里叶变换后得到的

图像，图 16.1（c）是提取划痕并标识出来的结果。

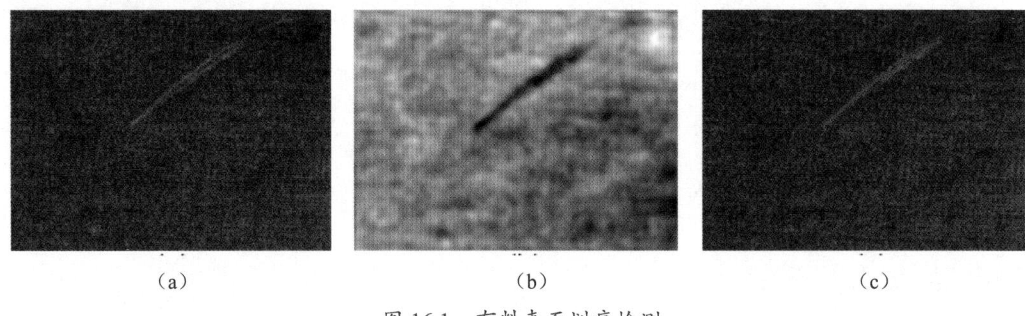

（a） （b） （c）

图 16.1 布料表面划痕检测

上述过程的实现代码如下：

```
*清空当前窗口
dev_close_window ()
*读取测试图像
read_image (Image, 'data/cloth1')
*获取图像的宽
get_image_size (Image, Width, Height)
*创建显示窗口，并设置窗口及绘制参数
dev_open_window (0, 0, Width, Height, 'black', WindowHandle)
dev_set_draw ('margin')
dev_set_line_width (3)
dev_set_color ('red')
*创建一个高斯滤波器，用于将经过傅里叶变换的图像进行滤波
gen_gauss_filter (GaussFilter, 3.0, 3.0, 0.0, 'none', 'rft', Width, Height)
*开始检测
*将测试图像转化为单通道的灰度图像
rgb1_to_gray (Image, ImageGray)
*对灰度图像进行颜色反转
invert_image (ImageGray, ImageInvert)
*对反转后的图像进行傅里叶变换
rft_generic (ImageInvert, ImageFFT, 'to_freq', 'none', 'complex', Width)
*对傅里叶图像做卷积，使用之前创建的高斯滤波器作为卷积核
convol_fft (ImageFFT, GaussFilter, ImageConvol)
*将卷积后的傅里叶图像还原为空间域图像，可见图像的突变部分得到了增强
rft_generic (ImageConvol, ImageFiltered, 'from_freq', 'n', 'real', Width)
*设置提取线条的参数
calculate_lines_gauss_parameters (17, [25,3], Sigma, Low, High)
*将图像中有灰度差异的线条提取出来
lines_gauss (ImageFiltered, Lines, Sigma, Low, High, 'dark', 'true',
'gaussian', 'true')
*将提取出的结果显示出来
dev_display (Image)
dev_display (Lines)
```

经过傅里叶变换，图像的突变部分变得明显，在这个基础上使用形态学算法提取划痕，能得到比较满意的结果。

16.3 检测布料表面破洞

检测破洞的原理与划痕类似，也是通过傅里叶变换提取出局部突变的部分，并将其显示出来。图 16.2（a）是一块有破洞的布料图像，图 16.2（b）是将原始图像经过傅里叶变换后得到的瑕疵区域形状，图 16.2（c）是提取破洞并标识出来的结果。

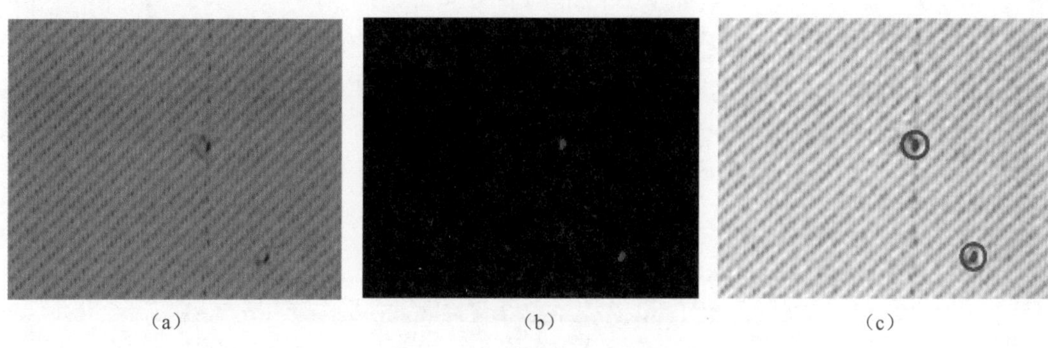

（a）（b）（c）

图 16.2 布料表面破洞检测

上述过程的实现代码如下：

```
*清空当前窗口
dev_close_window ()
read_image (Image, 'data/cloth2')
get_image_size (Image, Width, Height)
*创建窗口并设置窗口绘制参数
dev_open_window (0, 0, Width/2, Height/2, 'black', WindowHandle)
dev_set_draw ('margin')
dev_set_line_width (4)
dev_set_color ('red')
*创建一个高斯滤波器，用于将经过傅里叶变换的图像进行滤波
gen_gauss_filter (GaussFilter, 3.0, 3.0, 0.0, 'none', 'rft', Width, Height)
*开始检测，读取图像
rgb1_to_gray (Image, ImageGray)
*对图像进行傅里叶变换、平滑及还原操作
rft_generic (ImageGray, ImageFFT, 'to_freq', 'none', 'complex', Width)
convol_fft (ImageFFT, GaussFilter, ImageConvol)
rft_generic (ImageConvol, ImageFiltered, 'from_freq', 'n', 'real', Width)
*对还原后的图像进行阈值处理，提取出图中明显偏暗的部分，即瑕疵的位置
```

```
threshold (ImageFiltered, ImageDark, 0, 85)
*由于瑕疵部位可能不止一个，将其分割成独立的区域
connection (ImageDark, ConnectedRegions)
*获取瑕疵的数量
*如果对瑕疵的形状、面积、尺寸等有筛选要求，也可以在这一步之前加入 selecct_shape 算子进行
判断
count_obj (ConnectedRegions, Number)
*逐个显示瑕疵的位置并以圆圈标记出来
for index := 1 to Number by 1
    select_obj (ConnectedRegions, shape, index)
    area_center (shape, Area, Row, Column)
    gen_circle (Circle, Row, Column, 30)
    dev_display (Circle)
endfor
```

该例子与划痕检测类似，都是在经过傅里叶变换的图像上提取出突变的部分，不同之处在于本例中缺陷的区域更小，更容易与背景混合。同时，缺陷的数量可能有很多，可以对缺陷部分根据一定的特征进行筛选，并将缺陷逐个标识出来。

16.4 检测周期纹理图像的缺陷

对于有周期纹理图像的布料检测而言，因为缺陷部位很容易和纹理混合在一起，无疑增加了检测难度。在经过傅里叶变换的图像上使用正弦形态的带通滤波器，能有效降低周期纹理的干扰，突出缺陷区域。经过反傅里叶变换后，使用纹理滤波器提取出缺陷区域。因为纹理和缺陷的灰度差异被“放大”，所以可以使用灰度阈值结合形状的面积特征将二者分离开来。

图 16.3（a）是一块带纹理的、有染色缺陷的布料图像，图 16.3（b）是将原始图像经过傅里叶变换得到的瑕疵区域形状，图 16.3（c）是提取破洞并标识出来的结果。

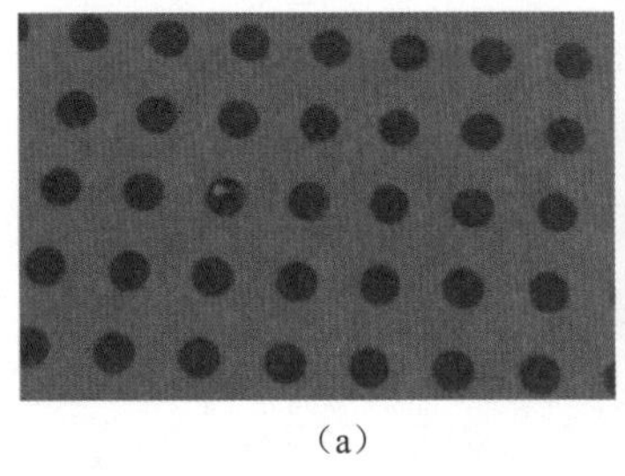
（a）

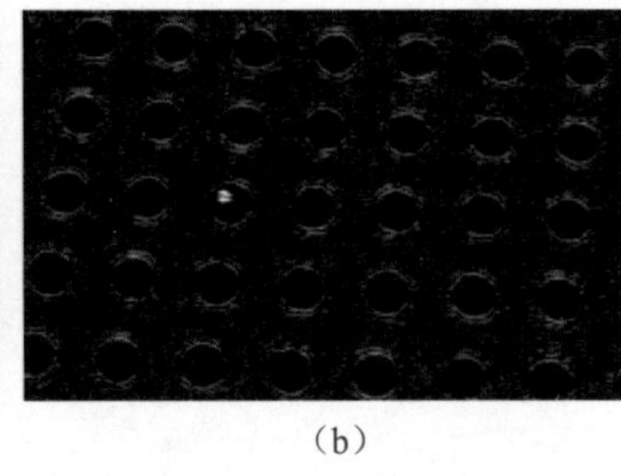
（b）

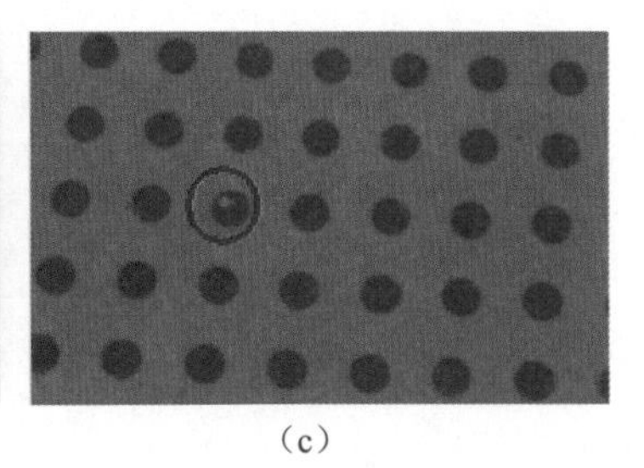
（c）

图 16.3　周期纹理图像的缺陷检测

上述过程的实现代码如下：

```
*关闭当前屏幕的窗口
dev_close_window ()
*读取图像，创建新窗口
read_image (Image, 'data/cloth3')
get_image_size (Image, Width, Height)
dev_open_window (0, 0, Width/2, Height/2, 'black', WindowHandle)
dev_set_draw ('margin')
dev_set_line_width (3)
dev_set_color ('red')
*读取检测图像
rgb1_to_gray (Image, ImageGray)
*使用 muti_image 算子对灰度图像进行乘法运算
*增强了图像的对比度
mult_image(ImageGray, ImageGray, ImageResult,0.01, 0)
*创建一个正弦形状的带通滤波器，用于消除背景的纹理图像
*其第二个参数决定了正弦的最大值，需要能在平滑背景的同时较好地提取出缺陷点
gen_sin_bandpass (ImageBandpass, 0.2, 'none', 'rft', Width, Height)
*对图像进行傅里叶变换、平滑及还原操作
rft_generic (ImageResult, ImageFFT, 'to_freq', 'none', 'complex', Width)
convol_fft (ImageFFT, ImageBandpass, ImageConvol)
rft_generic (ImageConvol, ImageFiltered, 'from_freq', 'n','byte', Width)
*使用纹理滤波器提取缺陷部位
texture_laws (ImageFiltered, ImageTexture, 'el',3, 5)
*使用阈值处理等方式，根据灰度差异将缺陷部位选择出来
threshold (ImageTexture, Imagelight, 150, 255)
connection (Imagelight, ConnectedRegions)
*根据形状的面积选择最大的区域
select_shape_std (ConnectedRegions, SelectedRegion, 'max_area', 70)
area_center (SelectedRegion, Area, Row, Column)
gen_circle (Circle, Row, Column, 30)
*显示缺陷检测结果
dev_clear_window()
dev_display(ImageGray)
dev_display (Circle)
```

检测的基本原理与前两个例子相同，区别在于以下几点。

（1）由于原图对比度比较低，因此使用 muti_image 算子对灰度图像进行乘法运算，增强了原图像的对比度。

（2）由于图像中有周期纹理，而缺陷包含在纹理图案中，因此使用 gen_sin_bandpass 算子创建一个正弦形状的带通滤波器，用于在傅里叶变换过程中消除背景的纹理图像，能在平滑背景的同时较好地提取出缺陷点。

（3）傅里叶变换还原后，使用纹理滤波器寻找图像中的突变部分，便于将缺陷与背景分隔开来。

这样就能消除周期纹理对表面缺陷检测的影响，提取出异常的部位了。

16.5 检测周期纹理图像的污染区域

对于有周期纹理图像的布料检测而言，缺陷部位很容易和纹理混合在一起，无疑增加了检测难度。16.4 节的例子中，在经过傅里叶变换的图像上使用正弦形态的带通滤波器，能有效降低周期纹理的干扰，突出有缺陷的区域。而本节将使用高斯差分滤波器，也能有效地去除背景纹理的干扰。

通过将两种不同参数的高斯函数相减，可以提取出傅里叶图像中的特征区域。因为纹理和缺陷的灰度差异被“放大”，所以可以使用灰度阈值结合形状的面积特征将二者分隔开来。

图 16.4（a）是一块带周期纹理的、有污染缺陷的布料图像，图 16.4（b）是将原始图像经过傅里叶变换得到的频域图像，图 16.4（c）是经带通滤波器卷积后的图像，图 16.4（d）是经傅里叶变换还原后的图像，图 16.4（e）是经阈值处理提取出的异常区域，图 16.4（f）是根据形状面积提取出污染区域并将其标识出来的显示结果。

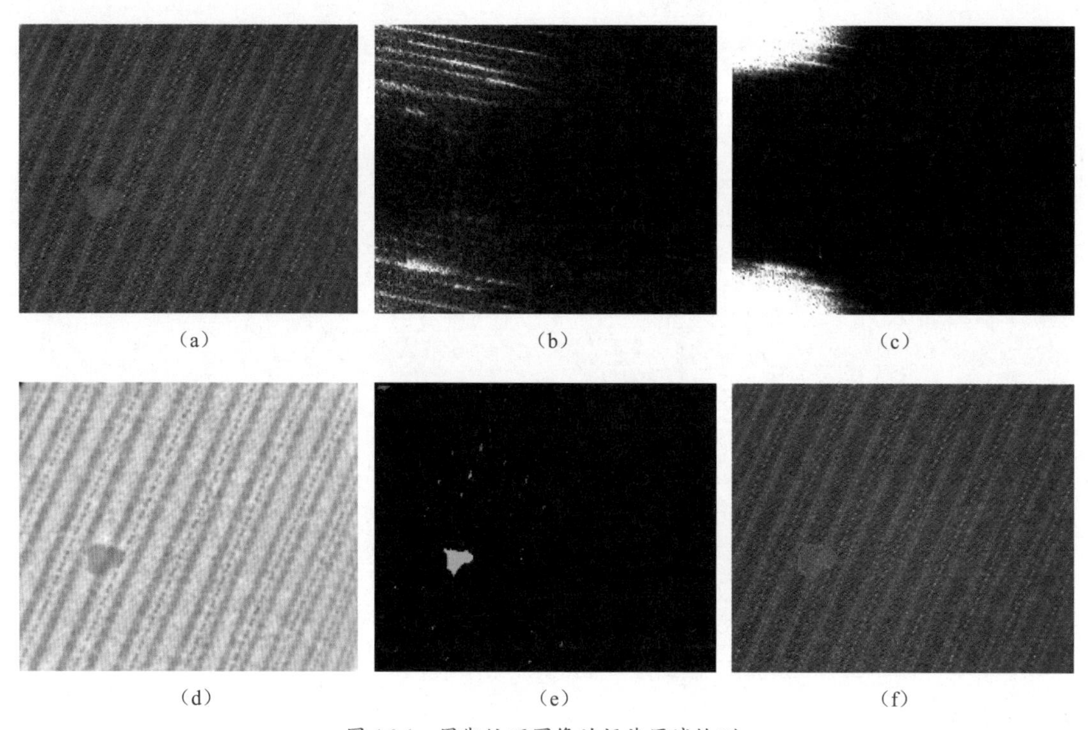

（a）（b）（c）

（d）（e）（f）

图 16.4 周期纹理图像的污染区域检测

上述过程的实现代码如下：

```
*关闭当前窗口
dev_close_window ()
read_image (Image, 'data/cloth4')
get_image_size (Image, Width, Height)
```

```
dev_open_window (0, 0, Width/2, Height/2, 'black', WindowHandle)
dev_set_line_width (4)
*创建两个高斯滤波器
gen_gauss_filter (GaussFilter1, 30.0, 30.0, 0.0, 'none', 'rft', Width, Height)
gen_gauss_filter (GaussFilter2,3.0, 3.0, 0.0, 'none', 'rft', Width, Height)
sub_image (GaussFilter1, GaussFilter2, Filter, 1, 0)
rgb1_to_gray (Image, ImageGray)
*对图像进行傅里叶变换、滤波及还原操作
rft_generic (ImageGray, ImageFFT, 'to_freq', 'none', 'complex', Width)
convol_fft (ImageFFT, Filter, ImageConvol)
rft_generic (ImageConvol, ImageFiltered, 'from_freq', 'n', 'real', Width)
scale_image_range (ImageFiltered, ImageScaled, 0, 255)
*使用形态学方法提取污染区域
threshold (ImageScaled, Region, 0, 1)
erosion_circle (Region, RegionErosion, 11.5)
connection (RegionErosion, ConnectedRegions)
select_shape_std (ConnectedRegions, SelectedRegions, 'max_area', 70)
dilation_circle (SelectedRegions, RegionDirty, 9.5)
*显示提取结果
dev_display (Image)
dev_set_draw ('margin')
dev_display (RegionDirty)
```

本例中，为了提取纹理缺陷，使用了高斯差分滤波器，对傅里叶图像进行滤波。从代码中可以看出，创建了两个高斯滤波器，并将二者相减的结果作为带通滤波器，使图像上特定频率的部分能够保留。通过调节高频与低频的参数值，可以提取出缺陷部分的图像信号。再经过反傅里叶变换，使纹理部分淡化，缺陷部位变得明显，从而便于将缺陷提取出来。

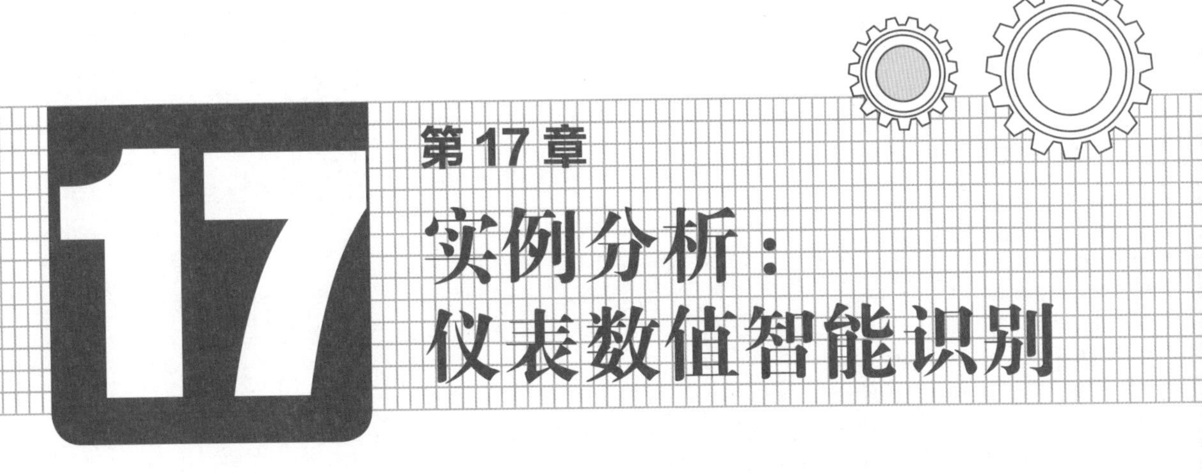

第17章 实例分析：仪表数值智能识别

使用机器视觉智能读取仪表，可以代替人眼进行一些数值的监测，并可对识别到的数值进行智能分析，实现自动提示或者与硬件进行通信等功能。读取仪表的基本方法在于使用形状模板进行指针等关键区域的匹配，以及使用 OCR 进行文字的识别。本章将通过一个实例介绍在 Halcon 中进行形状模板匹配以及字符识别的具体方法，通过实际拍摄的图像进行检测方法的说明，介绍图像处理算法的原理和用法。

本章涉及的主要知识点如下。

- 检测算法：介绍算法的设计原理和基本流程。
- 指针识别：在指针区域定位的基础上，根据图像的偏转角度计算指针的偏转角度。
- 字符识别：使用字符数据来训练 OCR 分类器。
- 数值分析：确定指针刻度对应的指针旋转角度，并分析指针的数值。

17.1 检测算法

该例子以模板匹配为基础，实现对圆形仪表盘指针的智能识别，自动读取仪表盘显示的数据，进而实现仪表监控等功能。

本例的算法主要是基于形状模板的匹配，由 3 部分组成：识别指针、刻度的确定以及数据分析。

仪表参数检测由两个模块构成，分别是模板设置与模板匹配。在进行仪表参数检测之前，先创建需要的模板，选择对应的功能项进行模板参数的设置。不同的模板对应不同的仪表盘或检测项目。在实时检测时导入预设模板，系统会自动进行模板匹配并检测出需要的数据。

17.1.1 采集图像与显示

采集图像模块的主要工作是连接相机，对被测仪表盘进行图像采集，并将采集到的图像传输给后续的图像处理部分。图像采集模块采集到的图像质量的高低，不仅会直接影响到图像后续处理和分析工作的难易程度，有时甚至会决定整个机器视觉算法识别任务的成败。因此，为了达到实时监测要求，必须采用高质量的图像采集装置和先进的图像采集技术。通过使用相机 SDK 读取图像，或者直接从虚拟串口读取图像。

本例中使用 Halcon 的图像采集接口进行相机的连接和图像采集。Halcon 的图像采集接口对常见的图像采集卡及工业相机有广泛的支持，其中包括模拟视频信号、数字视频信号 Camera Link、数字视频信号 IEEE 1394、数字视频信号 USB2.0、数字视频信号 Gigabit Ethernet 等。Halcon 通过统一的接口封装上述不同相机的图像采集接口，从而达到算子统一化。不同的相机只需更改几个参数就可变更使用。图像获取的思路如下。

（1）打开设备，获得该设备的句柄。连接相机，设置相机参数。

（2）调用采集算子，获取图像。

（3）读取相机参数。

本例中的图像采集模板使用 Halcon 的图像采集接口，采集步骤如下。

（1）连接相机，获得相机句柄。

（2）获取图像。

17.1.2 图像对齐

如果参考图像与检测图像相比出现比较大的位移或者画面抖动，则对应的 ROI 会有较大的偏差。因此，在匹配之前，需要先进行图像的对齐，使测量的数据有一个统一的参考标准。图 17.1（b）相对于图 17.1（a）发生了偏移，需要选择一个参照物，使两幅图像对齐。

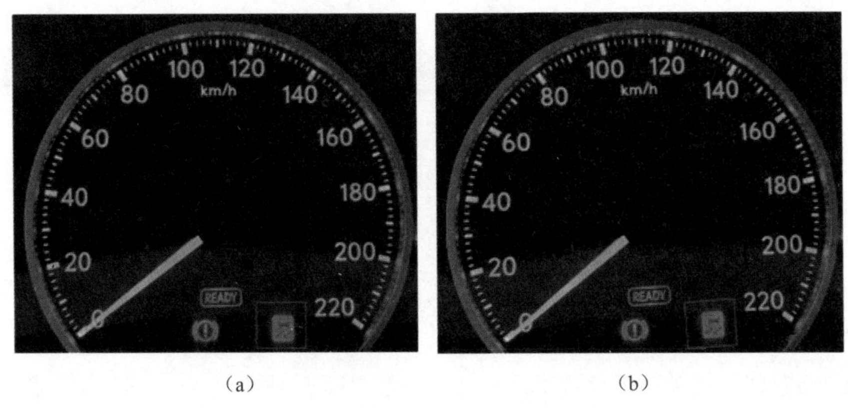

（a）　　　　　　　　　　（b）

图 17.1　选择合适的参照物使图像对齐

接下来在参考图像上选择一块参考 ROI，该区域需要是特征重要且稳定的，用于把输入图像进行归一化的对齐处理。该区域可以指定，也可以通过形态学运算获得。在图 17.1 的例子中，选取表中一块近似于矩形标识的区域，即图 17.1 中方框标识的区域，用于图像对齐：

```
Rows := [922,922,1030,1030,922]
Cols := [816,925,925,816,816]
gen_region_polygon_filled (ROI, Rows, Cols)
```

获得 ROI 后，提取该区域的中心坐标，该坐标是后面进行对齐的参考：

```
area_center (ROI, Area, Row, Column)
```

根据该 ROI 建立形状模板：

```
create_shape_model (ImageROI, 2, 0, rad(360), 'auto', 'none', 'ignore_
global_polarity', 20, 10,ModelID)
```

在待对齐图像上通过形状模板匹配获得该 ROI，同时得到仿射变换参数，如位移、旋转角度等：

```
find_shape_model (SearchImage, ModelID, -rad(360), rad(360), 0.7, 1, 0.5,
'least_squares', 0, 0.7,
RowCheck, ColumnCheck, AngleCheck, Score)
```

根据匹配获得的参数和模板的原始参数，使用 vector_angle_to_rigid 算子创建一个仿射变换矩阵。其中前 3 个参数为模板匹配后得到的位移和旋转参数。

```
vector_angle_to_rigid (RowCheck, ColumnCheck, AngleCheck,Row, Column,
0,MovementOfObject)
```

使用 affine_trans_image 算子对整幅图像进行仿射变换，将图像对齐：

```
affine_trans_image (SearchImage, ImageAffinTrans, MovementOfObject, 'constant',
'false')
```

如此，该图像将完成与参考图像的对齐，为后面的指针读取做好准备。

17.1.3 创建形状模板

在训练图像中指定包含模板的 ROI。该区域需要是特征重要且稳定的，用于把输入图像进行归一化的对齐处理。训练算子的输入是剪裁后的 ROI 图像，模板将用来搜索图像。

在本例中将使用指针形状作为形状模板。由于指针的形状不是规则图形，因此使用创建多边形的方式将包围指针的一块小区域选取出来。然后使用 reduce_domain 算子将包含指针的 ROI 从图像上分割出来，作为模板图像。

在创建模板之前，要先确定模板的关键参数，如金字塔层级数、对比度。所以使用 inspect_shape_model 算子观察不同参数下提取形状模板的情况。

参数确定之后，开始创建模板。使用 create_shape_model 算子创建基于指针形状的模板。由于指针围绕表盘中心的旋转角度范围有上下边界，因此设置 AngleStart 和 AngleExtent 的范围为 0 ～ 270°。金字塔层级数和对比度的值根据上一步检查参数的结果确定，其他值保持默认的设置。

在创建完模板后，为了查看形状轮廓以确定是否是所需的，使用 get_shape_model_contours 算子创建形状模板的轮廓。如果形状不够理想，或者轮廓没有完全提取出来，则需要修改创建模板的参数，如金字塔层级、对比度等。

17.1.4 基于形状特征的模板匹配

创建好（或者读入）模板后，即可定位图像中的目标。这里会利用 Halcon 图像处理库进行图像匹配处理，如进行灰度阈值化、边缘提取、图像分割、形状检测等操作，最后将目标 ROI 在多张图像中的位置确定下来。当一个或多个 ROI 目标被检测出来后，它们的属性特征（位置、旋转、颜色等）参数将被返回，这些值将用于下一步的检测计算。

本例中采用基于形状的匹配计算。形状匹配算法可以在图像缩放、照明改变、旋转或重迭等情况下仍能识别出目标区域。

为了在检测图像中寻找到指针的形状区域，使用 find_shape_model 算子进行形状模板匹配。输入参数主要是模板的旋转角度、匹配的最小分值、匹配结果的数量、金字塔层级等。输出参数则包括找到匹配的指针后，指针的位置、旋转角度和匹配得分。其中，指针的旋转角度正是本例需要提取的关键信息，通过旋转角度即可计算出指针对应的角度。

匹配成功之后，如果要将结果显示出来，还需要对模板图像进行仿射变换。仿射变换的参数从模板匹配的结果中获得，如坐标、旋转角度等。通过仿射变换，将形状轮廓显示在匹配到的指针区域。

17.2 指针识别

获取单通道的表盘图像后，首先选择ROI，然后创建合适的多边形包围指针区域，使用此区域为指针创建形状模板。将检测画面与指针形状模板进行匹配，匹配成功后，返回指针在画面中的位置、旋转角度等信息。

17.2.1 识别指针

该功能以图像定位为基础，将指针区域设置为ROI定位区。在指针区域定位的基础上，根据图像的偏转角度，计算指针的偏转角度。其与初始模板指针角度的差距，即为指针偏转的角度。参考图像与测试结果如图17.2所示。图17.2（a）为一个表盘的实例，在该图中选取指针区域作为指针的模板图像；图17.2（b）为提取的指针模板区域；图17.2（c）为检测图像，图中根据指针的形状模板进行了匹配，并将匹配得到的指针轮廓高亮显示。

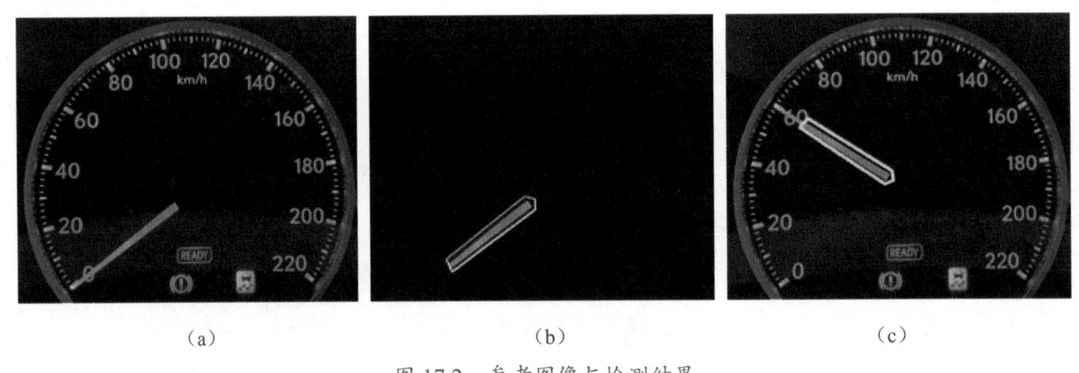

（a）　　（b）　　（c）

图17.2　参考图像与检测结果

17.2.2 识别方法

首先从原图像中选择一块多边形区域，使之包围指针部分，将该区域分割出来，作为参考的形状模板；接着确定形状模板的金字塔层级数和对比度参数；然后创建形状模板，并检查创建出的形状模板轮廓是否理想；最后，读取检测图像并进行模板匹配，从图像上获得指针形状的位置坐标和旋转角度。该旋转角度与指针的旋转有关，可用于后续计算指针数值。该过程的实现代码如下：

```
*清空显示窗口
dev_close_window()
*读取模板图像。这里的模板图像是单通道灰度图像，如果是彩色的，还需要做一步转换
```

```
read_image(ModelImage, 'data/meter1')
*获取图像的尺寸，便于创建合适的窗口进行显示
get_image_size(ModelImage, Width, Height)
*创建窗口并设置显示参数
dev_open_window (0, 0, Width, Height, 'white', WindowHandle)
dev_display (ModelImage)
dev_set_color ('yellow')
dev_set_line_width (5)

*设置指针区域的多边形形状坐标
Rows := [410,308,312,327,428,410]
Cols := [135,267,283,283,143,135 ]
*创建多边形形状，该多边形区域应完全覆盖指针所在的区域。该区域即为 ROI
gen_region_polygon_filled (ROI, Rows, Cols)
*创建参考图像，从原模板图像中裁剪出多边形形状区域
reduce_domain (ModelImage, ROI, ImageROI)

*检查形状模板参数，查看金字塔层级的图像
inspect_shape_model (ImageROI, ShapeModelImages, ShapeModelRegions, 2, 50)
*显示形状模板图像，以此检查形状模板区域是否理想
dev_display (ShapeModelRegions)
*创建形状模板
create_shape_model (ImageROI, 2, 0, rad(270), 'auto', 'none', 'ignore_
global_polarity', 20, 10,ModelID)
*获取形状模板的轮廓，用于匹配成功后的显示
get_shape_model_contours (ShapeModel, ModelID, 1)

*读取要检测的图像。这里的检测图像也是单通道灰度图像，如果是彩色的，还需要做一步转换
read_image(SearchImage, 'data/meter2')
*进行基于形状模板的匹配，在图中寻找到指针的位置
*返回指针的坐标、旋转角度，以及匹配分数
find_shape_model (SearchImage, ModelID, -rad(900), rad(270), 0.7, 1, 0.5,
'least_squares', 0, 0.7, RowCheck, ColumnCheck, AngleCheck, Score)

*如果匹配分数达到要求，则匹配成功
if (|Score| > 0.9)
    *用于从匹配结果数据中创建一个刚体的仿射变换矩阵
    vector_angle_to_rigid (0, 0, 0, RowCheck, ColumnCheck,
AngleCheck,MovementOfObject)
    *将形状模板进行仿射变换，使之显示在指针的新位置上
    affine_trans_contour_xld (ShapeModel, ModelAtNewPosition, MovementOfObject)
    *将匹配结果显示出来
    dev_display (SearchImage)
    dev_display (ModelAtNewPosition)
endif
```

```
*匹配结束，释放模板资源
clear_shape_model (ModelID)
```

匹配得到指针形状区域以后，就可以得到该指针的旋转角度。这种方法可以用来确定表盘最小单位刻度对应的指针旋转角度。根据这种对应关系，可以由指针旋转角度反推出对应的刻度。

17.3 字符识别

字符包括仪表盘中的汉字、数字、字母、特殊符号。多数情况下，数字、符号可以通过 Halcon 自带的分类器进行识别。而如果表盘中有汉字或者字体比较特殊，无法使用 Halcon 分类器进行识别，也可以自己训练可以识别的分类器。训练过程分两步：先使用字符图像离线训练 OCR 分类器，然后使用 OCR 分类器进行字符识别。其原理可以参考 12.3 节。

17.3.1 离线训练

训练分类器的过程：使用阈值分割字符区域→将字符加入训练集→创建分类器→训练分类器。其具体做法如下。

（1）采集字符图像，将待训练的字符区域作为 ROI 提取出来。

（2）声明一个训练文件“.trf”，将字符图片中的字逐个添加到训练文件中。

```
append_ocr_trainf (ObjectSelected, Image, words[Index1-1], 'test.trf')
```

（3）训练文件，可以选择 SVM 训练或 MLP 训练，获得最终的字符分类器文件“.omc”。

```
read_ocr_trainf_names ('test.trf', CharacterNames, CharacterCount)
create_ocr_class_mlp (50, 60, 'constant', 'default', CharacterNames, 80,
'none', 10, 42, OCRHandle)
trainf_ocr_class_mlp (OCRHandle, 'test.trf', 200, 1, 0.01, Error, ErrorLog)
write_ocr_class_mlp (OCRHandle, 'test.omc')
```

17.3.2 在线检测

使用分类器进行识别的过程：读取分类器→读取图像→分割单个字符→分类→输出识别的字符结果。其具体做法如下。

（1）采集图像后，分割出 ROI 并找到待检测的字符区域。

（2）从文件系统中读取 OCR 文本识别分类器，根据给定区域的字符和 OCR 分类器的灰度图像值，为每个字符计算出最好的类。

```
read_ocr_class_mlp ('test.omc', OCRHandle)
do_ocr_multi_class_mlp (Regions, Image, OCRHandle, Class, Confidence)
```

（3）把识别出的字符变换成数组，并存入结果数组，得到每个字符区域对应的数字。

17.4 数值分析

获取了指针对应角度和刻度的单位数字之后，可以结合二者信息进行数值分析。根据表盘刻度的线性和非线性变化方式的不同，所采用的分析方法也不相同。

17.4.1 确定刻度

从匹配成功的结果中可以获取指针的旋转角度，该角度是刻度识别的基础。如果确定了指针刻度的最大值和最小值，可以在指针指向初始刻度线时进行一次形状模板匹配，获取此处的旋转角度 Angle_{min}；然后在指针指向最大刻度线时进行一次形状模板匹配，获取此处的旋转角度 Angle_{max}。假如仪表盘的刻度是线性的，即可根据 Angle_{max}、Angle_{min} 及刻度的总长，确定每一个刻度的单位区间对应的指针旋转角度。

如果仪表盘刻度不是线性变化的，即相等的刻度分段对应不同的刻度数值，则需要对刻度进行分段，对分割后的每个区间分别进行匹配，目的是获取每个刻度区间与指针旋转角度的对应关系。

17.4.2 数值分析

在仪表盘工作过程中，实时采集图像进行指针的匹配，将得到指针的实时旋转角度。再结合前面得到的每格刻度对应的旋转角度，即可推算出指针对应的刻度值。

通过获取指针在定位状态下整体图像的旋转角度，即可反推出指针相对于模板的旋转角度。由于模板中的指针旋转角度已知，旋转角度与刻度线的对应关系也可知，因此可以计算出待测图像中的指针刻度。假设指针在初始刻度线处的旋转角度为 Angle_{min}, 初始刻度值为 V_{min}；在最大刻度线处的角度为 Angle_{max}, 最大刻度值为 V_{max}；在检测中得到指针所在角度为 $\mathrm{Angle}_{current}$，则此处的刻度值 $V_{current}$ 为式（17.1）。

$$V_{current} = V_{min} + (V_{max} - V_{min}) \times (\mathrm{Angle}_{current} - \mathrm{Angle}_{min}) / (\mathrm{Angle}_{max} - \mathrm{Angle}_{min}) \quad (17.1)$$

如果表盘刻度是线性变化的，可以使用式（17.1）进行计算，指针到初始刻度线的角度与刻度线的最大角度的比值乘以刻度最大值的数值即为指针的读数；如果表盘刻度是非线性的，则需要分段，分别计算每段刻度对应的刻度值。

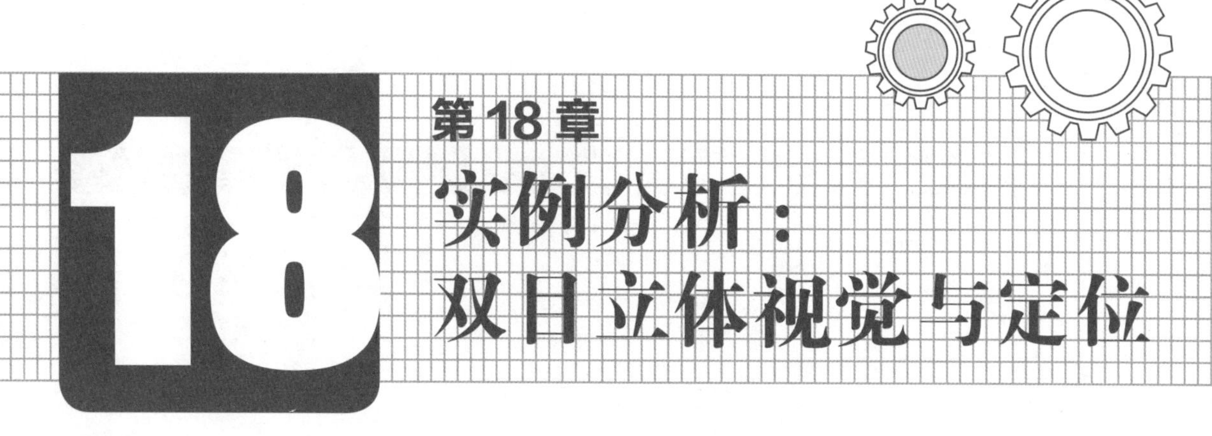

使用双目相机拍摄图像，能通过计算双目图像中对应点的位置，获取点的三维坐标信息。本章将通过一个实例介绍 Halcon 在双目立体视觉与定位中的应用。该例子以立体视觉为基础，从双目相机中获取立体图像，进行图像标定和校正，并对校准后的两张图像提取其视差信息，进而利用视差值对实际场景中的具体的点进行坐标的分析与解算，得到图像中点的三维坐标。

本章涉及的主要知识点如下。

- 系统结构：介绍双目测距系统的硬件组成与软件结构。
- 图像采集与标定：介绍双目相机采集图像的方法，以及图像的标定和校正。
- 双目测距：使用双目图像提取图像的坐标信息。

注意

本例的具体算法原理请参考第 13 章。

18.1 系统结构

双目立体视觉测量系统用于实现对场景中目标的三维定位。该系统基于双目图像采集设备，对距离 10m 左右的室内场景进行测距实验。整个系统分为硬件与软件两部分，下面将分别介绍。

18.1.1 硬件组成

搭建双目相机的硬件环境，首先应明确使用环境和功能需求，以便选择合适的硬件设备。双目立体测距系统的硬件组成主要包括以下 4 个部分。

（1）图像采集设备：相机是图像处理系统的信息输入。该系统使用两个平行放置的相机，对测试场景进行采集。两个相机的参数设置需要保持一致。如果是速度和精度要求高的场景，还可以搭配图像采集卡，用于控制相机的同步采集和相机的参数设置。

（2）Halcon 标定板。

（3）相机支架：双目视觉系统的相机需要保持位置相对固定，因此要安装在一个稳固的平台上，并且采用可调式结构，使相机的基线可以调节，但一旦位置固定并且标定完成后就不能再调节。

（4）主机：用于接受双目图像的输入，实现视频图像的处理与计算。

如果现场光照环境不够理想，还需要增加或者限制光源。同时，如果是室内场景，两个相机对光源的感应可能会有差别，有可能会出现亮度不一致的情况，将影响到标定的效果。因此，需设法调整照明环境，使两张图像整体亮度比较接近。

18.1.2 软件结构

软件结构主要分为 3 个部分，分别是图像采集、标定与校正、双目测距。

（1）图像采集：主要是连接相机，获取两个视点的图像。

（2）标定与校正：使用标准标定板对图像进行校正。利用双目相机的内部参数和外部参数，对左右视点的两张图像进行校正。

（3）双目测距：通过立体匹配算法对两路校正后的图像进行分析，结合不同视图间像素的映射关系计算出视差，得到视差图像。该视差图像将以灰度图的形式反映不同视差的对象的远近关系。根据灰度信息可以进行三维坐标的计算。该系统的软件结构设计图如图 18.1 所示。

其中，图像的标定在测量之前完成，标定之后相机的内部参数和外部参数及位置保持不变，然后进行实时测量。这时将对图像进行校准与立体匹配，计算出视差信息。

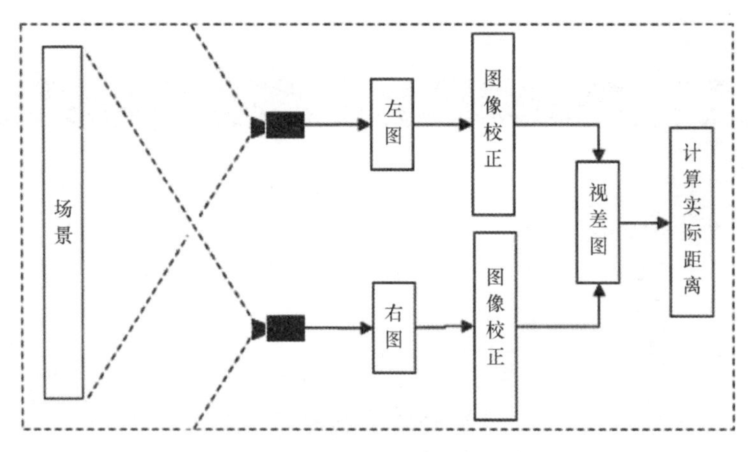

图 18.1 双目测距软件结构设计图

18.2 图像采集与标定

使用双目相机采集得到的图像是立体视觉系统的输入。图像成像质量的好坏将影响到标定输出的参数。同时，采集得到的原始图像可能会有水平或垂直方向上的偏差、旋转或畸变，将会影响视差的计算。因此，需要对采集得到的图像进行标定，以获取相机的内部参数和外部参数，便于进行图像校正。

18.2.1 图像采集

采集部分使用两个相机，将两个相机进行固定，使其稳定地安装在同一水平线上。相机基线距离需要根据被测物的距离、测量精度，以及成像的位置进行换算，具体换算方法参考第 13 章。本例中被测物体距离为 5m 以内，误差精度允许在 2cm 以内，基线距离设置为 50cm 左右，并且左右相机能拍摄到完整的被测场景。

如果是离线标定，分别读取两幅图像所在的文件路径即可；如果是实时采集与标定，则连接相机，使用 open_framegrabber 算子分别从两个相机采集图像。获取图像的尺寸，并在不同的窗口显示出来。上述过程的实现代码如下：

```
*连接相机，并创建两个相机句柄
open_framegrabber ('File', 1, 1, 0, 0, 0, 0, 'default', -1, 'default', -1,
                'default', 'images_l.seq', 'default', 0, -1, AcqHandle1)
open_framegrabber ('File', 1, 1, 0, 0, 0, 0, 'default', -1, 'default', -1,
                'default', 'images_r.seq', 'default', 1, -1, AcqHandle2)
```

```
*分别从两个相机采集图像。这里是为了获取图像的宽和高，以便创建窗口
grab_image_async (Image1, AcqHandle1, -1)
grab_image_async (Image2, AcqHandle2, -1)
*创建两个图像窗口，用于显示左右两幅图，并设置窗口参数
dev_open_window (0, 0, Width/2, Height/2, 'black', WindowHandle1)
dev_set_draw ('margin')
dev_open_window (0, Width + 12, Width/2, Heigh/2, 'black', WindowHandle2)
dev_set_draw ('margin')
```

至此，已为采集图像做好了准备。同时值得注意的是，对于双目系统而言，两个相机的一致性非常重要，因此相机的内部参数设置应尽量一致，如画面尺寸、曝光时间、焦距、光圈等，这样才能保证两个相机拍出的画面在灰度上的偏差尽可能小。这些参数需要根据实际拍摄效果进行调整。

18.2.2 相机标定

对双目相机进行标定，一方面是为了校正双目图像，通过相机的内部参数和外部参数信息，对图像进行坐标系的变换，使发生偏移或畸变的两幅图像变得相对一致且水平；另一方面，是为了将图像坐标系中的像素距离与世界坐标系中的坐标距离对应起来，以进行距离的计算。通过相机内部参数和外部参数换算其在世界坐标系中的实际距离。准确的标定能提高测量的准确性，减少误差。

准备一块标定板，本例使用标准的 Halcon 标定板，其图像可以使用 gen_caltab 算子快捷生成，详见第 13 章。在相机的视野范围内灵活地调整标定板的摆放位置，并连接相机同步采集图像。图 18.2 列举了标定过程中采集的部分标定板图像，上下两排分别对应左右两路相机采集到的图像。

图 18.2　标定板图像（部分）

为了匹配两幅图中对应的标记点，使用 find_caltab 算子先分别对双目图像进行高斯滤波，然后用阈值分割，找出标定板的区域；接着用 find_marks_and_pose 算子分割标定板中的圆，定位出所有圆心的坐标。如图 18.3 所示，两幅图分别是左右相机采集到的标定板图像，在标定过程中找到标定板中的标记点并定位出圆心的位置。

图 18.3　匹配标定板的标记点

在所有标定图像采集完成后，使用 binocular_calibration 算子进行标定。这一步通过前面得到的标定点位置和初始相机参数等信息，计算得到相机的内部参数和外部参数。这些相机参数是图像校正和三维坐标计算的基础。上述过程的实现代码如下：

```
*从标定板描述文件中读取圆形中心点的位置
caltab_points ('caltab.descr', X0, Y0, Z0)
*设置相机的初始参数
StartCamParam1 := [0.0121606, 0.0, 1.48e-005, 1.48e-005, -101.343,
120.681,640,480]
StartCamParam2 := [0.0121606, 0.0, 1.48e-005, 1.48e-005, 546.365, 120.681,
640,480]
RelPose := [0.158487, 0.0, 0.0, 0.0, 0.0, 0.0, 0]
Rows1 := []
Cols1 := []
StartPoses1 := []
Rows2 := []
Cols2 := []
StartPoses2 := []
*实时采集标定板图像
for num := 1 to 14 by 1
    grab_image_async (ImageL, AcqHandle1, -1)
    grab_image_async (ImageR, AcqHandle2, -1)
    *获取标定板在图像上的区域，并高亮显示
    find_caltab (ImageL, CalPlate1, 'caltab.descr', 3, 120, 5)
    find_caltab (ImageR, CalPlate2, 'caltab.descr', 3, 120, 5)
    *分别在两个窗口中显示左右相机采集的图像，并将找到的标定板区域高亮显示
    dev_set_window (WindowHandle1)
    dev_display (ImageL)
    dev_display (CalPlate1)
    dev_set_window (WindowHandle2)
    dev_display (ImageR)
    dev_display (CalPlate2)
    *根据图像和标定板的区域提取二维标记点，并粗略估算相机的位姿参数
```

```
    find_marks_and_pose (ImageL, CalPlate1, 'caltab.descr', 
StartCamParam1,128, 10, 20, 0.7, 5, 100, RCoord1, CCoord1, StartPose1)
    Rows1 := [Rows1,RCoord1]
    Cols1 := [Cols1,CCoord1]
    StartPoses1 := [StartPoses1,StartPose1]
    find_marks_and_pose (ImageR, CalPlate2, 'caltab.descr', 
StartCamParam2,128, 10, 20, 0.7, 5, 100, RCoord2, CCoord2, StartPose2)
    Rows2 := [Rows2,RCoord2]
    Cols2 := [Cols2,CCoord2]
    StartPoses2 := [StartPoses2,StartPose2]
endfor
*使用双目标定算子对双目相机的内部参数和位姿参数进行计算
binocular_calibration (X0, Y0, Z0, Rows1, Cols1, Rows2, Cols2, 
StartCamParam1, StartCamParam2, StartPoses1, StartPoses2, 'all',CamParam1, 
CamParam2, NFinalPose1, NFinalPose2, RelPose, Errors)
```

这一步得到相机的内部参数和和外部参数，其中得到的内部参数是 CamParam1 和 CamParam2，位姿参数即外部参数是 RelPose。

注意

如果两个相机的基线或者任何内部参数发生改变，则需要重新进行标定。

18.2.3 图像校正

标定的意义在于求出相机的内部参数和外部参数，同时根据这些参数对双目图像进行畸变校正。双目相机拍摄的图像由于各种原因可能会有不同程度的畸变。例如，拍摄的两个相机由于平台固定的细微偏差，可能会造成两幅图像之间有相对旋转或者垂直方向的偏移。而图像校正的意义在于消除这些偏移，使两幅图像仅在水平的一维方向上进行比较，这样能提高后续的图像匹配效率。

因此，需要在标定之后对左右图像对进行校正，使两幅图中对应的特征点位于同一水平位置。通过前一步标定，已经获取了两个相机的内部参数和外部参数，得到了两个相机的相对位置关系。利用这些相机参数，使用 gen_binocular_rectification_map 算子，可以求出校正图像所需的映射图 Map1、Map2，分别用于校正左右图像。上述过程的代码如下：

```
*创建用于校正图像的映射图
gen_binocular_rectification_map (Map1, Map2, CamParam1, CamParam2, 
RelPose,1,'geometric', 'bilinear', CamParamRect1, CamParamRect2, 
Cam1PoseRect1,
  Cam2PoseRect2, RelPoseRect)
*正常采集图像。采集的是需要校正的图像
grab_image_async (ImageL, AcqHandle1, -1)
grab_image_async (ImageR, AcqHandle2, -1)
*使用映射图校正图像。校正后的图像处于水平对齐状态
map_image (Image1, Map1, ImageRec1)
map_image (Image2, Map2, ImageRec2)
```

经过 map_image 算子处理后，原本存在偏差的两幅图像得到了校正。

18.3 双目测距

双目测距的关键是获取两幅图中对应点的视差。通过图像校正，可以将左右两幅图中对应的点调整到同一水平位置，在此基础上可以方便地计算视差，即该点在左右图像中成像位置的差异。距离成像平面越近的点，视差越大，因此视差可以用于计算点到成像平面的距离及其三维坐标。

18.3.1 提取视差

为了获得测量对象的深度信息，需要先求出立体图像对的视差图，这就需要对校正后的图像对进行立体匹配。这里使用 binocular_disparity 算子进行立体匹配并生成视差图：

```
* 从校正后的左右两幅图像中提取视差，生成视差图
binocular_disparity (ImageRec1, ImageRec2, Disparity, Score, 'ncc', 11, 11,
0, -50, 30, 4, 0.6, 'none', 'none')
```

如图 18.4 所示，其中图（a）和（b）为经过校正的图像，图（c）为使用 binocular_disparity 算子得到的视差图。

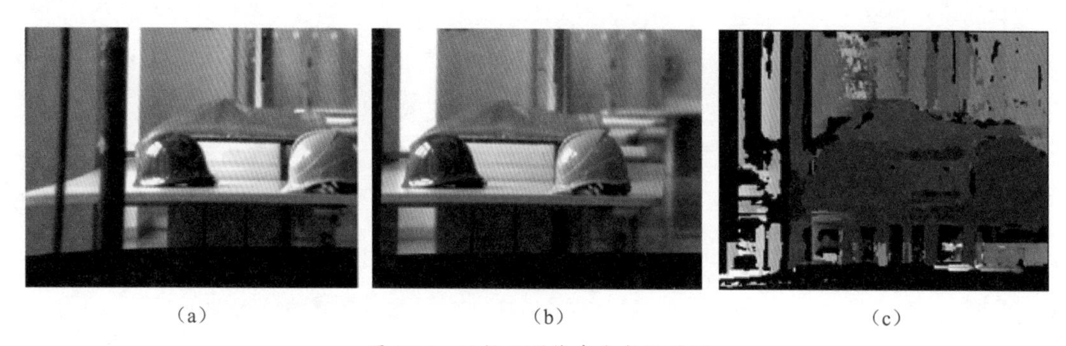

（a）　　（b）　　（c）

图 18.4　从校正图像中生成视差图

从图 18.4（c）中可以看到，距离拍摄平面较近的浅色帽子在视差图中的灰度较深，较远的深色帽子在视差图中的灰度稍浅，而背景物体的灰度更浅。视差图中颜色越深的区域，离拍摄平面越近，其灰度的数值体现了与相机的相对距离关系。

18.3.2 计算深度和距离

在得到视差图像后，可以将视差图像转化为点的坐标，以测量场景中被测目标的实际距离。使

用 disparity_image_to_xyz 算子可以计算并输出每个点相对于第一个相机的三维坐标：

```
* 将整幅视差图像转换为 3D 点图
* 计算后输出 3 幅图，3 幅图的灰度分别表示视差图中的对应位置的点在 X 轴、Y 轴、Z 轴的坐标
disparity_image_to_xyz(Disparity, ImgX, ImgY, ImgZ,CamParamRect1,
CamParamRect2, Cam1PoseRect1)
* 释放相机资源
close_framegrabber(AcqHandle1)
close_framegrabber(AcqHandle2)
```

这一步计算后将得到 3 张图像：ImgX、ImgY、ImgZ，分别对应图中的每个点的 *X* 轴、*Y* 轴、*Z* 轴坐标。对于测距而言，重点关注 *Z* 坐标的值，因此可以对输出的 ImgZ 值的灰度进行分析，通过灰度值换算出距离关系。